国家重点研发计划课题（2020YFC2006602）
国家自然科学基金（62072324）
江苏省高等学校基础科学（自然科学）研究面上项目（22KJB560029）
江苏省建筑智慧节能重点实验室开放课题（BEE202101）
"双创博士"人才项目（JSSCBS20220864）

大型公共空间建筑的
低碳设计原理与方法

Low Carbon Design Principles
and Methods of Large Public Space Buildings

刘　科　冷嘉伟　　著

中国建筑工业出版社

图书在版编目（CIP）数据

大型公共空间建筑的低碳设计原理与方法 = Low
Carbon Design Principles and Methods of Large
Public Space Buildings / 刘科，冷嘉伟著. —北京：
中国建筑工业出版社，2022.9
ISBN 978-7-112-27803-9

Ⅰ.①大… Ⅱ.①刘… ②冷… Ⅲ.①公共建筑—建
筑设计—节能设计 Ⅳ.①TU242

中国版本图书馆CIP数据核字（2022）第157296号

责任编辑：黄习习　陆新之
版式设计：锋尚设计
责任校对：赵　菲

大型公共空间建筑的低碳设计原理与方法
Low Carbon Design Principles and Methods of Large Public Space Buildings
刘　科　冷嘉伟　著

*

中国建筑工业出版社出版、发行（北京海淀三里河路9号）
各地新华书店、建筑书店经销
北京锋尚制版有限公司制版
北京建筑工业印刷厂印刷

*

开本：787毫米×1092毫米　1/16　印张：18¾　字数：364千字
2022年9月第一版　　2022年9月第一次印刷
定价：**78.00**元
ISBN 978-7-112-27803-9
（39722）

　　碳排放是指以CO_2为主的温室气体排放，大量碳排放加剧气候变化，造成温室效应，使全球气温上升，威胁人类生存和可持续发展。人类活动对化石能源的过度依赖是导致碳排放问题的主要诱因。目前全球主要通过碳排放量衡量各行业对气候变化的影响程度。当前，全球65%以上的国家和地区已经提出了碳中和目标，覆盖了全球二氧化碳排放和经济总量的70%以上，碳中和成为绿色低碳发展的国际潮流。我国于2020年提出碳达峰、碳中和的目标。作为碳排放的主要来源之一，建筑领域的减碳对实现碳达峰、碳中和目标至关重要，建筑领域的低碳发展是引领我国低碳道路的周期引擎。目前针对建筑低碳设计的研究已有相关成果，但仍存在一定的局限性，如对于建筑的低碳化发展不够重视，低碳设计理念认识模糊，多通过相关技术的堆叠，注重相关低碳措施的应用，忽视了建筑低碳化的指标性效果。如何在建筑设计阶段基于相关碳排放量化指标真正实现公共建筑的低碳化是本书的重要研究内容。

　　大型公共空间建筑是碳排放强度最高的公共建筑之一，具有巨大的低碳潜力。本书基于地域性特征，针对夏热冬冷地区大型公共空间建筑展开具体的低碳设计研究。首先梳理建筑低碳设计相关理论基础，通过对相关低碳评价体系的研究，总结落实建筑低碳设计的要素指标；其次落实建筑全生命周期碳排放量化与评测方法，开发相应的建筑低碳设计辅助工具；进而从设计策略和技术措施两方面具体展开建筑低碳设计研究。

　　本研究主要成果有：明确了建筑的低碳化特征与低碳设计理念，建筑的低碳设计应从全生命周期视角兼顾建筑各阶段，包含但不等同于节能设计；构建了以碳排放指标为效果导向的建筑低碳设计方法，初步建立了建筑低碳设计流程框架；强调了建筑设计应着重考虑的低碳环节包括：建材的使用、能源的使用、植被的碳汇、建筑碳排放量的计算；完善了适用于设计阶段的建筑全生命周期碳排放量化与评测分析方法，开发夏热冬冷地区公共建筑碳排放量化与评测工具（CEQE-PB HSCW）；为大型公共空间建筑的低碳化发展提供了包含设计策略与技术措施的低碳设计指导。

　　本书的相关研究与出版得到了国家重点研发计划课题（2020YFC2006602）、国家自然科学基金（62072324）、江苏省高等学校基础科学（自然科学）研究面上项目（22KJB560029）、江苏省建筑智慧节能重点实验室开放课题（BEE202101）和"双创博士"人才项目（JSSCBS20220864）的支持。

　　限于水平与时间的局限，书中尚有诸多不足之处，望读者予以指正，并表以谢意。

目录

第一章　绪论 ·· 1

　　1.1　研究背景 ·· 2

　　1.2　概念界定与研究范围 ·· 12

　　1.3　研究现状 ··· 21

　　1.4　研究目标与意义 ··· 31

　　1.5　研究方法 ··· 32

第二章　建筑低碳化与设计理论 ·· 35

　　2.1　建筑低碳化发展的特征研究 ·· 36

　　2.2　建筑低碳设计概论 ·· 45

　　2.3　建筑相关低碳评价体系研究 ·· 64

　　2.4　本章小结 ··· 84

第三章　公共建筑碳排放量化分析 ·· 85

　　3.1　公共建筑碳排放量化方法 ·· 86

　　3.2　夏热冬冷地区公共建筑碳排放基准值研究 ·································· 102

　　3.3　夏热冬冷地区公共建筑碳排放量化与评测方法的建立 ······· 111

　　3.4　本章小结 ··· 136

第四章　大型公共空间建筑低碳设计策略 ····························· 139

　　4.1　提高场地空间利用效能 ·· 140

　　4.2　降低建筑通风相关能耗 ·· 158

　　4.3　优化建筑采光遮阳策略 ·· 178

　　　4.4　提高空间绿植碳汇作用 ·················· 192

　　　4.5　本章小结 ···························· 197

第五章　大型公共空间建筑低碳技术措施 ············· 199

　　　5.1　可再生能源利用 ····················· 200

　　　5.2　结构选材优化 ······················· 222

　　　5.3　管理与使用方式优化 ·················· 240

　　　5.4　本章小结 ···························· 245

第六章　总结与展望 ···························· 247

　　　6.1　研究结论 ···························· 248

　　　6.2　研究展望 ···························· 249

附　录 ··································· 251

　　　附表A：公共建筑非供暖能耗指标

　　　　　　（办公建筑、旅馆建筑、商场建筑）·········· 252

　　　附表B：主要能源碳排放因子 ················ 253

　　　附表C：主要建材碳排放因子 ················ 255

　　　附表D：部分常用施工机械台班能源用量 ········· 258

　　　附表E：各类运输方式的碳排放因子 ··········· 261

　　　附表F：部分能源折标准煤参考系数 ··········· 262

　　　附表G：夏热冬冷地区部分省市峰值日照时数查询表 ···· 263

　　　附表H：全国五类太阳能资源分布区信息情况表 ····· 264

图表索引 ································· 265

参考文献 ································· 274

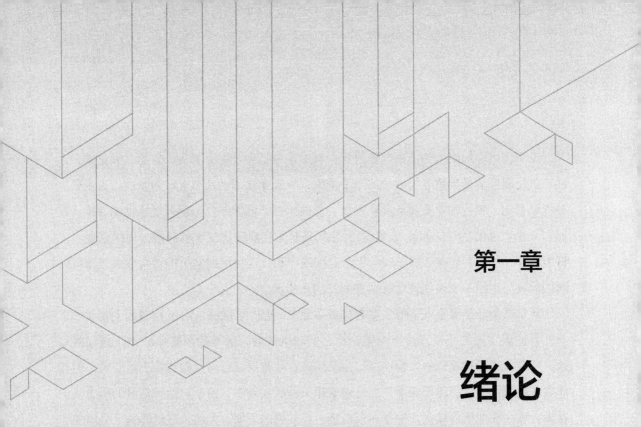

第一章

绪论

工业化进程加剧人为温室气体排放，其中主要是化石能源消费产生的二氧化碳。大量二氧化碳排放是导致气候变化的主要诱因，气候变化危害人类生存和发展。为积极应对气候变化，各行各业重视低碳化发展，低碳出行、低碳办公等低碳概念也成为社会发展和人民生活的"时代标签"。低碳概念的兴起是当前时代发展的必然。中国已提出，将力争2030年前实现碳达峰、2060年前实现碳中和。这是中国基于推动构建人类命运共同体的责任担当，也是实现可持续发展的内在要求。

建筑碳排放是温室气体的主要碳排放源之一，是社会碳排放总量控制的主要领域之一，其低碳发展的效果直接影响整个社会的减碳成效。随着我国新型城镇化进程的加速，建筑业的碳排放也将大幅增加。目前国家在政策层面已对低碳建筑提出要求，但具体实现建筑低碳化仍需要探索。已有建筑相关低碳成果中，由于对低碳建筑的概念认识模糊，往往在建筑低碳设计中存在重措施、轻效果的现象。大部分建筑师缺乏具体的、体系化的低碳设计指导。

大型公共空间建筑因其体量大、资源投入大、承担大型公共活动，存在突出的能耗和碳排放问题，夏热冬冷地区作为我国南方地区中重要的建筑热工分区之一，其大型公共空间建筑的低碳设计具有一定的研究价值。

1.1 研究背景

1.1.1 气候变化与能源消费突出问题

全球气候变化和化石能源枯竭已成为威胁人类生存和发展的重大环境问题。《京都议定书》给出人类排放的6种主要的温室气体：二氧化碳（CO_2）、甲烷（CH_4）、氧化亚氮（N_2O）、氢氟碳化物（HFCs）、全氟化碳（PFCs）和六氟化硫（SF_6）。其中，CO_2对气候增温贡献率最高，占77%左右，通常将CO_2作为主要参考气体，其他温室气体核算简化为按等效二氧化碳当量（CO_2e）来衡量。目前国际主要采用碳排放量衡量各种人类活动对气候变暖的影响程度。

18世纪以后，煤炭、石油、电力的广泛使用，先后推动了第一、第二次工业革命，能源从此成为世界经济发展的重要动力。如今，化石能源大量使用，引发了以气候变化为代表的全球生态危机。通过全球各地区的大气监测可以直观发现，工业革命之后，全球温度总体上急剧升高，20世纪末到21世纪初，全球温度增势最快（图1.1.1-1）。全球的碳排放也在同时期急剧增长，有资料表明，1850年到21世纪初，约有一半的人为CO_2（人为活动产生的CO_2）是在最后40年间产生的（图1.1.1-2）。将全球气候变化趋势与碳排放变化趋势进行比较，发现二者总体变化具有高度的一致性（图1.1.1-3）。随着人类经济和社会的不断发展，对化石能源的消耗依赖性大，全球碳排放量持续增加，全球变暖趋势仍在持续。按照目前碳排放的趋势，全球平均温度将会在2030—2052年之间上升

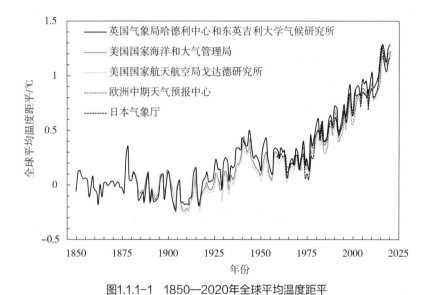

图1.1.1-1　1850—2020年全球平均温度距平

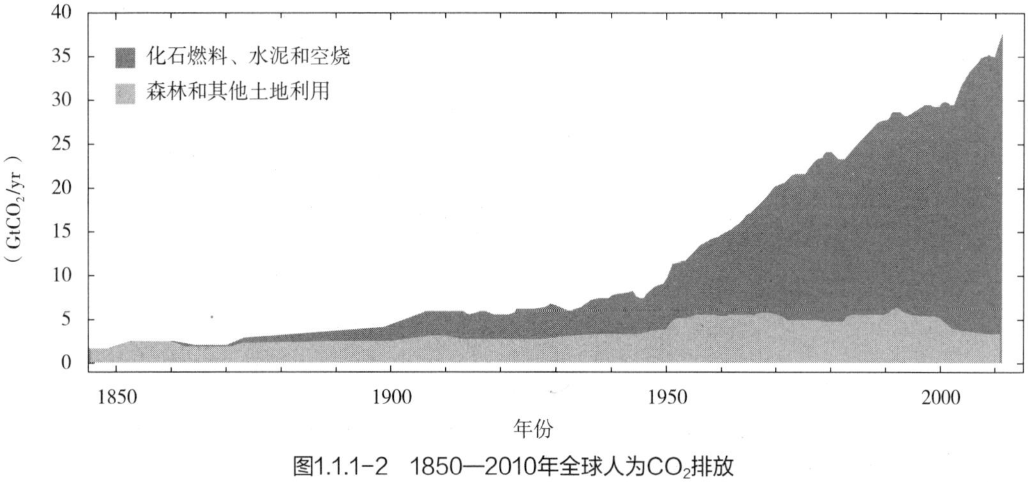

图1.1.1-2　1850—2010年全球人为CO_2排放

1.5℃[①]，这将会导致全球降水量重新分配，冰川消融、海平面上升等一系列无法逆转的全球性灾难，对生态平衡与人类生存产生巨大危害。

我国目前以及未来长期的能源结构还是主要以煤炭等化石能源为主，同时受到粗放型生产方式和工业化特征影响，会带来大量CO_2排放。自2005年起，我国年CO_2排放超过美国，成为全球碳排放量最多的国家（图1.1.1-4），2017年我国CO_2排放达到9232.6百万吨，占当年全球排放总量的27.6%[②]。《中国气候变化蓝皮书（2021）》指出，1901年

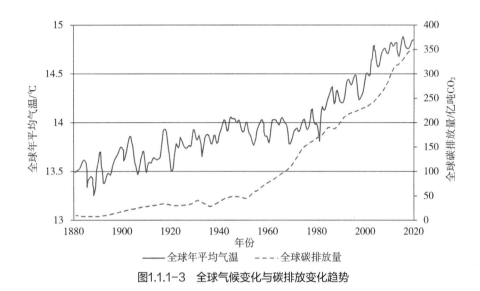

图1.1.1-3 全球气候变化与碳排放变化趋势

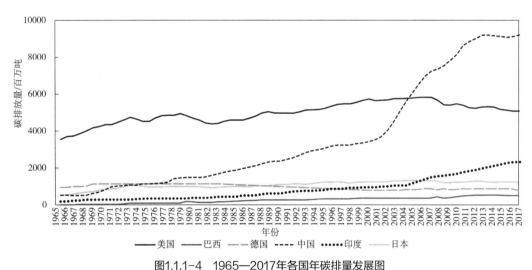

图1.1.1-4 1965—2017年各国年碳排量发展图

① The intergovernmental panel on climate change（IPCC）. Global Warming of 1.5℃［R］. 2019.
② 数据来源：BP Statistical Data of World energy 2018.

到2020年，中国地表年平均气温呈显著上升趋势，升温速率为0.26℃/10年，近20年是20世纪初以来的最暖时期[①]。随着经济发展和人们生活水平的提升，我国人民日益增长的美好生活需要进一步凸显，城乡建筑用能需求不断增长。城镇化和工业化较发达国家还有很大的市场潜力和发展空间，能源的阶段性刚需说明，中国对化石能源的消费将继续扩大，如不采取相应低碳措施，CO_2排放将持续增长，加剧气候变化。

1.1.2 建筑领域低碳发展的现实要求

如果不在建筑领域显著降低温室气体排放，实现社会必要的减排是极为困难的[②]。建筑业是世界最大的能源消耗行业之一，占全球最终能源消耗的30%，建筑业初级能源消耗占30%~40%，全球约有40%~50%的温室气体来源于建筑业[③]。若兑现《巴黎协定》目标，将全球变暖限制在1.5℃范围内，建筑业作为温室气体排放的主要来源，就必须降低建筑相关的碳排放。

我国建筑领域所消耗的资源约为我国资源利用量的40%~50%，所消耗的能源约占全社会各项活动总能耗的30%。城镇建设的迅猛发展使建筑在施工建设、运营和拆除过程中产生的碳排放占国家总碳排放的35%~50%[④]。进入21世纪，建材和建筑运行碳排放都在持续增长（图1.1.2-1）。2001—2005年间，建筑运行碳排放增长了11亿吨，建材碳排放增长了17.4亿吨，建材碳排放量超过建筑运行碳排放。2005—2018年间，建筑领域全过程碳排放增长约2.2倍，年均增长6.3%。随着我国经济发展和人们生活水平不断提高，新型城镇化建设的深入推进，建筑用能和碳排放总量还将进一步增长，建筑领域节能减排形势严峻。建筑的低碳发展是引领我国低碳道路的周期引擎[⑤]。控制建筑领域碳排放总量和强度对缓解我国资源、环境压力，促进实现碳达峰、碳中和目标具有无可替代的意义。

公共建筑是城镇化发展中重要的组成部分，是建设工程量大、能耗强度高、资源利用集中的民用建筑。新时代随着公共建筑规模的增长及平均能耗强度的增长，公共建筑

① 中国气象局气候变化中心. 中国气候变化蓝皮书（2021）[M]. 北京：科学出版社，2021.
② Pablo La Roche. Carbon-Neutral Architectural Design [M]. CRC Press，2011.
③ 李同燕，孙锦，史翀祺，等. 大型公共建筑全生命周期碳排放核算及评价[J]. 绿色科技，2017，（16）：13-15，18.
④ 彭琛，江亿，秦佑国. 低碳建筑和低碳城市[M]. 北京：中国环境出版集团，2018：34.
⑤ 史立刚，袁一星. 大空间公共建筑低碳化发展[M]. 哈尔滨：黑龙江科学技术出版社，2015：6.

的能耗已经成为中国建筑能耗中比例最大的一部分[①]。《中国建筑能耗研究报告（2021）》统计表明，2019年中国建筑运行的商品能耗为10.2亿吨标准煤（tce），占全国能源消费总量的22%，其中公共建筑能耗强度是最高的，为25.5kgce/m²（图1.1.2-2）。建筑能耗增长和能源结构的调整都会影响建筑运行相关碳排放。公共建筑由于建筑能耗强度最高，

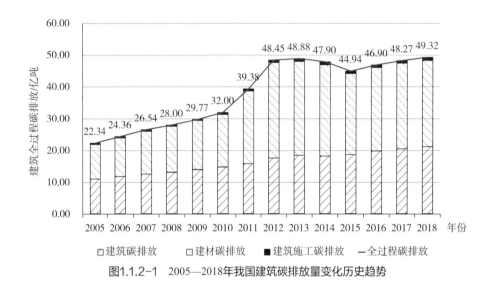

图1.1.2-1　2005—2018年我国建筑碳排放量变化历史趋势

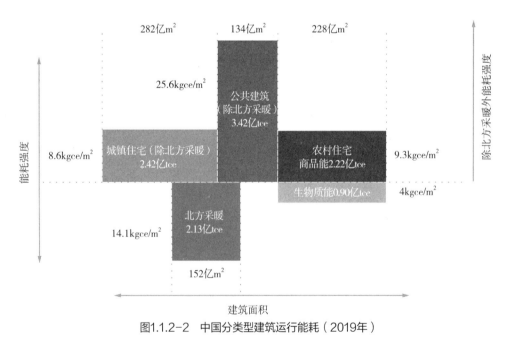

图1.1.2-2　中国分类型建筑运行能耗（2019年）

---

① 清华大学建筑节能研究中心. 中国建筑节能年度发展研究报告2021［M］. 北京：中国建筑工业出版社，2021：41.

所以单位建筑面积的碳排放强度也最高，为48kgCO₂/m²（图1.1.2-3）。公共建筑的运行碳排放主要来自电、燃气、煤和油等能源消耗，建筑消耗的能源类型主要是电力，电耗产生的CO_2排放最多（图1.1.2-4）。以2017年为例，电力消耗占建筑总能耗的49%，公共建筑电能耗与碳排放占比都比较大（图1.1.2-5）。我国靠煤发电的产电结构在长期不会

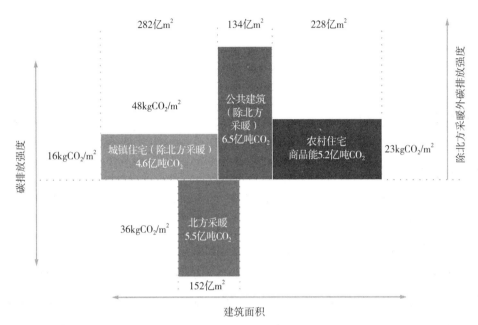

图1.1.2-3 中国建筑运行相关碳排放量（2019年）

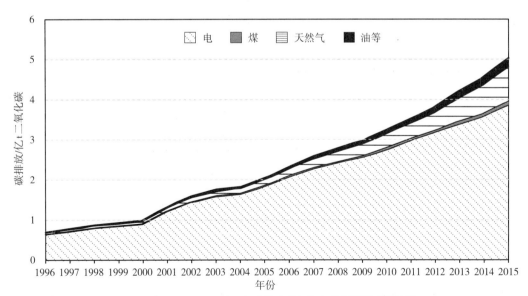

图1.1.2-4 1996—2015年公共建筑运行各类用能的碳排放量

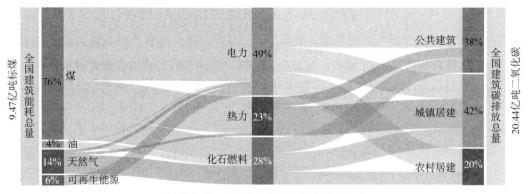

图1.1.2-5　中国建筑能流分析（2017年）

发生明显变化，建筑用电的碳排放量不容忽视。大型公共空间建筑是国民经济发展的重要载体，如高铁站、航站楼，重大活动的场馆展厅等大型公共建筑都属于大型公共空间建筑。我国大型公共建筑面积不足城镇建筑面积的4%，但能耗占我国城镇建筑总能耗的20%以上[1]。面对能源危机和气候变化，大型公共空间建筑面临低碳设计转型的挑战，其低碳发展潜力巨大。

麦肯锡全球研究所指出[2]：降低温室气体排放最具成本效益的五项措施中，通过建筑节能实现有效低碳的措施占四项（建筑物的保温隔热系统、照明系统、空调系统、热水系统）。由此可见，在建筑领域提倡低碳理念，对于实现全社会的低碳发展，有着高效、经济的现实意义。实现建筑低碳化的主要途径在于控制建筑能耗，尤其是降低对于化石能源的消耗。同时，随着建材碳排放的逐年增加，对于实现建筑低碳化，不仅要考虑控制建筑能耗的质与量，同时也需兼顾减少矿产资源消耗等措施。

1.1.3　低碳发展的中国承诺与行动

20世纪90年代起，国际社会开始推动世界各国积极应对气候变化和能源枯竭。1992年联合国环境与发展大会（UNCED）通过了全球第一个通过国际合作以控制碳排放、应对世界气候变化问题的基本框架——《联合国气候变化框架公约》（UNFCCC），并从1995年开始每年召开缔约方会议。其中，1997年通过的《京都议定书》明确提出"将大气中的温室气体含量稳定在一个适当的水平，进而防止剧烈的气候改变对人类造成

---

① 李传成. 大空间建筑通风节能策略［M］. 北京：中国建筑工业出版社，2011：8.

② Mckinsey&Company，Reducing US greenhouse gas emissions：How much at what cost?［C］. Conference Board，2007.

伤害"；2015年召开的第21次会议上，发表了具有历史意义的《巴黎协定》，更进一步规划了全球人类在2020年后应该达到的减排与控温的目标，要落实大力减少温室气体排放，在21世纪之内将全球气温的上升幅度控制在2℃之内是上限，控制在1.5℃以内是要努力达成的目标。气候变化的全球治理是建立在《联合国气候变化框架公约》《京都议定书》和《巴黎协定》基础上的。世界气象组织和联合国环境规划署于1988年设立了联合国政府间气候变化专门委员会（IPCC），其任务是对气候变化现状以及气候变化对人类社会、经济的潜在影响及应对的可能性进行评估。IPCC在全面、客观、公开的基础上，为政治决策人提供气候变化的相关资料。《2006年IPCC国家温室气体清单指南》自2006年发布沿用至今，并于2019年进行修订，是全球各国对温室气体排放进行量化分析的依据。

为了积极解决社会经济发展带来环境负荷加剧的问题，我国相继颁布修订了《中华人民共和国环境保护法》和《中华人民共和国节约能源法》等相关法律，同时积极改变过去高碳排放的经济发展模式，促进低碳经济可持续发展。自1992年联合国环境与发展大会之后，中国将可持续发展纳入国家战略。2007年中国政府公布《中国应对气候变化国家方案》，提出中国"到2010年实现能源强度比2005年降低20%左右、森林覆盖率达到20%，到2020年可再生能源在能源结构中比例争取达到16%"。2009年国务院决定，到2020年，我国碳强度[①]比2005年下降40% ~ 45%，无碳能源比重达到15%左右，同年《全国人民代表大会常务委员会关于积极应对气候变化的决议》提出要把加强应对气候变化的相关立法作为形成和完善中国特色社会主义法律体系的一项重要任务，纳入立法工作议程。《国家应对气候变化规划（2014—2020年）》提出了我国应对气候变化工作的指导思想、目标要求、政策导向等，将减缓和适应气候变化要求融入经济社会发展各方面和全过程，加快构建中国特色的绿色低碳发展模式。2015年中国政府对自主减排提出更高标准的承诺："到2030年左右，CO_2排放达到峰值并争取尽早达峰；碳强度比2005年下降60% ~ 65%，非化石能源占一次能源消费比重20%左右"。《"十三五"控制温室气体排放工作方案》中明确要求提高建筑节能标准，推广绿色建材，推进既有建筑节能改造，强化新建建筑节能，推广绿色建筑，到2020年城镇绿色建筑占新建建筑比重达到50%；强化宾馆、办公楼、商场等商业和公共建筑低碳化运营管理。我国于2017年正式启动了碳排放交易体系，利用市场机制控制和减少温室气体排放、推动绿色低碳发展，2018年将"生态文明"写入宪法，大力发展清洁能源，推动能源转型已经是我国的长期战略。

---

① 碳强度：单位国内生产总值二氧化碳排放量。

2020年9月22日，国家主席习近平在第七十五届联合国大会一般性辩论上发表重要讲话时指出，中国将提高国家自主贡献力度，采取更加有力的政策和措施，二氧化碳排放力争于2030年前达到峰值，努力争取2060年前实现碳中和。2021年3月15日召开的中央财经委员会第九次会议指出，我国力争2030年前实现碳达峰，2060年前实现碳中和，是党中央经过深思熟虑做出的重大战略决策，事关中华民族永续发展和构建人类命运共同体。2021年12月召开的中央经济工作会议上强调：实现碳达峰、碳中和是推动高质量发展的内在要求，要狠抓绿色低碳技术攻关。自我国对外宣布碳达峰、碳中和目标以来，国家领导人已在联合国生物多样性峰会、第三届巴黎和平论坛、金砖国家领导人第十二次会晤、二十国集团领导人利雅得峰会、气候雄心峰会、世界经济论坛"达沃斯议程"、中央经济工作会议、中央财经委员会第九次会议、领导人气候峰会等国内外重要场合多次就碳达峰、碳中和目标发表重要讲话，愈发展示了应对气候变化的中国雄心和大国担当，愈发表明了我国对实现碳达峰、碳中和的坚定决心和强有力信心。随着碳达峰、碳中和目标的提出，把我国的绿色发展之路提升到新的高度，成为我国未来数十年内社会经济发展的主基调之一。2021年10月，中共中央、国务院印发《关于完整准确全面贯彻新发展理念做好碳达峰碳中和工作的意见》，作为碳达峰碳中和"1+N"政策体系中的"1"，意见为碳达峰碳中和这项重大工作进行系统谋划、总体部署，其中要求在建筑领域大力发展节能低碳建筑，加快优化建筑用能结构。后续颁布的《关于推动城乡建设绿色发展的意见》明确指出要实施建筑领域碳达峰、碳中和行动，规范绿色建筑设计、施工、运行、管理。2022年3月16日，住房和城乡建设部发布《"十四五"建筑节能与绿色建筑发展规划》提出，到2025年，基本形成绿色、低碳、循环的建设发展方式，为城乡建设领域2030年前碳达峰奠定坚实基础。

建筑业已相继出台一系列标准规范推动建筑低碳发展。中国大陆于2006年颁布的《绿色建筑评价标准》GB/T 50378—2006，标志着国家对绿色建筑的评价有了具体依据；最新版《绿色建筑评价标准》GB/T 50378—2019，重新构建了绿色建筑评价体系的指标，强调建筑全生命周期的碳排放考虑。2015年实施的《公共建筑节能设计标准》GB50189—2015从设计角度对公共建筑节能提供了相应设计技术的规范依据。各地区各行业也对公共建筑的绿色低碳化发展出台相应的要求，例如《江苏省公共建筑节能设计标准》DGJ32/J 96—2010、《江苏省绿色建筑设计标准》DGJ32/J 173—2014、《浙江省绿色建筑设计标准》DB33/1092—2016等。2019年底实施的《建筑碳排放计算标准》GB/T 51366—2019则是首次将建筑碳排放核算环节的量化方法、清单依据，进行了统一，有助于建筑业贯彻国家有关应对气候变化和节能减排的方针政策。面对建筑领域碳达峰、碳中和的目标要求，2021年9月出台的《建筑节能与可再生能源利用通用规范》GB 55015—2021已将建筑碳排放计算作为强制要求。全国首个零碳建筑团体标准《零碳建筑认定和评价指南》T/CASE 00—2021已于2021年9月正式实施，国家标准《零碳建筑技术标准》也即将编制完成。

1.1.4　低碳理念的发展

"低碳（Low Carbon）"一词最早出现在经济学领域，低碳经济强调通过更少的自然资源消耗和环境污染以获得更多的经济效益[1]。低碳理念的主要内涵是通过碳排放量来衡量人类活动对环境的影响，采取较低的碳排放模式满足人类活动和社会发展、减少CO_2排放。其核心在于加强研发和推广节能技术、环保技术、低碳能源技术等[2]。各种低碳理念有着内在联系：低碳经济是低碳理念的根本出发点；低碳生活是基于低碳经济发展对衣、食、住、行、用等生活方面提出的要求；低碳建筑既是低碳经济与低碳生活在建筑领域的具体表现，也是进行相关低碳活动的必要载体之一；低碳能源是具体低碳经济对能源产业提出的要求，同时也是发展低碳经济、低碳生活、低碳建筑和低碳城市的推动力；低碳城市是实现低碳经济和低碳生活的最终体现，低碳建筑是实现低碳城市的重要组成部分和前提条件（图1.1.4-1）。

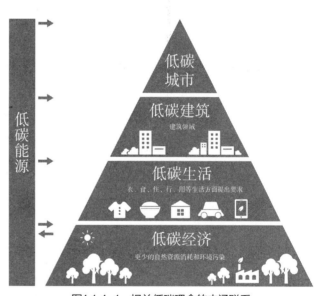

图1.1.4-1　相关低碳理念的内涵联系

---

① Department of Trade and Industry，UK. Our energy future - creating a low carbon economy［EB/OL］. https://assets.publishing.service.gov.uk/government/uploads/system/uploads/attachment_data/file/272061/5761. pdf，2019，11.

② 低碳理念. 2019.百度百科．［EB/OL］．https://baike.baidu.com/item/%E4%BD%8E%E7%A2%B3%E7%90%86%E5%BF%B5/10730303?fr=aladdin，2019-06-02.

1.2   概念界定与研究范围

本书以夏热冬冷地区大型公共空间建筑低碳设计为主要研究对象。具体研究相关建筑碳排放控制与低碳设计理论原则、依据和方法。首先需对低碳建筑、大型公共空间建筑等研究对象进行概念界定。

1.2.1   低碳建筑

实现建筑的低碳化需首先理解低碳建筑的内涵，明确低碳建筑与其他相关建筑概念的联系与区别（图1.2.1-1）。

低碳建筑（Low-carbon Building）是随着全球低碳经济的要求而产生的，最初缘于2006年英国建筑项目对2003年提出低碳经济要求的具体应对，提出在全生命周期中降低资源和能源消耗，实现降低CO_2排放的建筑。其内涵是从全生命周期的CO_2排放量多少来评价建筑。龙惟定等指出低碳建筑是和约定的历史基准线相比实现了实质性减排的建筑[1]。

节能建筑（Energy Saving Building）在古代建造技艺中已有体现，如古罗马的重力水渠和我国的福建土楼。我国现代节能建筑开始于20世纪80年代，具体指通过节能材料与技术的应用，通过节能设计方法实现使用过程中低能耗的建筑。

生态建筑（Eco-building）形成于20世纪60年代，由建筑师保罗·索莱里（Paolo Soleri）将生态学与建筑学相结合提出的，其主要思想是将生态学的原理应用到建筑设计上，将建筑看成一个生态系统，目的是节约资源、保护环境、减少污染，实现生态平

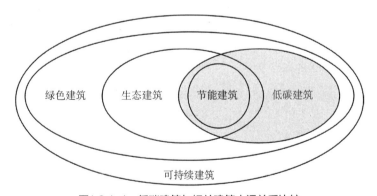

图1.2.1-1   低碳建筑与相关建筑内涵关系比较

---

① 龙惟定，白玮，梁浩，等. 建筑节能与低碳建筑［J］. 建筑经济，2010，（2）：39-41.

衡的建筑环境。

绿色建筑（Green Building）最早源自20世纪70年代石油危机带来的能源节约的思潮。指在全生命周期内，节约资源、保护环境、减少污染，为人们提供健康、适用、高效的使用空间，最大限度地实现人与自然和谐共生的高质量建筑[①]。

可持续建筑（Sustainable Building）理念最初源于1987年世界环境与发展委员会在《我们共同的未来》报告中提出的可持续性发展的概念，由查尔斯·凯博特于1993年正式提出。其主要指利用可持续发展的建筑技术，使建筑与环境形成有机整体，降低环境负荷，节约资源、提高生产力，在使用功能上既能满足当代人需要，又有益于后代的发展需求。

以上概念都体现建筑的发展应在满足人们使用要求的同时，实现建筑与环境的和谐共生。区别是历史任务和侧重点的不同（表1.2.1-1）：节能建筑强调建筑使用阶段的节约能源；生态建筑开始对建筑提出生态观念的思考，强调营造建筑与环境间的生态平衡；绿色建筑强调建筑全生命周期全方位的高质量；可持续建筑对建筑业的可持续发展提出要求，强调建筑业发展的代际公平与延续；低碳建筑的概念诞生较晚，是全社会共同应对气候变化问题过程中产生的概念[②]，从建筑全生命周期考虑，降低建筑活动中的CO_2排放，强调以碳排放作为衡量其应对气候变化与能源危机的效果指标。

不同建筑观点的历史任务和研究侧重点比较　　　　表1.2.1-1

建筑观点	产生时间	历史任务	研究的侧重点
节能建筑	1980s（中国开始针对性发展）	利用自然的节能技术，低能耗地使用建筑，实现建筑的舒适性与效益性	强调建筑使用阶段的节约能源
生态建筑	1960s	建筑业内生态观的觉醒	强调营造建筑与环境间的生态平衡
绿色建筑	1970s	建筑既要提供舒适、适宜、高效的使用空间又要实现资源节约、环境友好、降低污染的人与自然和谐关系	强调建筑全生命周期全方位的高质量
可持续建筑	1990s	对建筑业的可持续发展提出要求，其发展涉及社会、经济、环境三个方面，同时兼顾当代人与子孙后代的发展需要	强调建筑业发展的代际公平与延续
低碳建筑	2006年	面对全球气候变化问题，从建筑全生命周期考虑，降低资源与化石能源的消耗，降低建筑活动中的CO_2排放	从全生命周期角度以碳排放作为衡量建筑应对气候变化与能源危机的效果指标

---

① 中华人民共和国住房和城乡建设部. 绿色建筑评价标准：GB/T 50378—2019［S］. 北京：中国建筑工业出版社，2019.

② 鲍健强，叶瑞克等. 低碳建筑论［M］. 北京：中国环境出版社，2015：3.

随着全球对建筑领域低碳化发展的重视，基于低碳建筑也引申出多种以控制碳排放为主的建筑术语（表1.2.1-2），目前国际上研究和推广较为普遍的有零碳建筑、净零碳建筑以及负产碳建筑。

其他低碳建筑相关引申术语 表1.2.1-2

建 筑 术 语		特 点
零碳建筑	Zero Carbon Building	按照一定周期，运行用能所带来的碳排放为零
净零碳建筑	Net Zero Carbon Building	高效节能，能耗都由现场或场地外可再生能源提供
零产碳建筑	Zero Carbon Occupied Building	直接和间接碳排放为零
零含碳建筑	Zero Carbon Embodied Building	包括建材在内的隐含碳排放为零
全生命周期零碳建筑	Zero Carbon Life-cycle Building	通过碳汇等方式实现全过程零碳排
自主零碳建筑	Autonomous zero carbon Building	无外部电网连接
负产碳建筑	Carbon positive building	吸收比其使用寿命内消耗的碳更多的建筑

零碳建筑（Zero Carbon Building）的定义未有明确的统一，目前的概念多见于欧美国家的研究。英国社区及地方政府部（DCLG）的最初定义是：按照一个年度计算，包括采暖、空调、通风、照明、热水，以及烹调、洗涤、娱乐等在内的所有相关电器、设备所使用的能源所带来的碳排放为零[1]。但此定义过于严苛，在实际项目中很难达标。澳大利亚可持续建设环境委员会（ASBEC）给出的定义是：一种在其运行产生的年度净碳排放量（包括所有直接碳排放和因用电、采暖等产生的间接碳排放）为零的建筑。挪威零排放建筑研究中心（ZEB）则提出四个零碳级别：①除设备家电使用之外的所有建筑能耗产生的碳排放为零（ZEB-O÷EQ）；②包括设备家电在内的所有建筑能耗产生的碳排放为零（ZEB-O）；③包括建筑所有能耗产生的碳排放以及建材和装置所蕴含的隐含碳排放之和为零（ZEB-OM）；④包括建筑运行能耗产生的碳排放、建造过程产生的碳排放以及建材和装置所蕴含的隐含碳排放之和为零（ZEB-COM）。我国目前已经开展零碳建筑相关研究。有观点认为，零碳建筑需满足以下三点：建筑的全部能源由可再生能源提供；建筑的全部废弃物由可靠的垃圾分拣处理并且局部进行本地销毁和再利用；建筑的全部水源由雨水和中水提供[2]。该定义虽在落实上仍有难度，但重点明确了要实

---

① 诸大建，王翀，陈汉云. 从低碳建筑到零碳建筑——概念辨析［J］. 城市建筑，2014（2）：222-224.
② 陈硕. 零碳建筑技术指南［J］. 建筑技艺，2011（Z5）：127-131.

现建筑的零碳排放，要从供给侧实现排放因子为零。2021年4月，国家标准《零碳建筑技术标准》启动编制工作，我国也即将有官方的建筑零碳发展路径。目前，零碳建筑可定义为：充分利用建筑本体节能措施和可再生能源资源，使可再生能源二氧化碳年减碳量大于等于建筑全年全部二氧化碳排放量的建筑[①]。

净零碳建筑（Net Zero Carbon Building）是指具有高能效，且完全使用就地产生或别处产生的可再生能源的建筑[②]。英国绿色建筑协会（UKGBC）确定是否为净零碳建筑是从两个层级评价：运行净零碳（Net zero operational carbon）和全寿命净零碳（Net zero whole life carbon）。同时强调所有净零碳建筑都需要满足运营净零碳的要求，但寻求实现全寿命净零碳的建筑还需要满足减少和抵消隐含碳影响的额外要求[③]。为了推广净零碳建筑理念，呼吁企业、组织、城市和政府落实2030年减少投资中的具体碳排放，世界绿色建筑协会（WGBC）还提出了《净零碳建筑承诺》（Net Zero Carbon Buildings Commitment），倡导到2050年所有建筑实现全寿命净零碳。

负产碳建筑（Carbon Positive Building）也称负碳建筑，在德国绿色建筑认证体系（DGNB）中专门对此类建筑设置"气候积极"奖（"Climate Positive"），故也称为"气候积极性建筑"。此类建筑往往吸收比其使用寿命内消耗的碳更多，在碳交易背景下，随着时间的推移，一座年负产碳建筑可以偿还其隐含的碳债务[④]。

1.2.2　大型公共空间建筑

大型公共空间建筑，具体突出建筑的大空间与公共功能性。针对大空间的定义研究，《中国土木建筑百科大辞典》有相关解释："大跨度公共建筑是指屋盖结构跨度在80m以上的建筑，在这个概念涵盖的范围内，有一些建筑如体育、观演、会展、交通建筑等，由于功能要求，内部空间必须是完整的无柱大空间，这些建筑称之为大空间建

---

① 天津市环境科学学会. 零碳建筑认定和评价指南：T/CASE00-2021［S/OL］. https://www.163.com/dy/article/GMRL7OP70535NJ1G.html.

② 景观中国.《净零碳建筑宣言》的签署，将极大影响未来建筑功能能发展［EB/OL］. http://www.landscape.cn/article/65503.html.

③ UKGBC. Summary of Findings from Consultation on a Definition for Net Zero Carbon Buildings in the UK ［R/OL］. https://ukgbc.s3.eu-west-2.amazonaws.com/wp-content/uploads/2020/07/05144737/190705-NZCB-Consultation-Summary.pdf.

④ Australian Sustainable Built Environment Council. Defining Zero Emission Buildings［R/OL］. https://www.asbec.asn.au/files/ASBEC_Zero_Carbon_Definitions_Final_Report_Release_Version_15112011_0.pdf.

第一章　绪论　　15

筑。"[1]范存养从暖通空调专业角度认为空间高度大于5m、体积大于1万m³的建筑称为大空间[2]。胡仁茂[3]从场所精神角度认为大空间就是不仅从物理体量上衡量的，同时在精神维度提供广泛影响的场所空间，是体现一定人类群体共同的艺术和精神需求，同时体现相应历史时期经济和科学技术发展水平的公共空间。高度方面，Eporis国际建筑数据库给予高层建筑物以上限的规定[4]：一栋建筑大约在12~40层，即35~100m高，可称之为高层建筑（High-rise building），超过100m的则称为超高层建筑。李传成[5]将大型公共空间建筑类型分为体育建筑、会展建筑、观演建筑、交通建筑和其他大空间建筑，具体类型又按功能和规模进行细分（图1.2.2-1）。蔡军认为大空间公共建筑不应拘泥于某一特定建筑类型，也不限制其结构跨度，可以是单一空间，也可以是复合建筑体的组成部分，其中多种类型建筑的大空间，多以共享空间呈现，常见的有中庭和门厅[6]。

本书对大型公共空间建筑碳排放的共性问题展开研究，不具体讨论不同功能性的大型公共空间建筑的特殊问题，同时超过100m高度的建筑（超高层）在本书中也不作为研究对象。

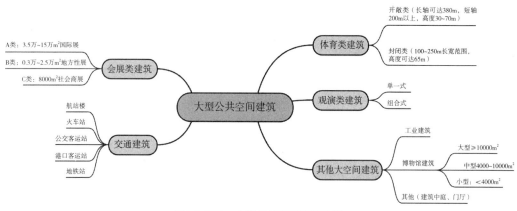

图1.2.2-1 大型公共空间建筑分类

① 齐康 等. 中国土木建筑百科辞典［M］. 北京：中国建筑工业出版社，1999：58.
② 范存养. 大空间建筑空调设计及工程实录［M］. 北京：中国建筑工业出版社，2001.
③ 胡仁茂. 大空间建筑设计研究［D］. 上海：同济大学，2006.
④ Emporis Standards, 2017. Definition of High-rise Building. Emporis Standards. Available at：http://www.emporis.com/building/standard/3/high-rise-building（Accessed on 02.06.2019）.
⑤ 李传成. 大空间建筑通风节能策略［M］. 北京：中国建筑工业出版社，2011.
⑥ 蔡军，郑锐鲤. 大空间公共建筑的空间设计与传统文化表达［J］. 华中建筑，2009，27（2）：96-101.

1. 大型公共空间建筑本体特征

根据文献收集可以总结出大型公共空间建筑的特征：

1）**高度高**。不同类型的大型公共空间建筑高度范围不同，但基本都超过5m，高度范围普遍在10～100m之间，是形成温度梯度的主要原因。

2）**墙地面积比大**。空间跨度大，外墙面与地板面积之比接近1，外界面对室内空间的自然对流影响较大，冬季易在立面周围造成下降气流。

3）**人员密度变化大**。根据不同空间功能，人员密度可从0.5m²/人到30m²/人[①]，由于大型公共空间建筑使用时间与频率的不同，会产生人员密度骤变，影响建筑室内环境。

4）**多功能性**。大型公共空间建筑的多功能性主要体现在以下几个方面：大型公共空间建筑包括多种类型的公共建筑，常见的交通建筑、会展建筑、体育类建筑等大多是大型公共空间；功能特征性强的大型公共空间往往需要其他功能分区的综合配套，如观演类建筑，其空间主要满足大量观众的娱乐和演员的正常演出，同时需要相应的配套服务以及后勤设备保障；大型公共空间往往容纳性强、基础配套设施完备，在不同时间和场景下可承担不同功能，如新冠肺炎疫情期间，为集中收治确诊病例轻症患者，启用方舱医院，方舱医院的选址多征用会展中心、体育场馆、大型厂房等单体大空间建筑[②]，与应急改造宾馆或宿舍楼相比，将体育馆改造为临时医疗中心，具有快速、安全、低影响、床位承载量大、医护流线短、相同数量医护人员可以照料更多轻症患者的优势[③]。以体育馆为例，单体大型公共空间建筑改造为临时医疗中心的空间功能变化见图1.2.2-2、图1.2.2-3。

5）**时代性**。大型公共空间不同于普通空间形式，空间跨度大、高度高的特性对建造技艺、结构形制和建材质量提出更高要求，往往大型公共空间建筑能集中体现相应历史时期经济和科学技术发展水平。同时大型公共空间多体现一定时期群体共同的艺术精神追求。而"绿色、低碳"理念作为当今时代的"流行"，无论是建筑技艺或文化精神，在大型公共空间上都有相应体现。

---

① 清华大学建筑节能研究中心. 中国建筑节能年度发展研究报告2010[M]. 北京：中国建筑工业出版社，2010：198.

② 刘俊峰，翟晓辉，向准，等. 应对新型冠状病毒肺炎疫情的方舱医院建设管理探讨[J]. 中国医院管理，网络首发论文：http://kns.cnki.net/kcms/detail/23.1041.C.20200302.1340.002.html. 2020-03-02.

③ 姜奇卉. 江苏正式发布《公共卫生事件下体育馆应急改造为临时医疗中心设计指南》[EB/OL]. http://news.jstv.com/a/20200227/4ca680854cff47de8c087ba564aeb663.shtml，2020-03-11.

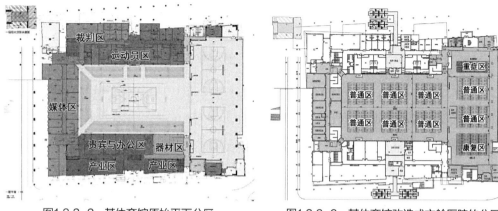

图1.2.2-2　某体育馆原始平面分区　　　　图1.2.2-3　某体育馆改造成方舱医院的分区

2. 大型公共空间建筑碳排放特点

1）大型公共空间碳排放组成

不同功能的大型公共空间建筑碳排放组成不同，通常运行能耗是主要的碳排放来源。总结相关文献，其能耗主要由以下几个方面组成：空调系统、人工照明、电梯及其他动力设备等。江亿团队[1]通过对我国既有大型公共建筑的能耗进行统计分析，总结出大型公共建筑用电是能耗的主要部分，空调系统是电耗的主要组成部分。剧院建筑的三大能耗来源是空调系统、其他动力设备和照明系统，分别占总能耗的40%、32%和28%[2]。火车站各系统用电能耗主要是空调系统（53%）、动力设备（29%）、电梯（12%）与照明（6%）[3]。综上所述，空调系统能耗占主要能耗的50%左右，是大型公共空间主要的能耗来源。由于目前能源消费结构仍以化石能源为主，空调系统能耗产生的碳排放不容忽视，以空调能耗为主的运营阶段能耗直接影响建筑的碳排放。

同时，大型公共空间建筑消耗大量的建材资源和土地资源，对建筑碳排放也有重要影响。Kilkis[4]在对伊斯坦布尔国际机场分析上，认为建设机场所占据和砍伐的林地，是不可忽视的碳排放环节，在用地建设过程中砍伐了65.7万棵树木，其固碳值的损失应由

① 江亿，姜子炎，魏庆芃. 大型公共建筑能源管理与节能诊断技术研究［J］. 建设科技，2010，（22）：22-25.
② 李传成. 大空间建筑通风节能策略［M］. 北京：中国建筑工业出版社，2011：78.
③ 付凯，邓志辉. 广州火车站能耗现状及节能潜力分析［C］. 全国暖通空调制冷2008年学术年会资料集，2008.
④ Kilkis B. Energy Consumption and CO$_2$ Emission Responsibilities of Terminal Buildings：A Case Study for the Future Istanbul International Airport［J］. Energy and Buildings，2014，76：109-118.

机场建设方负责补偿。Vincent[①]研究发现高层建筑有其特殊的结构形制和对应的建材选择，大量的钢筋和混凝土等建筑材料的工艺方法直接影响建材生产和使用的碳排放量。

2）温度分层现象及应对措施

随着大空间高度的增加，热分层现象突出，空调区与非空调区有明显的热流分层，热源上方存在明显热羽流，温度分层现象是影响大空间（尤其是高大空间）运行能耗的主要因素。Linden[②]早在20世纪90年代初就阐明了室内二区置换的自然通风流动规律，并发现分层气流速度取决于热源的强度。Howell和Potts[③]在全尺寸封闭空间中直接以空气为研究对象进行通风测试，观察到了更准确的空间热流分层现象。Gilani团队[④]对有热源和两个通风洞的房间内的温度分层进行系统评价，采用SST K-omega模型能够准确预测室内环境下的温度分层，有利于准确反映居住者的热舒适性、室内空气质量以及置换通风系统的设计。李玉国[⑤]推导了在单一空间中气流的速度和空气分层高度都受到浮力热源的影响。王汉青[⑥]通过CFD实验和计算描述了室内气流分层现象的湍流模式理论。

3）间歇性使用和不间断使用及应对措施

大型公共空间建筑不同时段的运营应对的外部气候特点不同，影响大型公共空间的运营碳排放。大型公共空间建筑主要分为间歇性使用和不间断使用两种运营模式[⑦]。

间歇性使用的大型公共空间建筑主要包括：体育场馆建筑、会展建筑和观演建筑等。此类大型公共空间的运营时段根据赛事日程、展览周期和演出安排决定，平时不对外开放或部分开放。其内部环境变化大，能耗设备运行具有时段性和无规律性，面对环境的不同，需要注意建筑空间应对的灵活性。

不间断使用的大型公共空间建筑主要包括铁路站房和机场航站楼等交通建筑。交通建筑的大型公共空间多为旅客候车候机区域，其运行时段直接受车次、航班时间决定，

① Vincent j.l. gan，Jack c.p. cheng，Irene m.c. lo，. Developing a CO_2e accounting method for quantification and analysis of embodied carbon in high-rise buildings［J］. Journal of Cleaner Production，2017，141：825-836.

② Linden P，Laneserff G，Smeed D. Emptying Filling Boxes - the Fluid-mechanics of Natural Ventilation［J］. Journal of Fluid Mechanics，1990，212：309-335.

③ Howell S，Potts I. On the Natural Displacement Flow Through a Full-scale Enclosure，and the Importance of the Radiative Participation of the Water Vapour Content of the Ambient Air［J］. Building and Environment，2002，37（8）：817-823.

④ Gilani S，Montazeri H，Blocken B. Cfd Simulation of Stratified Indoor Environment in Displacement Ventilation：Validation and Sensitivity Analysis［J］. Building and Environment，2016，95：299-313.

⑤ Li Y. Buoyancy-driven Natural Ventilation in a Thermally Stratified One-zone Building［J］. Building and Environment，2000，35（3）：207-214.

⑥ 王汉青. 高大空间多射流湍流场的大涡数值模拟研究［D］. 长沙：湖南大学，2003.

⑦ 李传成. 大空间建筑通风节能策略［M］. 北京：中国建筑工业出版社，2011：24.

全年无休的旅客进出直接影响空间围护体的密闭性，室内通风情况需考虑全时段的运行特点，故在进行通风组织上应考虑日夜不同的外部环境影响及过渡季节的通风设计。

1.2.3 夏热冬冷地区——以长三角地区为例

夏热冬冷地区是指我国最冷月平均温度满足0～10℃，最热月平均温度满足25～30℃，日平均温度≤5℃的天数为0～90天，日平均温度≥25℃的天数为49～110天的地区。[①]《公共建筑节能设计标准》GB 50189—2015将气候分区各自细分为两个子区，同时列出代表城市以供借鉴（表1.2.3-1）。

建筑夏热冬冷分区及代表城市　　　　　　　表1.2.3-1

气候分区	气候子区	代表城市
夏热冬冷地区	夏热冬冷A区	南京、蚌埠、盐城、南通、合肥、九江、武汉、黄石、岳阳、汉中、安康、上海、杭州、宁波、温州、宜昌、长沙、南昌、株洲、永州、赣州、韶关、桂林、重庆、达县、万州、涪陵、南充、宜宾、成都、遵义、凯里、绵阳、南平
	夏热冬冷B区	

《民用建筑热工设计规范》GB 50167—2016对夏热冬冷地区的建筑提出基本气候适应性要求。针对夏热冬冷地区，该区建筑物必须满足夏季防热、通风降温要求，冬季应适当兼顾防寒。总体规划、单体设计和构造处理应有利于良好的自然通风，建筑物应避免西晒，并满足防雨、防潮、防洪、防雷击要求。

夏热冬冷地区包括诸多省市，基于现实研究条件，本书研究的夏热冬冷地区范围主要指长三角地区涉及的省市。该地区以占全国3.7%的土地面积，聚集了全国16%的人口，创造了全国23.5%的经济总量[②]。该地区建筑总量占到全国的近40%[③]，为建筑低碳设计的研究提供条件和基础。在推动长三角一体化发展过程中，规划到2030年，全面建成具有全球影响力的世界级城市群[④]，为研究提供历史发展机遇。本书试图基于长三角地

---

① 中华人民共和国住房和城乡建设部. 民用建筑热工设计规范：GB 50176—2016［S］. 北京：中国建筑工业出版社，2016.

② 新浪财经. 占全国3.7%国土面积的长三角创造了23.5%的经济总量［EB/OL］. https://baijiahao.baidu.com/s?id=1650160594190017746&wfr=spider&for=pc，2019-11-14.

③ 根据《中国建筑业统计年鉴2018》中"1-13各地区按主要用途分的建筑业企业房屋竣工面积"相关数值求得.

④ 国家发展改革委，住房城乡建设部. 长江三角洲城市群发展规划［EB/OL］. https://www.ndrc.gov.cn/xxgk/zcfb/ghwb/201606/W020190905497826154295.pdf，2020-01-16.

区建筑碳排放的相关数据和低碳措施的分析，对夏热冬冷地区的建筑低碳设计中的共性问题展开研究。

1.3　研究现状

1.3.1　建筑碳排放量化分析研究

1. 建筑碳排放评价方法

对建筑采取切实有效的减碳措施，多数建立在对建筑碳排放的量化分析上。Miguel和Pablo[1]使用投入产出法对西班牙建筑经济部门之间的关系及碳排放进行影响因素的分析研究；Mavromatidis等[2]运用Kaya恒等式，对瑞士建筑业投入的能耗与产出碳排放进行评测，根据碳排放目标来衡量建筑物的性能；张小平[3]等对甘肃省13年间建筑业的相关数据进行统计分析，得到甘肃省建筑业碳排放规律及影响因素；曲建升等[4]通过分析1982—2011年的统计数据，对中国住宅类建筑在生产阶段的碳排放进行区域化分析，利用德国DGNB评估体系方法对住宅建筑进行碳排放因子计算，得出中国住宅建筑固定排放的区域特征与区域经济发展水平相关要素；Chau团队[5]对三种量化评价方式：全生命周期评估（LCA）、生命周期能量评估（LCEA）和生命周期碳排放评估（LCCO$_2$A）进行比较，得出针对建筑的碳排放，倾向于选择LCA和LCCO$_2$A进行分析；陈易团队[6]通过对1997—2013年间国内相关文献统计分析，得出全生命周期理论下的建筑碳排放计算分为宏观角度和微观角度下的碳排放计算，其中，微观视角下即研究建筑物在其所处的生命周期阶段产生的碳排放，强调建材和能源数据库的选择影响相关碳排放指标，同时

---

① Miguel A.T.M, Pablo R.G. A Combined Input–output and Sensitivity Analysis Approach to Analyse Sector Linkages and CO$_2$ Emissions [J]. Energy Economics, 2007, 29（3）: 578-597.

② Mavromatidis G, Orehounig K, Richner P, et al. A Strategy for Reducing CO$_2$ Emissions From Buildings with the Kaya Identity – a Swiss Energy System Analysis and a Case Study [J]. Energy Policy, 2016, 88: 343-354.

③ 张小平, 高苏凡, 傅晨玲. 基于STIRPAT模型的甘肃省建筑业碳排放及其影响因素 [J]. 开发研究, 2016（6）: 171-176.

④ 曲建升, 王莉, 邱巨龙. 中国居民住房建筑固定碳排放的区域分析 [J]. 兰州大学学报（自然科学版）, 2014, 50（2）: 200-207.

⑤ Chau C, Leung T, Ng W. A Review on Life Cycle Assessment, Life Cycle Energy Assessment and Life Cycle Carbon Emissions Assessment on Buildings [J]. Applied Energy, 2015, 143: 395-413.

⑥ 鞠颖, 陈易. 全生命周期理论下的建筑碳排放计算方法研究——基于1997—2013年间CNKI的国内文献统计分析 [J]. 住宅科技, 2014, v.34; No.406（5）: 36-41.

将全生命周期碳排放计算方法归纳为三类：实测法、物料衡算法和排放系数法。葛坚团队[1]通过对杭州的博物馆进行实地LCA评估模拟，提出将实体墙代替玻璃幕墙、增加屋顶和立面遮阳以及控制空调室温三种节能低碳策略，为建设绿色博物馆建筑提供指导。

2. 基于全生命周期方法的建筑碳排放量化范围

进行建筑全生命周期碳排放量化分析，首要问题是对建筑全生命周期碳排放边界和阶段的划分。Bayer团队将建筑全生命周期分为四个阶段：建材生产、建设施工、运行维护、建筑废除[2]；Petrovict团队将建筑全生命周期四个阶段细分了各自的子系统，强调对环境影响的建材及运输距离、用水情况不纳入考虑[3]；Leif Gustavsson团队[4]研究的对象是建筑材料，包括生产、定点建设、运行、拆除和处理；Cole[5]将建筑全生命周期分为原材料生产（包括运输、定点施工设备消耗和建筑支持措施），利用原材料建成建筑雏形，建筑的装修和维护、废弃及拆除；Neil[6]对低碳建筑的碳排放核算，强调人的行为因素影响建筑运营阶段的碳排放，明确使用阶段的碳排放来自于采暖通风的空调系统和照明等建筑设备的使用，不含由于使用各种家电设备而产生的碳排放；由于LCA处理的复杂性和部分阶段缺少必要的数据，大多数研究通过简化生命周期阶段数量以便于分析，例如Viswanadham团队对绿色建筑的LCA评价就忽略了维修和更新阶段[7]；T.Ramesh等[8]通过分析来自13个国家的73个建筑案例建筑全生命周期的能耗，总结出建筑使用阶段为主要能耗阶段，其消耗量占全生命周期的80%～90%，建造阶段占10%～20%，其他阶段消耗较少，碳排放占比与能耗占比一致；于萍和陈效逑等[9]通过综述研究得出建筑运行使用阶段

① Ge J, Luo X, Hu J, et al. Life Cycle Energy Analysis of Museum Buildings: a Case Study of Museums in Hangzhou [J]. Energy and Buildings, 2015, 109: 127-134.

② C. Bayer, M. Gamble, R. Gentry, S. Joshi, Guide to building life cycle assessment in practice [R]. Am. Inst. Archit., 2010, 1–193.

③ Petrovic, B., Myhren, J. A., Zhang, X., Wallhagen, M., & Eriksson, O., Life cycle assessment of a wooden single-family house in Sweden [J]. Applied Energy, 2019, 251: 113253.

④ Leif Gustavsson, Anna Joelsson, Roger Sathre. Life cycle primary energy use and carbon emission of an eight-story wood-framed apartment building [J]. Energy and Buildings, 2010, 42 (2): 230-242.

⑤ Cole RJ. Energy and greenhouse gas emissions associated with the construction of alternative structural systems [J]. Building and Environment, 1999, 34 (3): 335-348.

⑥ Neil May. Low carbon buildings and the problem of human behaviour [J]. Natural Building Technologies, 2004 (6).

⑦ Viswanadham, M., & Eshwariah, S., Life cycle assessment of buildings [J]. 2013, 33, 943–950.

⑧ T Ramesh, Ravi Prakash, K K Shukla. Life cycle energy analysis of buildings: An overview [J]. Energy and Buildings. 2010, 42 (10): 1592-1600.

⑨ 于萍，陈效逑，马禄义. 住宅建筑生命周期碳排放研究综述 [J]. 建筑科学，2011, 27 (4): 9-12, 35.

所占的碳排放量比例最大，在49%～96.9%之间；刘念雄[①]在项目的4个不同的阶段（材料准备、施工、运营、拆卸）计算城市住区CO_2排放量；汪洪等[②]认为衡量低碳建筑包括建筑能耗、建筑用水、建筑材料的选择，废弃物的管理和回收、交通，甚至人们的行为举止；刘军明等[③]从规划设计（选址与节地、节材与材料利用、节能与能源利用、节水与水资源利用、能量补偿和能源循环等5个方面）、建造与施工、后期使用运营等3个方面探讨低碳建筑的评价体系；李启明等[④]认为建筑碳排放总量包括建造阶段碳排量、使用碳排放量和拆除碳排量三部分，其中建造碳排量包括材料碳排量、施工碳排量和管理碳排量；张智慧团队[⑤]基于可持续发展和LCA理论，将建筑物生命周期分为物化阶段、使用阶段和拆除处置阶段三个阶段；龙惟定团队[⑥]强调建筑的减碳措施主要是减少运营阶段的碳排放，提出用"建筑利用中的人均碳排放指标"和"建筑用能过程碳减排效率"对低碳建筑进行评价。何福春等[⑦]从时间和空间两个角度分析低碳建筑的评价范围，时间层面包括设计阶段、施工建造阶段、运行使用阶段、拆除回收阶段；空间层面包括建筑单体建造和使用需求而产生温室气体排放的所有空间场所的总称，并且将建筑碳排放的空间分为直接空间（建筑单体及其附属公共空间）与间接空间（生产、运输及其他活动）。林波荣和朱颖心团队[⑧]通过对97个典型案例的计算模型和能耗、碳排放数据进行分析，总结出不同研究中，建筑生命周期的模型建立存在较大差异，阶段划分以及数据来源缺乏统一，研究通过整理，在了解国际碳排放相关量化分析的基础上，为建立一个适合我国具体情况的建筑生命周期能耗和碳排放评价体系提供一定的借鉴依据。

3. 相关碳排放量化分析软件及低碳设计工具

Michael团队[⑨]通过BIM软件和碳排放估算模型相结合的方法，使建筑碳排放数据可

① 刘念雄，汪静，李嵘. 中国城市住区CO_2排放量计算方法［J］. 清华大学学报（自然科学版），2009，49（9）：1433-1436.
② 汪洪，林晗. 中国低碳建筑的初期探索与实践［C］//第六届国际绿色建筑与建筑节能大会论文集，2010：415-421.
③ 刘军明，陈易. 崇明东滩农业园低碳建筑评价体系初探［J］. 住宅科技，2010，30（9）：9-12.
④ 李启明，欧晓星. 低碳建筑概念及其发展启示［J］. 建筑经济，2010（2）：41-43.
⑤ 张智慧，尚春静，钱坤. 建筑生命周期碳排放评价［J］. 建筑经济，2010，（2）：44-46.
⑥ 龙惟定，张改景，梁浩，等. 低碳建筑的评价指标初探［J］. 暖通空调，2010，（3）：6-11.
⑦ 何福春，付祥钊. 关于建筑碳排放量化的思考与建议［J］. 资源节约与环保，2010（6）：20-22.
⑧ 林波荣，刘念雄，彭渤，等. 国际建筑生命周期能耗和CO_2排放比较研究［J］. 建筑科学，2013，（8）：22-27.
⑨ Mousa Michael，Luo Xiaowei，McCabe Brenda. Utilizing BIM and Carbon Estimating Methods for Meaningful Data Representation［J］. Procedia Engineering，2016，（145）：1242-1249.

视化，从而直观发现碳排放问题以减少碳排放总量；欧晓星从工程建造与管理的角度基于BIM软件构建建筑物碳排量预算平台[1]；彭昌海[2]通过使用Ecotect能耗模拟软件和Revit软件对案例进行了碳排放核算，总结出大约85.4%的碳排放量来自于建筑运行阶段；曾旭东团队[3]运用ArchiCAD软件中的EcoDesigner建筑能量评估工具在建筑设计阶段对项目的碳排放进行预测，从而优化建筑方案的低碳措施；李兵等[4]通过欧洲ENCORD温室气体盘查议定书结合BIM软件清单功能，对建筑施工过程碳排放进行量化测评，从而提出最低碳排放的优化方案；王玉[5]基于LCA理论，通过应用BIM技术，对工业化预制装配式建筑的碳排放进行了测算；王晨杨[6]在研究中总结国内外成熟的碳排放相关数据库和软件（图1.3.1-1），多数碳排放相关数据库主要针对建材进行碳排放清单的记录更新，如英国的Boustead、德国的GaBi、荷兰的SimaPro以及国内清华大学的BELES、北京工业大学建材LCA数据库和四川亿科的eBalance数据库等。随着碳达峰、碳中和目标的提

图1.3.1-1 全生命周期碳排放相关数据库及软件工具

① 欧晓星. 低碳建筑设计评估与优化研究［D］. 南京：东南大学，2016.
② Changhai peng. Calculation of a building's life cycle carbon emissions based on Ecotect and building information modeling［J］. Elsevier Ltd，2016，112：453-465.
③ 曾旭东，秦媛媛. 设计初期实现低碳建筑设计方法的探索［J］. 新建筑，2010（4）：114-117.
④ 李兵，李云霞，吴斌，等. 建筑施工碳排放测算模型研究［J］. 土木建筑工程信息技术，2011，v.3；No.8（2）：5-10.
⑤ 王玉. 工业化预制装配建筑的全生命周期碳排放研究［D］. 南京：东南大学，2016.
⑥ 王晨杨. 长三角地区办公建筑全生命周期碳排放研究［D］. 南京：东南大学，2016.

出，国内诸多的建筑节能软件也推出了建筑碳排放相关插件，如PKPM绿建与节能系列软件新增碳排放计算插件，绿建斯维尔推出碳排放CEEB2022等。

综上所述，目前关于建筑碳排放的分析与低碳设计的辅助工具，主要包含三种工具类型：侧重于能耗模拟的建筑性能与环境模拟软件、含碳排放数据分析的建筑信息模型（BIM）软件、适用于产品行业全生命周期碳排放分析软件。

1.3.2 大型公共空间建筑能耗及碳排放应对措施

1. 温度分层现象及应对措施

针对大型公共空间热分层现象有一系列应对措施，多从空调暖通方面入手。Rhee和Kim[1]通过对近50年的置换通风具体措施进行综述研究，发现辐射采暖与制冷（RHC）系统具有热舒适性高、能耗低、运行安静、节省空间等优点。张玲玲[2]通过具体的剧院项目，克服舞台上部无法布置空调设备等局限，采用分层空调实现室内空气舒适度，并证明其对夏季空调运行能节约30%冷量，但在冬季供暖工况并不节能。

热流分层是大型公共空间中普遍存在的气流现象，影响着空调送风选择和机械通风能耗。对于大型公共空间的热分层能耗解决多从暖通空调专业出发，多依赖机械通风手段，面临能耗及碳排放问题，从建筑空间本体考虑的措施较为有限。

2. 间歇性使用和不间断使用及应对措施

刘滢[3]通过对我国部分体育馆进行现场调研，总结出有天窗和侧窗的体育馆在白天普通训练活动下，较少开启人工照明，而举办正式赛事的时候，大量人工能耗才会产生，主要的能耗来自人工照明，空调新风系统，电子终端等。会展建筑多将大空间设置灵活分割，以适应不同规模的展览活动，例如长沙国际会展中心[4]和遵义国际会展中心[5]。针对会展不同规模的展位活动，国家会展中心（上海）[6]采用全部上送风方式，分

① Rhee K，Kim KW. A 50 Year Review of Basic and Applied Research in Radiant Heating and Cooling Systems for the Built Environment［J］. Building and Environment，2015，91（SI）：166-190.
② 张玲玲，刘紫辰，辛玉富. 高大空间空调系统节能设计［C］//绿色设计 创新 实践——第5届全国建筑环境与设备技术交流大会文集，《暖通空调》杂志社，2013.
③ 刘滢. 基于价值工程理论的体育馆天然光环境设计研究［D］. 哈尔滨：哈尔滨工业大学，2010.
④ 曾群，文小琴. 逻辑与意象——长沙国际会展中心［J］. 建筑技艺，2019，（2）：56-63.
⑤ 田晓秋. 特定地域条件下的会展建筑尝试——遵义实地蔷薇国际会展中心［J］. 建筑技艺，2019（2）：78-85.
⑥ 贾昭凯，韩佳宝，刘建华，等. 国家会展中心（上海）超高大展厅空调通风设计［J］. 暖通空调，2017，47（3）：79-84.

区控制进行通风输送，提高机械通风效率，降低空调系统能耗。

刘丛红团队[①]通过现场调研不同规模的高铁站房，得出站房使用频率多集中在白天部分时段，部分站房实际客流量与其空间规模不相符，且站房各区域使用频率因班次的集中而不均衡，通过从空间体形、屋顶采光遮阳和合理布局等建筑设计角度提出节能低碳潜力分析。青岛新机场通过Daysim动态光环境模拟与能耗软件模拟，得到照明时间表和全年照明耗电量，强调季节性，提出自然采光+人工照明+空调能耗的耦合分析[②]，通过地板辐射供冷使系统采取间歇运行的控制方式，利用峰谷电价在夜间制冷，转移了峰值电耗[③]。

1.3.3 建筑低碳措施与技术研究

1. 从场地规划角度率先考虑

低碳措施可从场地规划的角度进行考虑。宋绛雄[④]强调场地规划与自然通风的适应性，总结出冬夏主导风向与建筑物布局的关系；王振[⑤]研究街区层峡形态特征与城市微气候之间的关系，通过数值模拟分析场地几何特征、建筑布局方式、下垫面绿植水体的情况对于环境适应性的影响；韩冬青在绿色公共建筑气候适应性设计的4个层级中，首先强调基于微气候调节的场地总体形态，认为夏热冬冷地区的建筑绿色节能，需平衡高密度集聚和个体舒展通透的两种形态[⑥]。李海东等[⑦]采用点式和"一"字形建筑布局，结合山地布置，增强夏季自然通风以减少热岛效应。王昊贤等[⑧]总结在夏热冬冷地区的被动式超低能耗建筑在规划方面，既要在夏季尽量减少西晒，也要在冬季充分引入阳光，减少空调能耗，居住建筑较适宜的主要朝向设置范围为南向偏东或南向偏西15°夹角。

---

① 王劲柳，刘丛红. 高铁站房空间与形式的节能潜力调研分析［J］. 建筑节能，2019（2）：48-56.

② 高庆龙，刘东升，杨正武. 青岛新机场航站楼绿色建筑关键技术研究［C］. 中国绿色建筑与节能青年委员会2014年年会暨西部生态城镇与绿色建筑技术论坛论文集，2014：283-286.

③ 孙慎林，曾捷，吴柳平. 青岛新机场地板辐射供冷系统防结露问题的研究［J］. 中国房地产业，2018（35）.

④ 宋绛雄，田海，周海珠. 夏热冬冷地区绿色建筑节能规划设计［J］. 建设科技，2011（22）：55-59.

⑤ 王振. 夏热冬冷地区基于城市微气候的街区层峡气候适应性设计策略研究［D］. 武汉：华中科技大学，2008.

⑥ 韩冬青，顾震弘，吴国栋. 以空间形态为核心的公共建筑气候适应性设计方法研究［J］. 建筑学报，2019（4）：78-84.

⑦ 李海东，程开. 超低能耗建筑在夏热冬冷地区的应用和思考——以湖北宜昌世纪山水龙盘湖（5-2）区邻里中心为例［J］. 四川建筑，2021，41（5）：62-65.

⑧ 王昊贤，叶芊蔚. 被动式超低能耗建筑在夏热冬冷地区的应用分析［J］. 建设科技，2020（19）：32-35. DOI：10.16116/j.cnki.jskj.2020.19.006.

2. 从建筑相关要素综合考虑

多数研究成果从建筑相关要素综合考虑实现环境适应性的节能低碳措施。李百战团队通过EnergyPlus模拟分析，合理设置通风、遮阳和除湿等被动技术措施，指导夏热冬冷地区供暖空调节能方案[1]；通过对长江流域建筑室内热环境进行模拟分析，总结出夏季供冷能耗负荷占比最大，首要考虑的节能措施是通过隔热遮阳设计减少得热，冬季则需通过提高围护结构气密性以减少热损失[2]；潘毅群和龙惟定团队[3]通过DeST-c软件进行能耗计算，应用被动容积率的概念，从建筑体形系数指标考虑利用自然通风和采光的最大潜力，为被动式建筑设计提供参考；夏冰[4]从建筑形态设计角度研究低碳策略，得出长三角地区办公类建筑的形态与自然通风、天然采光和遮阳的耦合关系，针对夏热冬冷地区雨热同季、季风气候等特点，建议尽量延长过渡季被动措施，缩短夏季制冷和冬季供暖的时间和能耗；肖葳[5]以建筑体形为研究主体，从建筑形体设计和空间组织进行风性能、光性能和热性能设计；郑天乐[6]和李曲[7]以东南大学前工院中庭为例进行大空间绿色低碳设计研究，基于建筑风、光、热三种环境的性能指标出发，从空间体系与物质体系两个角度进行建筑节能低碳研究；田炜等[8]以崇明某生态办公楼为例，从建筑空间、形体、构件、景观方面提出与当地气候相适应的自然通风、采光、遮阳、立体绿化、保温隔热及雨水收集的绿色建筑设计策略；卓高松[9]从自然通风、自然采光、建筑遮阳、建筑隔热、生态绿化、被动式雨水利用等方面对夏热冬冷地区办公建筑的被动式设计展开研究；徐小东等[10]基于数字化模型建构与模拟分析，通过进出风口的位置与百叶窗的开启角度改善室内通风和风场，通过屋顶和立面窗洞及外遮阳构件平衡采光遮阳

---

① 熊杰，姚润明，李百战，等. 夏热冬冷地区建筑热工气候区划分方案［J］. 暖通空调，2019，49（4）：18-24.

② 贾洪愿，李百战，姚润明，等. 探讨长江流域室内热环境营造——基于建筑热过程的分析［J］. 暖通空调，2019，49（4）：7-17，48.

③ 林美顺，潘毅群，龙惟定. 夏热冬冷地区办公建筑体形系数对建筑能耗的影响分析［J］. 建筑节能，2015，（10）：63-66.

④ 夏冰. 建筑形态设计过程中的低碳策略研究——以长三角地区办公建筑为例［D］. 上海：同济大学，2016.

⑤ 肖葳. 适应性体形绿色建筑设计空间调节的体形策略研究［D］. 南京：东南大学，2018.

⑥ 郑天乐. 夏热冬冷地区高大空间绿色建筑设计研究［D］. 南京：东南大学，2018.

⑦ 李曲. 低碳视角下夏热冬冷地区高大空间建筑设计优化研究——以东南大学前工院改造方案为例［D］. 南京：东南大学，2019.

⑧ 田炜，陈湛，戎武杰. 夏热冬冷地区绿色建筑设计策略［J］. 建筑技艺，2011（Z6）：59-63.

⑨ 卓高松. 夏热冬冷地区绿色办公建筑的被动式设计策略研究［D］. 北京：清华大学，2013.

⑩ 徐小东，陈鑫. 夏热冬冷地区基于微气候调节的办公建筑节能策略［C］//2013年中国建筑学会年会论文集，北京：中国建筑学会，2013：145-154.

效果，阐述办公建筑节能减排设计方法。李保峰[1]提出夏热冬冷地区"可变化表皮"设计的理念、原则及设计策略；何莉莎和葛坚等[2]在间歇式、分室的用能模式下，模拟外墙采用不同内外联合保温构造的建筑全年能耗行为，探索相对节能的内外保温层厚度配比设置；庄燕燕[3]选取长江流域7个典型城市住区对建筑围护结构热工性能进行研究，利用VisualDOE4.0软件分析建筑规划布局、内遮阳及外遮阳对建筑能耗的影响，分析窗部件热工性能和建筑能耗之间的关系，研究不同体形系数和窗墙比下围护结构热工性能组合方案的全年节能率；金虹和丁建华[4]以上海围巾五厂为研究对象，通过改造场区风环境、建筑自然通风、自然采光、围护结构，增设建筑遮阳及绿化等一系列被动式建筑设计，研究这些方法在建筑绿色改造过程中的应用与推进。刘宏成[5]对长沙某商业综合楼的屋面进行夏季实测，得出屋面种植可降低屋面太阳辐射，对改善顶层室内舒适性和降低能耗有积极作用。

3. 从主要环节落实优化措施

有研究聚焦主要环节落实优化措施，如强调利用自然通风。陈飞[6]以夏热冬冷地区风环境研究为基点，提出建筑适应风环境的措施，从"用风"和"防风"两方面提出建筑布局、建筑形式与建筑界面三个层面的气候适应性策略；杨涛[7]针对高层住区局部风环境对室内的突出影响，从住区的总平面到户型单体平面布局系统地进行优化，住区风环境适应性策略从建筑迎风面、建筑间距、建筑体形、景观布局和公共空间场地规划、道路布局和建筑架空层等方面进行讨论。合理的采光遮阳措施可有效降低能耗。虞菲[8]通过建立参考建筑原型，结合EnergyPlus软件对中庭的自然采光和遮阳进行平衡调控研究，通过数学模型进行采光遮阳影响能耗的趋势分析和规律总结；李鑫[9]应用CHEC夏热冬冷居住建筑节能分析软件对湖南地区遮阳数据进行能耗模拟分析，提出本地区遮阳

① 李保峰. 适应夏热冬冷地区气候的建筑表皮之可变化设计策略研究 [D]. 北京：清华大学，2004.
② 何莉莎，葛坚，刘华存，等. 夏热冬冷地区内外联合保温层厚度配比优化 [J]. 建筑技术，2016，v.47；No.553（1）：74-77.
③ 庄燕燕. 长江流域住宅围护结构热工性能要求研究 [D]. 重庆：重庆大学，2009.
④ 丁建华，金虹. 老工业建筑绿色再生 [J]. 新建筑，2012（4）：79-83.
⑤ 刘宏成，刘健璇，向俊米，等. 长沙地区简易种植屋面隔热性能研究 [J]. 建筑节能，2016（1）：37-39，44.
⑥ 陈飞. 建筑与气候——夏热冬冷地区建筑风环境研究 [D]. 上海：同济大学，2007.
⑦ 杨涛. 夏热冬冷地区高层住区风环境的空间布局适应性研究 [D]. 长沙：湖南大学，2012.
⑧ 虞菲. 高大空间中庭的太阳热辐射与自然采光平衡调控技术研究——以南京地区为例 [D]. 南京：东南大学，2018.
⑨ 李鑫. 湖南地区建筑遮阳系统设计方法研究 [D]. 湖南：湖南大学，2005.

设计应遵循的原则和方法。于芳[1]对上海地区既有住宅建筑外窗现状进行调查研究，为夏热冬冷地区外窗节能设计提供参考。刘宏成[2]对湖南大学宿舍楼遮阳性能进行实测，比较分析各种遮阳方式的性能，得出外遮阳效果＞阳台遮阳效果＞内遮阳效果。

4. 利用碳汇资源吸收碳排放

已有成果通过植物碳汇和建筑碳汇降低建筑碳排放。杨凡[3]强调植物固碳作用，提出夏热冬冷地区建筑种植表皮的设计方法；殷文枫等[4]通过量化比较无锡地区有无绿化的建筑屋面，得出佛甲草屋顶绿化具有可观的固碳释氧效益；朱佳[5]在对高科技园区办公楼低碳设计中，得出各种植物的碳减排效果，其中大乔木固碳效果是草地的45倍，建议对基地内部植被进行评估并有选择性保留；石羽等[6]强调建筑碳汇对全球碳循环的影响，通过建立完整的城市建筑碳汇计算模型，为优化建筑空间布局，建设复合碳汇空间提供方法指导；Yang等[7]考虑了混凝土建筑的表面材料，深化了混凝土碳汇数学模型，对框架结构体系的办公楼和住宅进行了比较分析，得出混凝土在100年生命周期内，二氧化碳吸收量约为混凝土生产碳排放量的15.5%～17%。石铁矛团队通过试验，强调了混凝土材料对单位体积建筑固碳能力的贡献[8]。

5. 通过可再生能源实现降碳

可再生能源的利用有助于建筑碳减排。何伟骥[9]提出夏热冬冷地区太阳能系统与建筑整合设计策略，弱化太阳能技术设备的属性，将太阳能系统与建筑要素在设计过程中进行整合，结合建筑朝向和布局实现建筑太阳能利用的最大化，以实现低碳目标；夏冰强调建筑设计中采用主动式太阳能技术和风力发电技术，通过对基准建筑进行新能源的发电模拟，使用太阳能光伏系统可降低建筑全年碳排放的47.0%，使用风力发电可抵消

① 于芳. 上海地区住宅建筑节能窗设计技术探讨［D］. 上海：同济大学，2008.
② 刘宏成，唐成君. 长沙地区几种建筑遮阳效果的测试分析［J］. 建筑节能，2014（3）：53-56.
③ 杨凡. 夏热冬冷地区建筑种植表皮研究［D］. 长沙：湖南大学，2011.
④ 殷文枫，冯小平，贾哲敏，等. 夏热冬冷地区绿化屋顶节能与生态效益研究［J］. 南京林业大学学报（自然科学版），2018，42（6）：159-164.
⑤ 朱佳. 高科技园区办公楼的低碳设计策略研究［D］. 武汉：华中科技大学，2012.
⑥ 石羽，运迎霞. 城市建筑碳汇研究进展［J］. 建筑节能，2017，45（8）：72-76.
⑦ Yang K H, Seo E A, Tae S H. Carbonation and CO_2, uptake of concrete［J］. Environmental Impact Assessment Review, 2014, 46（4）：43-52.
⑧ 石铁矛，王梓通，李沛颖. 基于水泥碳汇的建筑碳汇研究进展［J］. 沈阳建筑大学学报（自然科学版），2017，33（1）：1-9.
⑨ 何伟骥. 夏热冬冷地区太阳能利用与建筑整合设计策略研究［D］. 杭州：浙江大学，2007.

建筑年总碳排放量的2.3%；刘君怡[1]通过模拟分析，得出在使用阶段采用可再生能源是建筑最有效的CO_2减排方式之一；华东建筑设计研究院[2]强调采用太阳能光伏系统改善能源消费结构，基于运行数据对光伏建筑进行设计反评估，对具体项目的光伏优化提供建议。

6. 重视建造技法与建材使用

落实低碳措施还可从传统建造技法与建材使用角度展开。李麟学[3]基于对当地传统乡建的考察研究，将传统乡土建筑的建造智慧转化设计为适应当前环境和建筑需求的气候响应性建筑。宋晔皓团队[4]在尚村竹篷乡堂项目中，就地取材，使用安徽地区常见的竹子作为构造材料，回收耐用的老黏土砖和木料进行古料新用；丁炜[5]强调建筑设计中选择绿色建材的重要性，提出建材对环境无副作用、材料节约化、材料循环性的绿色建材选择原则；杨维菊[6]对江南水乡村镇的低能耗技术研究，强调建材的本土化，推荐竹、樟木、楠木等材料；刘宏成[7]通过对涂刷反射涂料、保温砂浆的房间与普通房间进行温度对比，得出反射涂料对夏季隔热有效，对冬季保温不利，反射涂料的使用可降低夏季空调能耗，全年总能耗下降7.8%。

1.3.4 现状总结

针对具体建筑项目过程中的碳排放分析，目前多从全生命周期评价角度进行研究。不同的研究者对建筑全生命周期碳排放范围界定不同，基本包括建筑材料的生产阶段、建筑施工阶段、建筑运营阶段和建筑拆除阶段。现有的研究多对已经建成并使用的建筑进行碳排放量化评估，这虽能在建筑各阶段进行实际数据收集以获得准确的碳排放，但对既有建筑的低碳优化，多从技术设备的增添与更新角度去"弥补"碳减排的效果。真正实现建筑全生命周期的碳排放量控制，需要从建筑设计阶段就对建筑各阶段的碳排放进行考虑，

① 刘君怡. 夏热冬冷地区低碳住宅技术策略的CO_2减排效用研究［D］. 武汉：华中科技大学，2010.

② 夏麟，田炜，沈迪. 光伏建筑应用实践及后评估研究［J］. 建筑技术，2017，48（2）：165-169.

③ 李麟学，何美婷，吴杰. 乡土建筑的环境能量协同与当代设计转化——以义乌雪峰文学馆为例［J］. 建筑技艺，2019（12）：107-109.

④ 宋晔皓，孙菁芬. 面向可持续未来的尚村竹篷乡堂实践——一次村民参与的公共场所营造［J］. 建筑学报，2018（12）：44-51.

⑤ 丁炜. 生态建筑设计中建筑材料的选择和管理［J］. 工程建设与设计，2010（1）：139-140.

⑥ 杨维菊，高青. 江南水乡村镇住宅低能耗技术应用研究［J］. 南方建筑，2017（2）：58-63.

⑦ 刘宏成，王亚敏，肖敏. 反射隔热涂料在长沙地区的适用性研究［J］. 建筑节能，2018，46（8）：7-11.

而目前传统建筑方案设计的主流仍是强调追求美学与功能，面对可持续发展的时代要求，新时代的建筑设计需要对低碳减排引起重视。对建筑碳排放量化研究的实际操作，多通过BIM软件、能耗模拟软件和相关碳排放数据库及计算软件进行展开，如何统一分析工具，提出适合设计人员使用的有效方法，是在设计阶段落实减碳措施的关键。

不同功能类型的大型公共空间建筑的碳排放情况不同，但普遍具有碳排放强度高的共性，有碳减排的巨大潜力。多数实现建筑碳减排的措施侧重降低建筑运行阶段能耗产生的碳排放，大型公共空间建筑因其建材使用量大、施工复杂、规模大，对于建材生产阶段和工程施工阶段的碳排放也需考虑具体措施加以控制。

已有研究表明，低碳设计措施多从地区适应性角度考虑，借鉴当地传统建筑技艺，从建筑选址、空间布局、围护结构性能、自然通风、采光遮阳和材料优选等被动式设计，缓解由空调系统和人工照明使用而产生的能耗及碳排放。同时强调通过采用绿化等碳汇系统实现对总体碳排放量的降低作用，并通过运用再生能源调整优化建筑能源使用结构，从根本上降低由于使用化石能源而产生的碳排放。本书试图通过统一和简化建筑全生命周期碳排放量化与分析方法，针对大型公共空间建筑提出适应于夏热冬冷地区气候特征的低碳设计策略与技术措施，为落实大型公共空间建筑的碳减排，提供设计阶段的指导。

1.4 研究目标与意义

1.4.1 研究目标

厘清建筑低碳设计相关理论基础，明确建筑低碳设计要素，落实以碳排放指标为效果导向的建筑低碳设计。

提出适用于设计阶段的建筑全生命周期碳排放量化与评测方法。

针对夏热冬冷地区大型公共空间建筑提出具体的低碳设计策略与技术措施指导。

1.4.2 研究意义

1. 关注现实问题，对我国大型公共空间建筑的低碳发展具有积极的借鉴意义

夏热冬冷地区有明显的气候特点，该地区城镇化发展迅速，建筑总量占全国一半以

上，大型公共空间建筑面广量大，类型齐全，为研究提供丰富的研究对象，该地区建筑领域发展迅速，随之带来大量化石能源的消耗，建筑碳排放问题突出，对建筑低碳发展提出迫切要求，建筑碳排放问题具有一定代表性。本研究成果对我国碳达峰、碳中和背景下大型公共空间建筑的低碳发展具有积极的借鉴意义。

2．重视发展要求，为促进生态文明建设作出实际贡献，推动建筑领域低碳可持续发展和公众环境友好性普及

碳达峰、碳中和目标已纳入生态文明建设总体布局，在新城镇化发展背景下，发展建筑业对环境保护和资源可持续提出了更高的要求。推进建筑碳排放量控制与低碳设计，推广绿色建筑，发展低碳经济，为促进生态文明建设作出实际贡献。大型公共空间建筑作为人流与功能集聚的重要公共建筑，其低碳设计的展现能提高公众的低碳环保意识，促进人民生活方式的绿色低碳转型，为推动建筑领域低碳发展提供专业上的借鉴、社会上的支持与公众间的参与互动。

3．方法科学系统，为研究建筑低碳设计提供具有科学性的依据

本书采用工具实测和软件模拟进行量化数据分析，结合建筑学方法进行定性设计研究，两者相互反馈和验证，极大提升大型公共空间建筑低碳设计策略的科学性与合理性。

4．视角新颖全面，有助于完善大型公共空间建筑低碳设计研究的预见性和实效性

部分绿色低碳建筑的得分或评级不能代表建筑低碳化的真实水平，低碳设计容易误导成唯技术论的设计，实际低碳效果存在不足。将碳排放作为建筑各因素对环境影响的统一性指标，有利于有效评估建筑对环境的影响，验证建筑低碳设计的落地成效。针对大型公共空间建筑从全生命周期视角研究低碳设计，有助于统筹各环节的碳减排措施，为大型公共空间建筑实现低碳发展提供针对性、预见性的指导方法。

1.5 研究方法

文献研究法。对建筑低碳理念和低碳设计的理论知识进行系统的文献梳理，基于相关权威文献，获取个人层面无法展开实测的宏观统计数据，为研究的客观性和科学性提

供理论和数据依托。

定性与定量分析法。针对建筑低碳理论内涵进行分析判断，对设计流程进行梳理分析，对各个国家和地区的建筑碳排放相关评价体系进行方法论的比较分析，对建筑的低碳化特征与低碳设计原则进行定性总结。通过必要的运算公式与碳排放因子数据库的建立，研究建筑全生命周期各阶段的碳排放量相关计算方法，建立定量化的建筑碳排放评测方法，通过定量化指标衡量设计措施的低碳效果。

全生命周期分析方法。全生命周期分析是评价一种产品或一类设施从"摇篮到坟墓"全过程总体环境影响的手段。本书通过将此分析方法运用到研究建筑碳排放量中，试图较为全面地从建筑全生命周期各阶段分析碳排放情况及相关影响因素及清单。

案例分析与田野调查法。通过对典型建筑案例中采用代表性的低碳设计策略与技术措施进行梳理研究，总结归纳出针对大型公共空间建筑的低碳设计方法。对已建成的大型公共空间建筑进行实地测量、数值统计、拍照记录。走访设计院，积累各工种专业人员的设计工作流程，总结经验，分析理论与实际的差别。

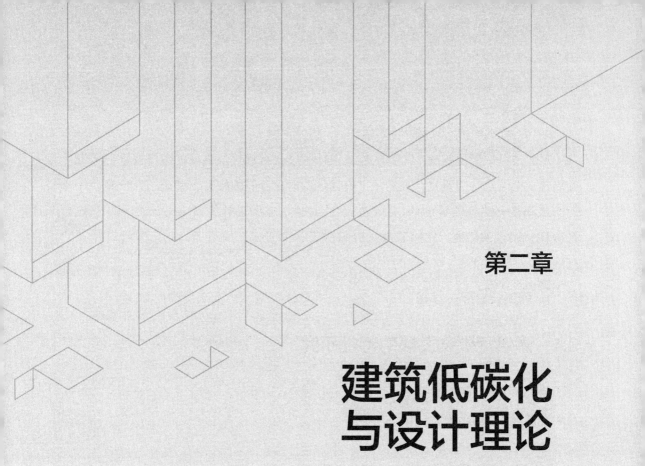

第二章

建筑低碳化
与设计理论

落实建筑低碳化发展，需要从建筑设计阶段就对建筑各阶段的碳排放进行考虑。开展建筑低碳设计的研究，首先需了解建筑低碳化发展的特征，进而结合建筑设计理论与流程推动建筑低碳设计，总结归纳针对建筑低碳设计的研究方法，通过对相关低碳评价体系的研究，得出具体展开低碳设计的主要建筑要素，为后续的研究提供基础。

2.1　建筑低碳化发展的特征研究

建筑低碳化特征主要包含五个方面：地域性特征、外部性特征、经济性特征、全生命周期视角、指标化效果导向。

2.1.1　地域性特征

各地区的气候条件、地理环境、自然资源、城乡发展与经济发展、生活水平与社会习俗等存在差异，对建筑的综合需求因此不同。这就要求建筑师"因地制宜"地确定低碳建筑的技术策略。如在北方采暖地区，采暖是建筑低碳节能的主要方面。由于冬季室内外温差多在20℃以上，因此通过加强保温、减少室内热量的散失是降低采暖能耗、保证冬季室内舒适热环境的关键；而在南方地区，对于降温和制冷需求是建筑能耗的重点。由于夏季室内外平均温差较小，通过减少进入室内的太阳辐射、加速室内通风是降低空调能耗的关键措施。建筑的低碳技术不是现代社会技术发展的产物，追根溯源，许多建筑的低碳逻辑都源于不同地区结合环境实际总结的传统技艺。建筑低碳的地域性主要体现在文化因素和生态因素的地域性统一。如中东地区由于气候干燥炎热，为降低室内热量，通过建筑屋顶上部的捕风塔开口捕获"风"，并经过狭窄的风道将风引入室内带走热量[①]，其本身也成为传统伊斯兰庭院中广泛存在的文化符号，代表着当地建筑特

---

① Alheji ayman khaled b，王立雄. 浅析捕风塔被动降温技术在现代建筑中的应用——以沙特阿拉伯地区为例［J］. 建筑节能，2018，46（2）：63-66，71.

色（图2.1.1-1）；印度南部湿热地区强调通过组织穿堂风改善室内环境，柯里亚在该地区科瓦拉姆海滨度假村的设计中，借鉴古代帕德玛纳巴普兰宫殿利用当地主导风向和解决日照的方式，将亭榭的剖面设计成金字塔状，整体剖面为阶梯状[①]（图2.1.1-2、图2.1.1-3），通过建筑空间形式的合理设计，保证内部环境舒适性的同时降低能耗。

我国自古以来就强调天人合一、适宜朴素的绿色低碳建筑理念。在夏热冬冷地区徽派民居设计中，各种被动式的遮阳、通风、隔热措施得到了充分的体现，诸如花格门窗，其纹理的通透性

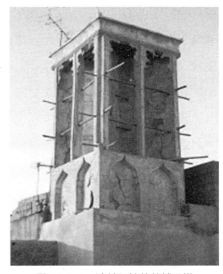

图2.1.1-1　沙特阿拉伯的捕风塔

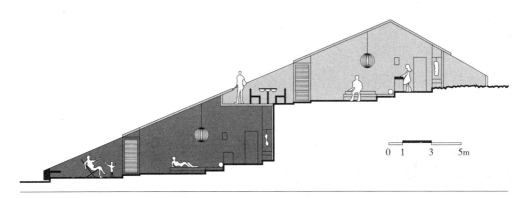

图2.1.1-2　科瓦拉姆海滨度假村的单元局部剖面

图2.1.1-3　科瓦拉姆海滨度假村的露天平台

① 刘加平 等. 绿色建筑——西部践行［M］. 北京：中国建筑工业出版社，2015：18.

既提供了室内的采光，同时优化了室内空气的流通（图2.1.1-4a）；天井设计朝内的屋檐和储水沟收集雨水，兼作节水、降温的作用（图2.1.1-4b）；徽派建筑特色的马头墙高于屋顶，在靠近屋脊处设有通风孔，增强屋顶的通风，马头墙高低错落的做法在开间比较小的建筑中可以抵挡夏季早晚时间太阳辐射对屋顶的直射[①]（图2.1.1-4c）。

　　建筑低碳化的地域性也体现在建材的本土化。材料是体现地区差异化的明显特征之一，选用地方材料是表明地区身份、彰显和适应地域特色最原始最简单的方式，同时也利于节约运输带来的资源能耗及碳排放问题。如我国傣族传统建筑主要采用竹子作为主要建材，以竹材做的墙有利于缝隙采光和自然通风[②]，可以通过较少的能耗改善室内潮湿闷热的环境。

　　地域性特征强调建筑的低碳措施不应照搬国外技术，如盲目青睐热电冷三联供技术，缺乏对建筑冷、热、电负荷合理匹配的深入考虑，结果实际运行中不仅不节能，反而更耗能，加剧建筑碳排放；使用气密性强的玻璃，但缺少必要遮阳，空调能耗比一般建筑要高出1~2倍。现代建筑的低碳技术出现"高科技"的身影，但高技术只是实现绿色低碳建筑目标的手段之一，不是唯一途径。有效的低碳设计可从各地区传统建筑技艺中汲取宝贵经验。采用适应当地环境的传统技术策略，绝大多数情况下可以实现高新技术策略相同的效果。

　a 徽派建筑的花格门　　　　　　b 徽派建筑的天井　　　　　c 徽派建筑的马头墙

图2.1.1-4　夏热冬冷地区徽派民居传统绿色低碳技艺

---

① 程建. 徽州传统民居防热设计原理及传承创新研究［D］. 马鞍山：安徽工业大学，2017：9.
② 刘加平 等. 绿色建筑——西部践行［M］. 北京：中国建筑工业出版社，2015：23.

2.1.2　外部性特征

外部性最初是微观经济学范畴的专业名词。布坎南（J.M.Buchanan）和斯塔布尔宾（W.C.Stubblebine）[1]给外部性的定义是：只要某人的效用函数或某厂商的生产函数所包含的某些变量在另一个人或厂商的控制之下，就表明该经济中存在外部性[2]。当个人或企业经济活动中的私人利益小于该活动带来的社会利益，则称为外部经济（正外部性）；当经济活动中的私人成本小于该活动所造成的社会成本，则称为外部不经济（负外部性）。根据经济活动主体的不同，外部性具体分为：生产的正外部性、消费的正外部性、生产的负外部性、消费的负外部性。四类外部性表现见图2.1.2-1。

建筑低碳化具有外部性特征。由于建筑生产扩大而向外界环境排放大量CO_2，加剧全球气候变化从而危及人类自身生存环境，如不合理控制建筑碳排放，其对社会的影响往往是外部不经济的：建筑排放大量CO_2，会给社会上其他成员带来危害，但其本身并不为此而支付足够抵偿这种危害的成本，即其碳排放活动付出的私人成本小于该活动所造成的社会成本。开发低碳建筑具有外部经济性：企业在低碳建筑开发中考虑建筑的低碳，可以降低区域碳排放量，促进国民经济，带来环境效益，他人或社会因此获利，但个体增量成本缺乏回报。根据外部性概念，建筑的低碳化不仅聚焦于建筑本体，而是将建筑与外部环境进行整体考虑。例如：日本绿色建筑评价体系（CASBEE）将建筑碳排放视为建筑对外部环境产生的负荷指标之一；建筑的低碳设计往往考虑场地的植被覆盖率和绿地率，通过植物对CO_2的吸收作用，使建筑用地红线中的碳排放与吸收保持平衡

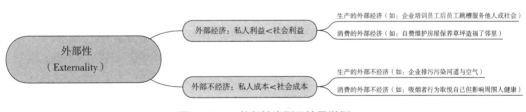

图2.1.2-1　外部性类型及情景举例

---

① 关于外部性的概念目前还未有统一的定义，公认的外部性概念源于新古典经济学派的代表马歇尔（Alfred Marshall）于1890年在《经济学原理》中提出的"外部经济概念"。而针对现代西方微观经济学，本书采用诺贝尔经济学家布坎南（J.M Buchanan）和斯塔布尔宾（W.C.Stubblebine）于1962在《外部性》（Externality）中的定义。

② J. M. Buchanan，W. C. Stubblebine. Externality. Economica. 1962，116，（29）：371-384.

（图2.1.2-2）。碳排放是建筑与周围外部
环境相互作用的直接结果[1]。建筑低碳化
的外部性揭示了建筑的低碳策略应包括
建筑和外部环境相互作用的各方面。图
2.1.2-3显示了建筑和外部环境相互作用
下的建筑碳排放。

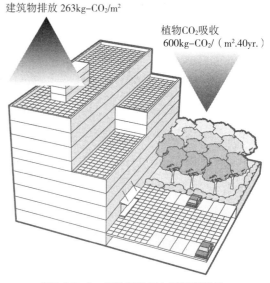

建筑物排放 263kg-CO₂/m²

植物CO₂吸收
600kg-CO₂/（m².40yr.）

图2.1.2-2　场地绿化量与建筑碳排放

　　只要外部性存在，开发商就对开发
绿色低碳建筑存有惰性。属于开发商的
部分收益转变为全社会的收益，开发商
收益就会缩水。通过政府与市场作用让
外部性内部化是解决上述问题的根本途
径[2]。政府通过主导调控，从政策上要求
建筑实现低碳化发展，降低开发成本。
国家颁布《关于加快推动我国绿色建筑发展的实施意见》，通过绿色建筑的星级评定驱
动市场利益，对高星级的绿色建筑给予财政奖励。同时对排放量大的建筑项目，政府会
通过征收碳税等税收，使其税额等于治理气候变化所需要的费用。只要政府采取措施使
得私人成本和私人利益与相应的社会成本和社会利益相等，则资源配置便可达到帕累托
最优状态[3]。在国家鼓励性政策的推动下，建筑低碳化的外部性是推动建筑行业绿色发
展，技术提升的重要特征。

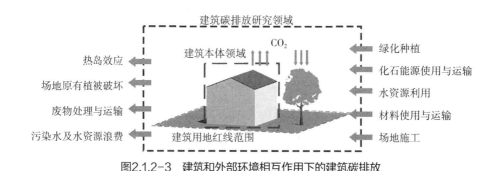

图2.1.2-3　建筑和外部环境相互作用下的建筑碳排放

① Pablo La Roche. Carbon-neutral architectural design. Boca Raton：CRC Press，2012：8.
② 刘思思，解皓. 经济外部性视角下的绿色建筑激励政策设计［J］. 城市建筑，2017（17）：64-66.
③ 高鸿业. 西方经济学（微观部分）5版［M］. 北京：中国人民大学出版社，2010：329.

2.1.3 经济性特征

"低碳"最初出现在经济学的范畴，进而在人类活动的各行业开始推广发展，建筑的低碳化也具有一定的经济性特征。具体体现在：建筑业作为人类重要的发展行业之一，其绿色经济效益要求进行碳排放的控制与降低；建筑具体项目的低碳措施，不应是高成本的技术堆叠，而是以"性价比"为前提的低碳设计。

温室气体的排放制约人类经济发展的负面影响越发突出，引起不少经济学家对产业碳排放与经济政策的研究。威廉·诺德豪斯（William D. Nordhaus）[1]尝试把经济系统和生态系统整合在一个模型框架里，在这个模型里，经济活动会产生碳排放，碳排放又使得生态系统发生变化，这种变化再影响到经济系统，形成一个循环流。其主张从排放许可制度转向征收碳排放税，通过税收这一经济学"砝码"来遏制产业发展中对环境不节制的碳排放行为。我国目前面临着国内强化产业转型升级、促进经济高质量发展，国际上落实并实施《巴黎协定》、强化减排努力和行动的新形势。何建坤[2]强调碳交易作为产业绿色发展的市场机制的重要性，应尽快将碳交易从发电行业拓展到高耗能行业。而建筑业作为高耗能行业，其碳交易的实现和降低碳排放成本，对推进国家低碳经济发展具有重要作用。研究表明，与其他行业相比，建筑相关行业降低温室气体排放的经济成本是最高效的。

《京都议定书》中确立的清洁发展机制（Clean Development Mechanism，CDM）是联合国为减少全球的温室气体排放而设计的一种基于市场的减排机制。相应地，我国于2005年由国家发展和改革委员会及其他相关部门联合发布《清洁发展机制项目运行管理办法》并于2011年进行更新。CDM项目主要是从全球交易视角的绿色经济项目，其核心是基于发达国家和发展中国家在碳排放角色分工的不同，允许发达国家和发展中国家进行项目级的减排量抵消额的转让与获得。从广义上理解，任何有益于温室气体减排和温室气体回收或吸收的技术，都可作为CDM项目的技术。建筑行业作为CDM项目主要分布的行业之一，建筑项目的碳减排工作对于推动建筑产业的绿色转型，有直接的经济价值。

为实现治理环境污染的目标和在2030年之前碳排放达峰的国际承诺，我国推动绿色金融项目，加速经济向绿色化转型。绿色金融是指为支持环境改善，应对气候变化和资

---

① 威廉·诺德豪斯（William D. Nordhaus）：2018年诺贝尔经济学奖获得者，气候变化经济学的奠基人，主要研究气候变化带给经济的影响。

② 何建坤：清华大学低碳经济研究院院长，原清华大学常务副校长，国务院参事室特约研究员，长期从事应对气候变化战略研究。

源节约高效利用的经济活动，即对环保、节能、清洁能源、绿色交通、绿色建筑等领域的项目投融资、项目运营、风险管理等所提供的金融服务[①]。2019版的《绿色建筑评价标准》GB/T 50378—2019针对申请绿色金融服务的建筑项目，提出了绿色专项报告的硬性要求，其中，碳排放作为专项报告之一，需要在项目绿色评估期间提供相关CO_2计算和说明[②]。我国在2017年底启动运行全国碳排放权交易市场，利用碳排放交易这种市场手段对碳排放进行总量控制[③]。生态环境部于2020年11月公开起草了《全国碳排放权交易管理办法（试行）》（征求意见稿）和《全国碳排放权登记交易结算管理办法（试行）》（征求意见稿），规范了全国碳排放权交易及相关活动，坚持市场导向、政府服务[④]。研究建筑生命周期的碳排放与低碳设计，对未来碳排放交易市场的扩大，建筑业的绿色可持续发展提供重要的参考价值。

对于建筑本体来说，低碳建筑不等同于高成本建筑。低碳建筑通过优化设计实现资源能源的节约，减少碳排放等环境负荷，强调节地、节能、节材、节水等宗旨，不应过多增加成本，即使在建设中成本有所增加，也完全有可能在建成使用一段时间后收回。如山东交通学院图书馆，由于采用被动式技术体系，总建安成本仅为2150元/m²，与普通图书馆相比成本基本没有增加[⑤]。根据斯坦福大学和美国绿色建筑协会的研究，绿色低碳建筑比一般建筑成本并无过多增加。原因是低碳建筑通过整体性设计，强调全面地进行材料和技术创新，对建筑成本进行细致的优化和平衡，因此总投资基本上没有增加。

2.1.4 全生命周期视角

建筑碳排放（building carbon emission）是指建筑物在与其有关的建材生产及运输、建造及拆除阶段产生的温室气体排放的总和，以二氧化碳当量表示[⑥]。通过建筑碳排放

① 人民日报. 中国绿色金融体系雏形初现［EB/OL］. http://www.gov.cn/xinwen/2016-09/02/content_5104583.htm, 2019-11-14.
② 中华人民共和国住房和城乡建设部. 绿色建筑评价标准：GB/T 50378—2019［S］. 北京：中国建筑工业出版社，2019：3.
③ 2017年12月19日，国家发改委印发《全国碳排放权交易市场建设方案（发电行业）》（以下简称《方案》），正式启动了碳排放权交易市场的建设进程。
④ 中华人民共和国中央人民政府. 关于公开征求《全国碳排放权交易管理办法（试行）》（征求意见稿）和《全国碳排放权登记交易结算管理办法（试行）》（征求意见稿）意见的通知［EB/OL］. http://www.gov.cn/xinwen/2020-11/05/content_5557519.htm，2020-11-06.
⑤ 袁镔. 简单适用有效经济——山东交通学院图书馆生态设计策略回顾［J］. 城市建筑，2007（4）：16-18.
⑥ 中华人民共和国住房和城乡建设部. 建筑碳排放计算标准：GB/T 51366—2019［S］. 北京：中国建筑工业出版社，2019.

的定义可知，实现建筑低碳包括从原材料开采到建筑使用寿命完结的长周期的过程，包括建筑全生命周期的各阶段。生命周期评价（Life cycle assessment，LCA）是一种对产品从原料提取到生产、使用和处置整个生命周期各个阶段的环境绩效进行系统和定量评价的方法。建筑中LCA的阶段没有统一的标准。目前多将建筑项目的生命周期分为施工阶段（包括材料生产、材料运输和建设施工），运营阶段（包括日常运营和维护更新）和拆除阶段（包括拆除和建筑材料回收）[①、②]，产生建筑碳排放的建筑全生命周期各阶段如图2.1.4-1所示。

全生命周期的视角还体现在设计阶段对全过程的把控。在低碳建筑实施各阶段中，上一阶段（设计阶段）的思想能否在下一阶段（施工、运营阶段）得到有效贯彻，对于低碳建筑理念能否真正实现至关重要。如在设计之初没有全生命周期的全局观，则很难实现建筑真正的低碳。

图2.1.4-1　建筑碳排放涉及的建筑全生命周期各阶段

2.1.5　指标化效果导向

由于建筑节能是实现建筑低碳的主要途径之一，建筑低碳的指标化效果导向可首先从建筑节能方面体现。面对公共建筑绿色技术运用与节能效果不理想的尴尬情况，我国对于建筑节能工作从"措施控制"逐渐转移到"效果导向"，强调最终运行的实际能耗

① ISO. ISO 14040，2006. Environmental Management：Life Cycle Assessment：Principles and Framework ［S］. Geneva：International Organization for Standardization.
② ISO. ISO 14044，2006. Environmental Management：Life Cycle Assessment：Requirements and Guidelines ［S］. Geneva：International Organization for Standardization.

值的降低。我国于2006年开始建设公共建筑用能的实时监控平台，相关公共建筑的用能数据审计工作也陆续展开，为公共建筑节能评估提供了一定的数据基础。《民用建筑能耗标准》规定了办公建筑、商场及旅馆酒店等公共建筑的用能约束值和目标值（附表A），为实行以效果导向的公共建筑节能打下基础。类似地，实现建筑低碳化需通过相关低碳指标衡量建筑的低碳效果。

建筑节能是前瞻情景性的增量节能，低碳建筑是历史基准线性质的存量减排[1]。图2.1.5-1显示建筑低碳化的指标性原理。我国建筑节能的量化评价依据是相对于假定不采取节能措施的"基准建筑"进行能耗模拟分析，得出参考情景下的能耗值。如我国以20世纪80年代初期建造的公共建筑能耗为参照，新建筑节能率达到参考能耗50%为节能目标。新建建筑依旧是存在能耗现象，只是能耗值相对基准建筑有所降低。目前建筑碳减排指标以具体某一历史年份的实际碳排放量为基准值，明确要求未来新建建筑的碳排放量要低于此基准值，这就要求建筑的碳排放指标是具体的、可核算的。以碳排放量指标为效果导向的建筑低碳化相较于以措施为导向的建筑低碳更能有效落实低碳结果，避免一味采用相关技术措施堆叠而作的"表面文章"。

针对建筑低碳化的指标特点，需要明确以"C"表示，还是"CO_2"表示。通过分子式可知，CO_2与C的质量比可看作44：12。在进行建筑减排量的计算研究时，有些指标是以碳（C）为统计标准，而多数低碳减排指标是指CO_2排放量，本书的"碳排放"是指关于CO_2排放的指标，根据以下三点总结其作为指标效果的原因：

1）CO_2是引起气候变化的主要温室气体

在建筑评价与设计中强调低碳指标的根本目的，是缓解大量化石能源消耗所带来的能源危机和温室效应。CO_2是人类活动消耗化石能源最常产生的温室气体，也是在各种温室气体中占比最大的气体，其排放量对全球气候变化产生主要影响。目前国际公认的用于比较不同温室气体排放量的度量单位也通过二氧化碳当量（CO_2e）进行量化统一。同时全球变暖潜能值（GWP）的衡量是相对于

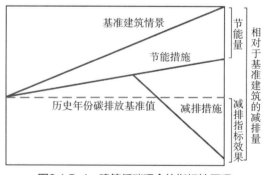

图2.1.5-1 建筑低碳理念的指标性原理

---

① 龙惟定，白玮，梁浩，等. 建筑节能与低碳建筑 [J]. 建筑经济，2010（2）：39-41.

CO_2在所选定时间内进行积分的[1]。建筑的低碳指标采用CO_2排放量，相较于C排放量，更能体现目标的针对性。

2）能源含碳量与能源CO_2排放量的差异性

能源在消耗过程中，能源的C含量在理想状态可以全部转移成排出的CO_2，在实际能源使用中，碳转移会有一定折损，通过碳氧化率进行折算。碳氧化率是指燃料中的碳在燃烧过程中被氧化成CO_2的比率。如无烟煤的碳氧化率为94%，焦炭的碳氧化率为93%[2]。对于建筑低碳化的研究主要是衡量建筑活动对环境排放的CO_2量。

3）能源与资源碳排放因子的统一性

建筑物主要的碳排放来源是各种能源、资源消耗所排放的CO_2。碳排放因子是将能源与材料消耗量与CO_2排放相对应的系数，用于量化建筑物不同阶段相关活动的碳排放。即使相对复杂的建材，计算其排放因子也是通过CO_2e进行单位统一。

2.2　建筑低碳设计概论

建筑设计阶段进行低碳设计是实现建筑低碳化发展的重要环节。本节基于建筑设计的特征，对在设计阶段落实建筑低碳设计和建筑低碳设计方法展开研究。

2.2.1　建筑设计的特征

建筑设计多指建筑工程设计。建筑工程设计一般应分为方案设计、初步设计和施工图设计三个阶段[3]。方案设计作为建筑设计的第一阶段，是建筑设计的基础，确定设计的思想、意图，对整个建筑设计阶段起到指导性、决策性的作用；初步设计是在方案设计的基础上对设备和材料以及有关专业进行深层具体的设计（如消防设计、环保设计、节能设计等），进行必要的相关专业计算，在此阶段的设计应考虑后期工程的具体实施，进行工程概算；施工图设计是以初步设计的要求进行更具体的图纸设计以及细节确

---

① 百度百科. GWP全球变暖潜能值.［EB/OL］. https://baike.baidu.com/item/GWP/10929851?fr=aladdin，2019-09-04.

② 中华人民共和国住房和城乡建设部. 建筑碳排放计算标准：GB/T 51366—2019.［S］. 北京：中国建筑工业出版社，2019.

③ 中南建筑设计院股份有限公司 等. 建筑工程设计文件编制深度规定［M］. 北京：中国建材工业出版社. 2017.

定，此阶段的设计应实现建筑项目的工程可操作性，图纸符合建筑及相关专业工种的实际使用，初步设计审查时提出的意见和遗留的问题都应在施工图设计中修正和完善，针对具体的建设工程进行施工预算编制。基于三个设计阶段的内涵，建筑设计有以下六大特点：

1. 针对性

建筑设计的针对性也是其目的性的体现。实际建筑项目中，建筑设计往往需基于甲方（业主）提出的项目规划和要求文件（如设计任务书等）进行有针对性的设计。在没有甲方或甲方（业主）提出具体设计要求的情况下，建筑师也需要经过"发现问题—分析问题—解决问题"的基本思路进行设计，这就要求建筑设计需针对待解决的问题提出相应的策略及措施。建筑设计所要解决的是有关人类生活与工作的建筑空间环境相关问题[①]。建筑设计的构成要素也是针对建筑及其相关展开设计，主要包含建筑功能、建筑技术、建筑艺术形象、经济成本等。

2. 创新性

建筑设计，尤其是方案设计阶段，需要的是建筑师的"灵感"创作。创作属于创新的范畴，靠设计者丰富的想象力和灵活开放的思维方式进行[②]。建筑设计是一项创造性的劳动，每一个建筑师都希望自己的作品，能有所创新、有个性、有特色。建筑设计的创新性体现在设计理论及影响设计的各个因素和环节上[③]。建筑设计的创新性，不应仅局限于建筑造型及美学形式的与众不同，好的建筑设计应能传承与创新本土文化，同时基于建筑本体、融合环境、永续发展等多维度地进行综合性、整体性的创新考虑。

3. 整体性

建筑设计的整体性是基于建筑本身的特点而言的。建筑是由空间、功能、围护表皮、结构构件等构成要素整合而成的人类物质空间。建筑师通过建筑设计将这些因素合理组成一个有机和谐的整体，最终以整体性的状态为社会和人类环境服务。建筑设计涉及多方面因素的影响，如城市规划、建筑造型和功能要求、材料与设备技术支撑、投资

---

① 何镜堂，向科. 论建筑工程的建筑设计方法［J］. 工程研究——跨学科视野中的工程，2016（5）：61-71.
② 沈福熙. 建筑方案设计［M］. 北京：中国建筑工业出版社，2000：2.
③ 何镜堂. 我的建筑创作理念［J］. 城市环境设计，2018（2）：32-33.

成本与使用人群等。繁杂多样的设计因素要求建筑设计需从整体上考虑各因素之间的关系和制约影响。建筑的整体观既是一种设计理念和思想，也是一种创作的方法，建筑设计的全过程，就是一个整体优化综合的过程①。建筑设计的整体性也体现在设计方面的统一性，即建筑的空间设计、结构设计以及细部设计等应是在宏观与微观层面都相互呼应，使建筑整体风格特征从总体到局部得以延伸。

4. 循证性

循证（Evidence-based）意为"基于证据的"。最初出现在循证医学②，指医生将当前所能获得的最佳研究证据与自身的专业技能及患者的价值观整合起来进行治疗③。而建筑学，尤其是建筑设计，也是有类似的循证性，即：慎重、准确和明智地，应用当前所能获得的最好的研究依据，结合建筑师专业技能和多年工程设计经验，根据业主的价值和要求进行设计④。简而言之，建筑设计的循证性强调建筑设计"有据可依"。建筑设计不是天马行空的创想，而是尊重实际条件，按照相关要求，遵守相关法规标准，根据现有技术的发展水平，基于研究证据的设计。所以，在建筑设计的前期，往往需要和业主沟通，了解业主的价值观与愿望要求，做好充足的场地分析、周边环境及经济技术水平等方面的分析。

5. 统筹性

建筑设计涵盖与建筑工程相关的许多专业，包括规划、建筑、景观、结构、给水排水、暖通空调、电气、智能化、节能等。建筑设计是一个非常典型的系统化设计工作，具有极强的专业性和综合性⑤。作为生产行业，建筑从设计到建造的复杂分工，使得严密的团队协作成为必需。面对专业性和综合性要求如此高的协同合作，建筑设计作为建筑项目的"方案起点"，其指导性的作用就要求对各个专业要素及工种进展进行统筹。建筑设计不是一个线性的过程，由于围绕具体的建筑项目，与建筑相关的不同工种及项目的各个因素在推进中相互影响，设计往往是以循环往复的方式不断思考和发展的，这

① 何镜堂. 我的建筑创作理念［J］. 城市环境设计，2018（2）：32-33.
② David L. Sackett., et al. Evidence-based medicine: how to practice and to teach［M］. London: Livingstone, 1997.
③ 王吉耀，何耀. 循证医学［M］. 北京：人民卫生出版社，2015：2.
④ 王一平. 为绿色建筑的循证设计研究［D］. 武汉：华中科技大学，2012.
⑤ 何镜堂，向科. 论建筑工程的建筑设计方法［J］. 工程研究——跨学科视野中的工程，2016（5）：61-71.

就要求建筑师作为项目设计的核心，需统领好各工种之间的合作，通盘筹划工作安排。建筑设计的统筹性也是其决策作用的体现，在建筑设计阶段的合理统筹，可以大大提高后期设计工作的效率。

6. 动态性

建筑设计不是一蹴而就的，而是面对条件和问题的变化进行反复推敲的过程，具体体现在方案设计中通过"一草""二草""三草"的不断修改，针对同一问题进行不同方案设计比选，以及初步设计和施工图设计阶段根据功能实际、经济成本与相关法规条例进行的方案修正。一个项目的最终落地，往往经历了多次的方案讨论和设计图纸更新。处理问题的不确定性、不稳定性和多样性要求建筑设计势必是动态发展的，是"行动中的反思"（reflection-in-action）[①]。

综上所述，针对性是建筑设计的前提要求，创新性是建筑设计的固有魅力，整体性是建筑设计的视角特征，循证性是建筑设计的依据原则，统筹性是建筑设计的工作特点，动态性是建筑设计的发展特征。

2.2.2 设计阶段落实建筑低碳化

1. 建筑设计阶段考虑低碳策略的意义

人们对建筑提出的要求，首先体现在建筑设计上。由于社会发展对低碳节能提出要求，建筑业也加大了低碳发展的力度，是否满足低碳目标也成为评价建筑项目是否合格的条件之一。为实现相关低碳节能目标，目前建筑多侧重依靠能耗设备而非建筑空间形体与布局围护本身的属性来调节建筑微气候，人们习惯于简单地通过安装空调系统进行室内微气候的调节，建筑对气候的空间调控作用越发弱化。从建筑设计阶段考虑低碳策略具有以下几点意义：

1) 体现设计决策的重要性，利于项目真正实现节能减排

建筑设计早期阶段20%的设计决策对最终的建筑方案会造成80%的影响[②]。如图2.2.2-1所示，建筑设计对于建筑项目的决策影响程度是最高的。有研究表明，与能耗有

---

① Donald A. Schön. The reflective practitioner：how professionals think in action［M］. New York：Basic Books，1984：68-91.

② Shady A，Elisabeth G，Andre D H，et al. Simulation-based decision support tool for early stages of zero-energy building design［J］. Energy and Buildings，2012，49：2-15.

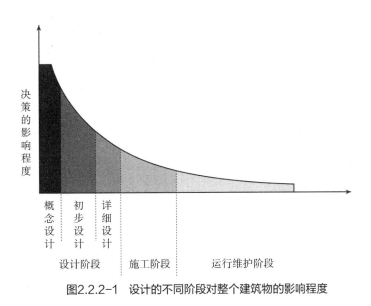

图2.2.2-1　设计的不同阶段对整个建筑物的影响程度

关的设计决策80%发生在建筑设计的早期阶段[①]。为了实现建筑真正意义上的节能低碳，从建筑设计阶段就应考虑相应的节能低碳策略。

2）利于回归建筑本体，避免后期技术设备的堆叠

维特鲁威在《建筑十书》中明确建筑三要素是坚固、适用、美观。对环境中不利气候的防护和调节是建筑产生的初衷，建筑存在的基本任务就是为人类提供相对安全、舒适、稳定的室内环境；中华人民共和国成立后，提出实用、经济、在可能条件下注意美观的建筑方针，体现了符合当时经济发展水平的建筑发展的务实性；2015年新时期建筑方针为适用、经济、绿色、美观，体现了建筑在满足基本功能需求上对环境友好与美学升华的要求。低碳设计作为建筑的绿色要求，在当今社会得到重视。从建筑设计阶段对低碳策略进行思考，有利于将低碳理念作为与形态美学、功能适用同等重要的"设计基因"，成为建筑存在并发展的固有属性，顺应历史发展要求，从建筑本身作为环境与人相互适应的载体，更利于建筑各属性间的协调统一，形成兼顾空间、功能、外观等建筑要素的低碳建筑，避免为了达到低碳目标而通过技术设备的堆叠，牺牲其他建筑要素的质量，增加不必要的后期成本。

3）推动建筑设计市场的绿色发展，提高建筑师设计素养

目前针对建筑业的低碳目标趋向必要性与强制性，建筑设计作为建筑项目最初的工

---

① Karthik Ramani，Devarajan Ramanujan，William Z. Bernstein，et al. Integrated Sustainable Life Cycle Design：A review［J］. Journal of Mechanical Design. 2010（132）：091004-2.

种配合与各方沟通的重要阶段，在此阶段针对实现低碳目标进行相应策略研究，有利于在资本化设计市场中推动绿色设计发展，同时随着资本的支撑能力以及建筑使用者的要求提高，对建筑的低碳化设计有着现实性的推动作用。针对社会发展对建筑提出的低碳要求，同样促使以建筑设计为价值核心的建筑师，在以满足建筑安全、实用、美观的传统设计思考因素的基础上，提高绿色低碳的设计意识与方法。这样有利于提高建筑师的设计素养，增加社会竞争力。

2. 发展建筑低碳设计的局限性

通过对建筑师及设计阶段其他工种调研发现，在设计阶段落实和推动低碳策略的局限性主要有以下几方面原因：

1）建筑设计师低碳理念意识不强，对低碳建筑偏向技术措施的看法根深蒂固

建筑师在接触和积累设计经验时，往往以满足功能要求、美观要求和经济要求为主，由于落实以上要求的建筑项目往往就能满足建筑的基本使用，建筑的低碳化不是所有项目的必要目标，建筑师在设计工作中存在低碳意识不强的情况。同时由于建筑的低碳目标多通过节能减排的技术设备就能落实，人们对于强调通过技术实现建筑的低碳目标的固有看法较为普遍。

2）建筑设计师对其他专业技术了解不深，缺少相关低碳设计手段与经验

随着全社会对低碳理念的重视，建筑师在生活工作中也逐渐具备一定的低碳环保素养，但实现建筑项目的低碳目标需要一定的专业技术支撑，往往设计师在落实建筑的低碳设计时会由于自身对相关技术方法和指标量化的知识欠缺而遇到瓶颈，实现建筑低碳设计优化需要软件操作等大多数建筑师不熟悉的技能，建筑师作为建筑设计的决策者应掌握绿色性能，但目前多由技术人员支撑[①]。

3）建筑常规设计流程存在一定局限，各工种配合方式与合作模式有待优化

建筑项目的常规设计流程是由项目总建筑师负责的各专业分阶段介入，分开工作的线性模式（图2.2.2-2）。这种工作方式往往不能适应强调性能参数达标的建筑低碳设计，在建筑设计前期仍以建筑师经验为主，缺乏结合建筑设计过程的能耗模拟计算和专业的建材量与施工量的数据支撑；设计团队与技术团队操作相对独立，合作沟通仍有局限；由于实现建筑低碳目标涉及多个环节的指标确定，受专业之间的前后制约，各工种推进

---

① Xing Shi，Zhichao Tian，Wenqiang Chen，Binghui Si，Xing Jin. A review on building energy efficient design optimization from the perspective of architects［J］. Renewable and Sustainable Energy Reviews，2016，65：872-884.

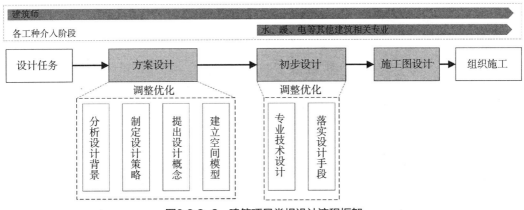

图2.2.2-2　建筑项目常规设计流程框架

相对被动。例如建设项目往往在规划方案设计之初，并未征询给水排水专业人员意见或未考虑太阳能热水系统与建筑的一体化设计，项目进行到施工图设计阶段才有给水排水专业参与，最终造成太阳能集热器布置存在诸多不合理之处[①]。

4）建筑设计市场存在一定局限，市场环境现状阻碍低碳设计的发展

目前竞争激烈的设计市场，除了在建筑师方案上的非理性竞争，剩下的就是压缩成本，抢时间、赶速度、比功效[②]。设计院较难在有限的设计周期和成本内兼顾落实额外的低碳指标，除了达标相关绿色建筑强制标准，甲方较少提出低碳设计要求。多数成功的绿色低碳建筑多在设计阶段投入了更多的研究团队和研究周期。例如深圳建科大楼项目的前期设计研究与论证工作所投入的人力大约十倍于同样规模的办公建筑设计所需工作量。正是这种不计成本的精心设计与反复论证，才能使得绿色低碳设计理念得到真正的实现。面对建筑节能要求的强制性，建设方通常采用各种节能技术的堆叠以应付建筑验收；开发商仅将绿色、节能、低碳作为炒作产品的口号和噱头；消费者对于低碳建筑的概念模糊，多数仍不会将低碳理念作为选择项目的必要条件。市场缺少发展建筑低碳化的有力推动者，建筑设计阶段的低碳策略研究受市场环境约束，推广困难。

3. 建筑低碳设计流程的建议

针对以上四个主要的局限性，结合建筑低碳化和建筑设计的特征，基于常规建筑设计流程，提出有利于在建筑设计中落实低碳策略的设计流程框架（图2.2.2-3）。

---

① 张晓松. 民用建筑太阳能热水系统设计常见问题分析及建议［J］. 城市建筑，2019，16（6）：71-72.
② 清华大学建筑节能研究中心. 中国建筑节能年度发展研究报告2014［M］. 北京：中国建筑工业出版社，2014：128.

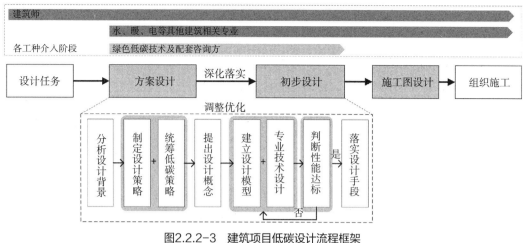

图2.2.2-3　建筑项目低碳设计流程框架

相对于建筑常规设计流程，建筑低碳设计流程有以下几个方面的优化建议：

1）增加绿色低碳技术及配套咨询方，加强建筑设计阶段项目各方的参与

增加绿色低碳技术及配套咨询方，在设计阶段通过低碳建筑相关专家和性能评测人员的参与，能有效避免设计师基于经验值而无法真正做到低碳目标的设计。同时，参与设计讨论的也应包括非设计技术背景的项目参与者，例如项目甲方、施工方、工程造价方等。面对日益强调的建筑绿色发展，开发商和建设方应扭转被动应对节能减排的规定，转为积极主动地参与落实项目绿色低碳目标。洛基山研究所（Rocky Mountain Institute，RMI）的研究表明，在设计初期就将能量、资源的利用效率问题纳入设计范围，加大相关方面的投资，可以使建筑的效益（环境与经济效益）成倍提高[1]。具体来说，开发商和建设方可以提供较为充足的设计周期和设计回报，在设计前期给予设计人员相应的时间、物力等保证。建筑的低碳策略应充分考虑建筑全生命周期的各阶段，不仅要控制运营阶段的能耗，对于建材生产运输和场地施工阶段及拆除阶段的碳排放也应考虑，这就需要设计师在制定低碳策略的时候，应吸取采购方、施工方的项目经验，在设计阶段优化建材使用情况和绿色施工情况，将这些原本不属于建筑设计但体现建筑固有碳排放量的方面纳入设计考虑范围内，设计单位重视设计环节的工程设计概算，工程造价和采购方人员可以为设计师提供建材用量及规格方面的经验值，施工方人员可以提供相应施工情况数据，完善设计前期对项目施工阶段的碳排放预判与控制。通过以上各类

---

① Rocky Mountain Institute. Green Development：Integrating Ecology and Real Estate［M］. New York：John Wiley & Sons Inc.1998：43.

人员为设计阶段的低碳策略提供技术与配套等咨询和保障，有利于建筑低碳设计的落实。

2）弱化分工边界，前置合作的时间节点

建筑设计的三个阶段体现着设计从概念方案到具体实现的过程。建筑设计的特征决定着建筑设计在具体实施过程中，所经历的流程是复杂的、协同的、综合性的。由图2.2.2-3可见，水、暖、电等其他建筑相关专业人员参与设计的时间节点从原先的初步设计阶段前置到建筑的方案设计阶段。建筑设计师通过统筹各工种的合作，发挥各专业的优势，通过采用BIM等便于各工种同步反馈的工具平台，弱化传统设计模式中硬性的分工边界，增强各工种协同合作。

3）统筹低碳策略，形成建筑设计概念

建筑师在方案设计阶段，常规操作方法是统筹思考功能、造价、文化以及个性化的诉求等要素，形成基本的设计概念，通过建模使基本设计概念演变为可视化的形体空间，再根据各种设计条件和美学原理进行优化调整[①]。由图2.2.2-3可见，在建筑低碳方案设计阶段，设计概念的提出不仅需要制定设计策略，同时也要满足低碳策略的要求。在形成基本设计概念之前系统性地融合气候应对方式、运行模拟分析、建设工序优化、材料构造优选等低碳策略内容，使低碳策略落实在方案设计过程的开端。

4）通过设计与技术工具相结合，建立判断低碳合格值的对标平台

传统设计流程中多通过Sketchup等三维建模软件进行空间形体的推敲，往往体现不出低碳相关性能的达标。随着计算机模拟技术的发展，在建筑领域出现了基于性能模拟的建筑设计工具，但根据模拟结果的反馈多次更改方案，是费时费力的。因此有研究者将优化技术引入性能模拟的建筑设计中，称为"建筑性能优化"（Building Performance Optimization，BPO）[②]。要达到理想的低碳目标，建筑师须在方案设计阶段就使用基于建筑性能导向的设计工具，而往往性能优化设计需要性能模拟技术工具的辅助。通过空间设计工具和性能模拟技术工具的配套组合，实现具有一定性能参数的建筑设计模型，在建模的同时也可直观呈现相关低碳性能指标的数值。在方案设计深化过渡到初步设计之前，建立判断低碳基准值的对标平台，即将方案模型呈现的低碳性能指标值与各性能的合格基准值进行对比，如果满足合格值则可确定设计概算进行初步设计深化，否则就通过模型参数的调整优化，提升低碳相关性能。

---

① 刘丛红. 目标导向的绿色建筑方案设计——方法框架与案例研究［EB/OL］. https://mp.weixin.qq.com/s/ouZu3CYQYlKnaLzuTNTT0Q. 2019-09-27.

② Clarke J A，Hensen J L M. Integrated building performance simulation：Progress，prospects and requirements［J］. Building and Environment，2015，91：294-306.

2.2.3 建筑低碳设计研究方法

建筑低碳设计与建筑传统设计不应是割裂的关系,而是随着人类发展针对生态环境可持续性要求提出的设计升级。目前已有相关研究总结了常见的建筑低碳设计方法[①]。本书基于文献梳理与经验分析,结合当前时代的建筑设计特征,归纳出以下六种建筑低碳设计研究类型:主因素法、综合策略法、性能模拟法、BIM技术法、评价指标法、类型学法。

1. 主因素法

主因素法就是从主要的低碳因素入手,把其作为建筑设计的首要影响因素,从而展开具体的、针对性的低碳设计。主因素法强调从众多因素中,以影响建筑碳排放最主要的因素为突破口,进行低碳设计,从而降低建筑整体的碳排放。目前多数主因素法是从改善建筑物理环境的角度解决能耗问题,主要包括风环境因素和光环境因素。谢振宇[②]以高层建筑周围风环境形成机理为依据,结合计算机模拟,从高层建筑形态层面,提出改善建筑风环境的高层建筑形态设计评价依据和优化策略,强调在设计之初,应该把风环境的因素纳入考虑范围。杨丽等[③]对建筑风环境领域的研究情况做相关的归纳总结,强调高层建筑风能发电对于节能减排的作用。王旭东[④]认为自然通风是一种廉价的节能技术,有效地利用自然通风可以提升建筑内部的舒适性与改善空气质量。栖包屋(TJIBAOU)文化中心的建筑形式就结合当地丰富的自然通风资源,提高室内利用自然通风效率,降低机械通风及暖通空调的能耗以降低碳排放(图2.2.3-1)。

光环境作为影响建筑能耗的主要环境因素,在建筑设计中也作为主要对象进行节能减排策略研究。William M.C. Lam强调自然光具有给建筑提供能量和塑造形象的作用[⑤]。Siobhan Rockcastle和Marilyne Andersen基于大量的建筑案例,总结了10种关于自然光使用的类型学模型[⑥],提出根据建筑空间、使用功能、时间的差异,自然光在建筑设计过程中的使用应有所侧重(图2.2.3-2)。刘刚[⑦]针对我国高校食堂建筑进深大、采光不足且

① 夏冰,陈易. 关于低碳建筑设计方法的比较研究 [J]. 建筑节能,2014(9):60-67.
② 谢振宇,杨讷. 改善室外风环境的高层建筑形态优化设计策略 [J]. 建筑学报,2013(2):82-87.
③ 杨丽,刘晓东,孙碧蔓. 建筑风环境研究进展 [J]. 建筑科学,2018,34(12):150-159.
④ 王旭东. 浅析风环境对建筑设计的影响 [J]. 低碳世界,2019,9(6):181-182.
⑤ William M.C. Lam. Sunlighting as Formgiver [M]. New York:Van Nostrand Reinhold. 1986.
⑥ Rockcastle S,Andersen M. Celebrating Contrast and Daylight Variability in Contemporary Architectural Design:A Typological Approach [C]. LUX EUROPA. 2013.
⑦ 刘刚,原野,党睿. 高校食堂建筑光环境节能优化设计研究 [J]. 建筑科学,2018,34(6):94-99.

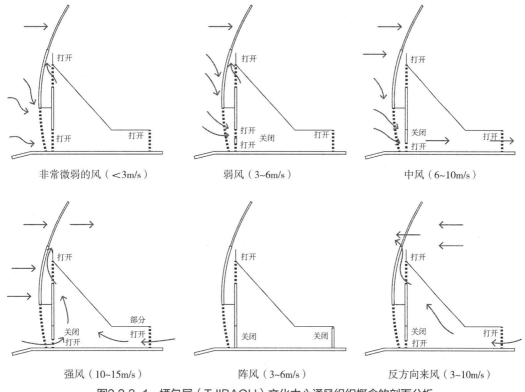

非常微弱的风（<3m/s）　　　　弱风（3~6m/s）　　　　中风（6~10m/s）

强风（10~15m/s）　　　　阵风（3~6m/s）　　　　反方向来风（3~10m/s）

图2.2.3-1　栖包屋（TJIBAOU）文化中心通风组织概念的剖面分析

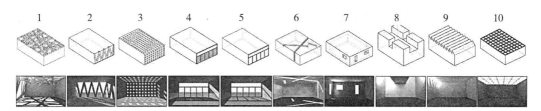

图2.2.3-2　10种自然光使用的类型学模型（从左至右为室内空间由高到低）

均匀度差的问题，基于模型模拟方法，围绕光环境问题对建筑立面窗墙面积比、天窗面积及照明系统进行优化设计，并得到各优化设计相应的量化节能率以指导同类型建筑光环境节能减排设计。清华大学环境能源楼的节能低碳设计，可以从其具有特征性的建筑形式体现（图2.2.3-3），设计基于用地现状和北

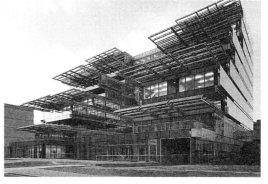

图2.2.3-3　清华大学环境能源楼

京日照条件，通过遮阳模拟确定建筑的主要外形，平面C形、阶梯状由北向南对称跌落是本建筑设计的主要出发点，楼层的层层退台是为了能够接收到最大限度的日照，同时依据冬至和夏至太阳正午高度角设置有效的遮阳系统，太阳得热量能减少约1/3[1]。

建材的消耗也是产生建筑碳排放的主要因素之一。一般从节能设计引申出来的低碳设计主要从建筑运行能耗角度考虑，而建筑的低碳化，也可以通过合理使用建材得以实现。龚志起和张智慧[2]选择水泥、钢材和平板玻璃3种在建设领域用量较大的建筑材料，研究3种材料物化过程的环境影响，建立了建筑材料生命周期的评价体系和评价模型。石铁矛团队[3]以建筑的主要材料混凝土为研究对象，对建筑材料的碳汇原理及效果进行了研究，强调了诸如混凝土等建筑"大料"的回收利用对于降低碳排放的作用。曾杰等[4]研究表明木结构材料的碳排放明显少于钢结构和混凝土结构材料。日本于2010年实施了《公共建筑物木材利用促进法》，要求3层以下公共建筑物原则上全部采用木结构建筑[5]。SOM建筑事务所提出可以用木材来建设摩天大楼，来减少碳排放量，其设计可以减少75%的碳排放量[6]。

以上的建筑设计都是选取影响建筑碳排放的最主要因素作为低碳研究的突破口。主要因素可以是一种环境因素抑或是一类建筑元素的环境适应性的集合，这种低碳设计研究方法基于设计师对场地环境主要问题的分析和建筑技术的选择运用，探索各因素（多包括环境适应性、能源与资源合理利用）的内在逻辑，在解决建筑碳排放问题中，抓住主要矛盾，符合建筑师设计思维和项目快速实现低碳目标，解决建筑碳排放的问题具有针对性。同时这一方法也有局限性，即难以从整体上综合全面地考虑建筑碳排放的各个环节和各因素之间的影响关系，手法相对单一。

2. 综合策略法

综合策略法是将影响建筑低碳化的因素尽量都考虑到建筑设计中，形成以低碳为

① 张通. 清华大学环境能源楼——中意合作的生态示范性建筑［J］. 建筑学报，2008（2）：40-45.
② 龚志起，张智慧. 建筑材料物化环境状况的定量评价［J］. 清华大学学报（自然科学版），2004（9）：57-61.
③ 石铁矛，王梓通，李沛颖. 基于水泥碳汇的建筑碳汇研究进展［J］. 沈阳建筑大学学报（自然科学版），2017，33（1）：7-15.
④ 曾杰，俞海勇，张德东，等. 木结构材料与其他建筑结构材料的碳排放对比［J］. 木材工业，2018（1）：33-37.
⑤ 中国木业网. 日本将加大木材利用和出口［EB/OL］. https://www.ewood.cn/news/2010-11-19/dZ7vYe2kmGbHNHV.html. 2019-11-02.
⑥ 筑龙学社. 国际知名事务所SOM最新成果使用木材建设摩天大楼减少碳排放量［EB/OL］. https://bbs.zhulong.com/101010_group_3000036/detail19175377. 2019-11-02.

出发点的综合性设计理念。目前此类低碳设计多为重视应对气候的综合策略，《设计结合自然》扩展了传统的设计规则，将其提升至生态科学的高度，阐述了建筑设计与自然环境之间不可侵害的依赖关系[①]。《太阳辐射、风、自然光》澄清了建筑形式与能量的关系，给设计师提供了用来支撑设计的工具，应用了被动式能量技术和采光设计等成果，着眼于建筑元素合理优化和组合[②]。杨经文以热带、亚热带气候的建筑生态设计为主要研究对象，结合景观生态学、城市生态学和普通生态学等理论知识，提出了"城市屋顶空间物种""景观桥""正干扰"等概念以及通过建筑设计来改善建筑微气候的方法[③]。刘加平以建筑设计的过程为主线，系统介绍了建筑设计中场地设计、体形与空间设计、围护结构设计过程中的节能设计，强调将节能设计贯穿到建筑设计的整个过程中[④]。杨柳结合中国国情，以充分利用气候资源创造舒适的低能耗建筑为目标，阐述了考虑我国地区气候影响的建筑设计的基本原理、气候分类方法、气候调节策略及其在设计中的应用[⑤]。田炜等针对夏热冬冷地区夏季酷热、冬季寒冷、潮湿多雨等气候特点，提出与地区气候条件相适应的自然通风、采光、遮阳、立体绿化、保温隔热及雨水回收等设计策略[⑥]。

通过综合策略法实现建筑的节能减排设计涉及建筑各元素（图2.2.3-4），此方法对建筑低碳设计进行了系统化、综合化的体系研究。其主要思路是从节能低碳的要求出发，综合考虑建筑的各方面因素，强调建筑各元素的环境适应性，要求建筑师对相关专业的知识与技术有所掌握。综合策略法的特点同样有一定的局限性，设计人员对于低碳设计的落实，需受制于繁杂的要素，在深入量化低碳效果方面目前仍有不足。

3. 性能模拟法

建筑设计是动态性的，通过方案的不断推敲和优化而发展的。性能模拟法正是基于设计阶段边界条件的不断变化，通过计算机模拟技术进行低碳性能效果的模拟。性能模拟法通过建筑物理的相关模型与计算机软件平台的结合，为建筑设计环节的方案进行

① 伊恩·伦诺克斯·麦克哈格. 设计结合自然［M］. 芮经纬译. 天津：天津大学出版社. 2006.
② 布朗，德凯. 太阳辐射·风·自然光［M］. 常志刚，刘毅军，朱宏涛译. 北京：中国建筑工业出版社. 2006.
③ 杨经文. 生态设计手册［M］. 黄献明等译. 北京：中国建筑工业出版社. 2014.
④ 刘加平. 建筑创作中的节能设计［M］. 北京：中国建筑工业出版社. 2009.
⑤ 杨柳. 建筑气候学［M］. 北京：中国建筑工业出版社. 2010.
⑥ 田炜，陈湛，戎武杰. 夏热冬冷地区绿色建筑设计策略［J］. 建筑技艺，2011（Z6）：59-63.

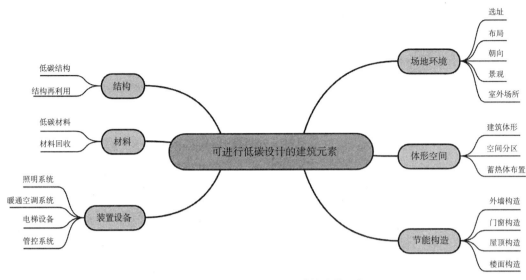

图2.2.3-4　可进行低碳设计的建筑元素

节能减排相关性能模拟。建筑师基于方案设计输入相关参数进行项目能耗与物理环境的模拟，模拟得出的参数结果，作为优化方案的依据。李传成等通过Fluent软件对大空间温度分层现象进行模拟，之后将获得的大空间温度分层数据输入到EnergyPlus Room Air模块以精确模拟大空间能耗，并结合夏热冬冷地区火车站候车大厅实例，对比采用温度分层策略和普通分层空调系统能耗的差异，验证模拟方法在建筑节能设计中的可行性[1]。张承通过对建筑方案设计过程的分析，明确了能耗模拟与设计过程之间的关系，提出了面向建筑方案设计过程的能耗模拟概念[2]。张顾团队针对具体方案的建筑空间组织设计，通过软件模拟量化分析的手段辅助设计，通过Ecotect软件进行日照模拟，通过Phoenics软件进行风环境模拟，合理采用被动式策略，综合利用DesignBuilder，基于相关标准规范的参数值，进行能耗模拟，最终实现建筑设计的合理优化[3]。刘丛红团队运用Ladybug和Honeybee软件，通过整合模拟技术进行参数化节能设计[4]。随着建筑节能关注度的提高和计算机模拟技术的发展，建筑节能领域出现许多不同于传统设计方法的建筑能耗模拟设计工具，根据美国能源部的统计，全世界已有417种模拟软件被确认，按

① 李传成，章昭昭，季群峰. 结合CFD的EnergyPlus大空间温度分层能耗模拟［J］. 建筑科学，2012，28
（6）：87-94.
② 张承. 面向建筑设计过程的能耗模拟分析——采暖地区居住建筑节能设计程序的开发［D］. 西安：西安建筑科技大学，2003.
③ 安琪，黄琼，张顾. 基于能耗模拟分析的建筑空间组织被动设计研究［J］. 建筑节能，2019，47（1）：63-70.
④ 毕晓健，刘丛红. 基于Ladybug+Honeybee的参数化节能设计研究——以寒冷地区办公综合体为例［J］. 建筑学报，2018（2）：50-55.

照类别可分为建筑整体分析模拟软件、节能标准达标分析模拟软件、材料构件及设备系统分析模拟软件等[1]。建筑能耗模拟逐渐成为预测建筑能耗和比较设计方案的有效技术方法[2]。

性能效果的量化是性能模拟法的最大特色，相对于定性的设计策略，此方法可以准确体现定量的设计结果，便于通过数据帮助建筑师直观比较不同方案的优劣。但其同样有自身的局限性：在多数性能模拟工具中，需要输入大量的专业参数，对建筑师的软件操作能力是一种考验，通过软件模拟的设计逻辑是强调建筑物理的参数调试，这与建筑师传统设计思维有明显的区别，方案的修改需要多个参数的重新调整，准备工序较为复杂耗时。

4. BIM技术法

在21世纪以依赖电脑辅助为主的建筑设计的方法中，建筑信息模型（Building Information Modeling，BIM）是重要的组成部分。BIM是以三维数字技术为基础，集成了建筑工程项目各种相关新型的工程数据模型，是对工程项目设施实体与功能特性的数字化表达[3]。从定义可得，BIM技术的设计方法特点是通过三维模型使方案实现具体的可视化，BIM模型的重点不仅仅是建筑模型，更是建筑相关数据信息的集合，便于各工种的协调合作。BIM技术集合了模型信息、功能要求和构件性能，将一个建筑项目整个生命周期内的所有信息整合到一个单独的建筑模型中，包括施工进度、建造过程、维护管理等的过程信息[4]。在国内，BIM技术已被明确写入建筑业发展"十二五"和"十三五"的相关规划中。目前常用的BIM技术软件有Revit系列、Bentley系列和ArchiCAD等。

在具体实践中，任娟等提出建立基于BIM平台的绿色办公建筑早期设计决策过程观念模型[5]。华虹等针对公共建筑低碳设计和碳排放计量的需要，构建了基于BIM的公共建筑低碳设计分析方法和碳排放计量模型[6]。卢琬玫等[7]在天津某公共建筑项目中全程

① 夏冰. 建筑形态设计过程中的低碳策略研究——以长三角地区办公建筑为例 [D]. 上海：同济大学，2016.
② 陈文强. 建筑节能优化设计技术平台中智能知识库的研究及开发 [D]. 南京：东南大学，2017.
③ National BIM Standard—United States. www.buildingsmartalliance.org/index.php/nbims/faq/. 2019-09-11.
④ Edward Goldberg H. The Building Information Model：Is BIM the future for AEC design? [J] CADalyst，2004（21）：56-58.
⑤ 任娟，刘煜，郑罡. 基于BIM平台的绿色办公建筑早期设计决策观念模型 [J]. 华中建筑，2012（12）：45-48.
⑥ 华虹，王晓鸣，邓培，等. 基于BIM的公共建筑低碳设计分析与碳排放计量 [J]. 土木工程与管理学报，2014（2）：66-71，76.
⑦ 卢琬玫，李宝鑫，冯蕴霞. BIM技术在绿色建筑设计中的应用 [J]. 建筑技艺，2018（6）：61-67.

采用BIM技术进行建筑形体三维设计、全专业协同设计和重要节点构造的精细化设计。朱峰磊采用BIM系统进行产品开发，实现节能设计模块与建筑模块模型数据连接，并提供与外部模型格式的数据接口，帮助设计师准确快速地完成节能设计与热工分析[①]。

通过BIM技术法有利于优化建筑低碳设计的全过程，统筹和协调各个参与方的工作（图2.2.3-5）。将分析得出的量化结论转化为信息模型，有利

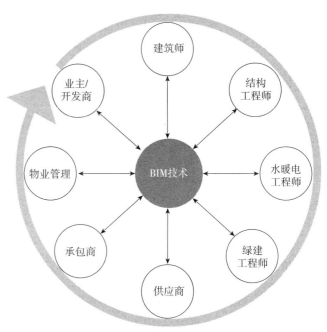

图2.2.3-5　BIM技术的项目各参与方工作协调

于在各工种配合下延续设计成果，实现具体项目全生命周期的协同管理。BIM将分析的数据和建筑元素的信息整合，通过三维模型直观体现，实现了设计要素的分析与设计理念的有机结合，有助于建筑师在设计阶段对建筑提出针对性的低碳决策。但BIM技术仍只是一种设计工具的存在，其没有真正成为一种设计思路。BIM的技术性特点决定其可作为方案推敲和论证的有力辅佐，但并不能成为方案构思的来源，较少运用于建筑设计的构思阶段。同时BIM软件的具体操作也需输入繁多数据，操作上有一定的复杂性与专业性，BIM软件建模的误差也直接影响设计清单的计算结果，具体实践中的普及性与准确性有待提高。

5. 评价指标法

各国和地区通过建立不同的绿色建筑评价体系（Green Building Rating System，GBRS）推动和引导建筑的绿色低碳发展，CO_2相关指标已在多数绿色建筑评价体系中成为重要指标。目前包含碳排放要求的绿色建筑评价体系代表有：英国的BREEAM，美国的LEED，德国的DGNB，日本的CASBEE，中国台湾地区的EEWH和中国大陆的《绿色建

---

① 朱峰磊，薛宇，王梦林，等. 基于BIM系统的建筑节能设计软件研究与探讨［J］. 建筑工程技术与设计，2017（33）：2153-2154.

筑评价标准》等。国内关于控制建筑碳排放的相关标准还有：《建筑碳排放计算标准》GB/T 51366—2019、《民用建筑绿色性能计算标准》JGJ/T 449—2018等。通过评价指标来指导建筑设计，多涉及建筑性能的优化（Building Performance Optimization，BPO）[1]。以往建筑设计多根据相关建筑标准和导则提供的措施落实方案，建筑性能设计是基于建筑标准和导则规定的内在目标进行设计。例如针对低碳建筑的围护结构保温设计，传统设计是基于规定的外墙保温具体做法进行保温节能措施的落实，建筑性能指标设计优化是在满足不同地区建筑保温指标的目标下，对整体建筑能耗进行统筹分析，进而确定满足保温的节能设计最优解。目前基于性能指标评价的设计备受关注：石邢团队强调算法是生成新的性能设计以及驱动节能设计优化的关键因素，必须根据问题的性质和最重要的性能指标来选择相应的设计算法[2]。Mohamed Hamdya等比较了7种常用的多目标优化算法以解决近零能耗建筑的设计问题，得出多于1.6^{10}种可能的解决方式，获得接近最优的解[3]。司秉卉等针对不同的建筑节能优化设计细分问题，提出了适宜算法的推荐和应避免使用的算法清单，提升了建筑节能优化设计的技术水平[4]。南京牛首山游客中心是高低错落的坡顶与大面积玻璃立面的组合[5]，大面积玻璃幕墙带来充足的采光同时会增加夏季日照得热的空调能耗，研究团队通过性能设计优化确定了挑檐的具体设计方案（图2.2.3-6），寻找到采光与遮阳之间的平衡，相比于传统方案的调试提高了优化设计效率[6]。

图2.2.3-6　基于指标参数的牛首山游客中心屋檐性能优化设计研究

① Clarke J A，Hensen J L M. Integrated building performance simulation：Progress，prospects and requirements［J］. Building and Environments，2015，91：294-306.
② Si B，Tian Z，Jin X，Zhou X，Tang P，Shi X. Performance indices and evaluation of algorithms in building energy efficient design optimization［J］. Energy，2016，114：100-112.
③ Hamdy M，Nguyen AT，Hensen JLM. A performance comparison of multi-objective optimization algorithms for solving nearly-zero-energy-building design problems［J］. Energy Build. 2016，121：57-71.
④ Si B，Tian Z，Jin X，et al. Ineffectiveness of optimization algorithms in building energy optimization and possible causes［J］. Renewable Energy，2018.
⑤ 王建国，朱渊，姚昕悦. 南京牛首山风景区东入口游客中心设计随笔［J］. 建筑学报，2017（8）：57-59.
⑥ 摘自石邢教授的2019年研究生公共设计课讲座：性能导向的绿色建筑设计及优化。

通过评价指标法进行的低碳设计能较为准确地针对效果目标进行具体优化，对项目的低碳效果进行量化评测与调控。但绿色建筑评价标准中的若干定量化指标在科学提高建筑的绿色综合性能的同时，也约束了建筑设计师的传统设计逻辑的发挥，降低了建筑方案设计的整体工作效率[①]。强调从节能低碳指标入手的设计，易忽略其他设计因素的影响，缺乏方案的整体性。

6. 类型学法

类型学法是通过总结具体的建筑形式，抽象成不同类型原形，同时引入节能概念，以此找到低碳节能的基本图式[②]。例如，夏冰总结了八种办公空间布局类型（图2.2.3-7），从不同办公空间的形态特征出发，提出了针对每种空间布局类型的办公建筑低碳设计策略[③]。卢鹏等[④]从节能技术的形态原型的视角，总结了不同建筑节能措施的集中类型原型，如将阳光间技术形态归纳为附加、嵌入、包裹三种类型原型（图2.2.3-8）。英国研究机构保护支持单位（BRECSU）在其研究报告中，根据办公建筑的规模、空间组织方式和暖通类型把办公建筑分为四种基本类型：自然通风分隔型（naturally ventilated cellular）、自然通风开放型（naturally ventilated open-plan）、标准空调型（air-

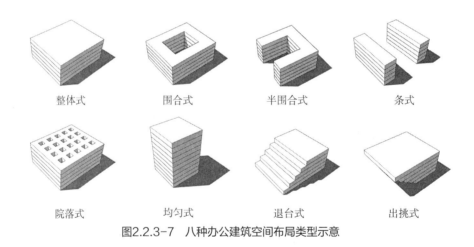

整体式　　　　　围合式　　　　　半围合式　　　　　条式

院落式　　　　　均匀式　　　　　退台式　　　　　出挑式

图2.2.3-7　八种办公建筑空间布局类型示意

① 杨文杰，石邢. 性能优化驱动绿色建筑方案设计方法初探［C］//建筑设计信息流——2011年全国高等学校建筑院系建筑数字技术教学研讨会论文集，重庆：重庆大学出版社，2011：53.
② 夏冰. 建筑形态设计过程中的低碳策略研究——以长三角地区办公建筑为例［D］. 上海：同济大学，2016：46.
③ 夏冰. 办公建筑空间布局类型的低碳设计研究［J］. 新建筑，2017（4）：92-95.
④ 卢鹏，周若祁，刘燕辉. 以"原型"从事"转译"——解析建筑节能技术影响建筑形态生成的机制［J］. 建筑学报，2007（3）：77-79.

conditioned，standard）和豪华空调型（air-condition，prestige）[1]，揭示了不同空调通风系统下，办公建筑的单位平均碳排放具有明显的不同，其碳排放来源构成也有差别（图2.2.3-9）。

综上所述，通过类型学方法进行建筑低碳设计的研究，已有一定的成果。由于此方法基于建筑学传统的类型学逻辑，容易被建筑设计人员所接受和推广。其也有一定局限性：类型学的研究手段对碳排放与建筑空间的影响关系上，还需要更加透彻的研究，通过类型学手法研究建筑因素与碳排放影响关系，多基于理想条件模型，实际项目中，需以建筑相关的实际因素为依据，对于研究成果和实际运用效果之间，仍有一定差距。

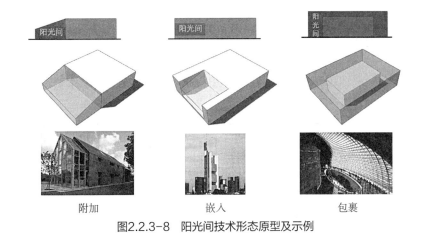

图2.2.3-8　阳光间技术形态原型及示例

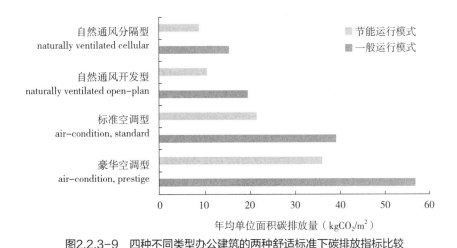

图2.2.3-9　四种不同类型办公建筑的两种舒适标准下碳排放指标比较

① British Research Establishment Conservation Support Unit（BRECSU）［G］. Energy Consumption Guide 19：Energy Use in Office. Garston，Watford，UK，2000：10.

通过对以上六种建筑低碳设计方法的研究，总结梳理了六种建筑低碳设计研究方法的技术特征、优势与局限性（表2.2.3-1）。

六种建筑低碳设计研究方法的比较　　　　表2.2.3-1

六种研究方法	技术特点	优势	局限性
主因素法	抓住影响碳排放最主要的因素进行研究	快速、高效、有针对性，符合设计思维	片面、缺少整体考虑，手法相对单一
综合策略法	涉及碳排放的影响因素都纳入研究	全面、系统化、综合性强	效率相对较低，对设计师综合专业知识要求高，目前缺少一定的量化深入
性能模拟法	通过数学模型和计算机模拟软件进行研究和设计优化	量化性强、通过数据直观辅助建筑师进行方案优选和调试	工序复杂耗时，参数调整与设计思维差别大，操作较难
BIM技术法	建立建筑信息模型实现设计同步跟踪	提供各工种统筹协调的平台，模型直观体现设计信息，提高工作效率，帮助方案推敲	研究帮助有限，不能作为方案构思的来源，操作复杂、专业要求高，实际普及性受限
指标评价法	通过标准、评价体系、目标要求等设定的指标来指导建筑设计	较为准确地针对效果目标进行具体优化，量化性强，结果较为精确	约束传统设计逻辑的发挥，降低方案设计的整体工作效率，建筑节能以外的整体考虑较欠缺
类型学法	通过归纳节能技术下建筑形态的类型学研究思路	符合建筑师设计思维，有利于建筑设计工作的顺利推进	碳排放和建筑元素之间关系缺乏更透彻的研究，研究成果与实际应用有一定偏差

六种设计方法各有特色，在具体建筑项目设计中，会根据侧重要求和现实条件综合采用不同的设计方法，各类建筑低碳设计方法之间是相互配合，相互补充的关系。例如在众多BIM软件中会包含各种能耗及碳排放模拟的插件，插件的参数选项一般包括建筑各种要素（如围护结构、材料、功能空间定义、结构选型、通风量、室内温湿度数据等）帮助设计者通过相关建筑因素进行针对性的或全面性的设计研究。通过厘清建筑低碳设计研究方法的特点和关系，有利于指导设计师根据具体情况选择合适的设计方法，从而有效地降低建筑碳排放。

2.3　建筑相关低碳评价体系研究

由上文可知，低碳建筑与绿色建筑之间具有共通和重合的关系，针对建筑的低碳设计，目前多从建筑绿色设计方面进行研究。针对建筑绿色设计的分析，可以通过相关绿色建筑评价体系，分析得出绿色建筑设计的原则与侧重点，挖掘出和CO_2相关的评价指标、明确影响低碳设计的相关要素，从而有针对性、具体地研究低碳设计。面对全球资源危机与气候变化，各国各地区的绿色建筑评价体系（Green Building Rating System，GBRS）也重视和增加对建筑碳排放的相关指标要求。

2.3.1 相关评价体系概况

1. BREEAM

英国建筑研究机构（BRE）于1990年建立的Building Research Establishment Environmental Assessment Method（BREEAM）体系，是世界上第一个也是全球最广泛使用的绿色建筑评价方法。目前世界上众多绿色建筑评价体系都基于BREEAM的经验进行开发和应用，如LEED、Green Mark 以及Green Star[1]。BREEAM不断更新，其体系涉及多个建筑类别，例如办公建筑、住宅、商住用房、医疗、零售商场、教育设施等。根据建筑生命周期的不同阶段，使用相应的版本（表2.3.1-1）。本书以BREEAM New Construction 2016版为例进行研究，该版本评价要求建筑在9项环境因素方面的48项指标和1项创新因素中进行绩效评分[2]。其中，9大环境因素项具体指：管理、健康与福祉、能源、交通、水、材料、废弃物、土地与生态和污染，详细指标信息见表2.3.1-2。其中，管理项的"生命周期成本和使用寿命的方案"以及能源项的"减少能源使用和碳排放"和"低碳设计"主要包含减碳措施和碳排放计算相关指标。在使用BREEAM进行建筑评估时，项目的整体性能由6个因素决定：①评估范围；②评级基准；③最低标准；④环保部分权重；⑤评估项和分数；⑥评估要素组合后的等级结果。BREEAM-NC（2016）的评级基准分为六个等级，按得分的百分比分级：无类别的得分低于30%，代表不合格；一星级的得分大于等于30%，属于规范实践项目；二星级的得分大于等于45%，属于中级实践项目；三星级的得分大于等于55%，属于高级实践项目；四星级的得分大于等于70%，属于最佳实践项目；五星级为最高等级，得分大于等于85%，属于创新型项目。

---

① Cole RJ. Building environmental assessment methods：redefining intentions and roles［J］. Build Res Inf 2005，35（5）：445-67.

② BRE. BREEAM 2011 for new construction：non-domestic buildings technical manual. SD5073-2.0：2011Herts，UK：Building Research Establishment；2011.

BREEAM根据建筑类型及全生命周期不同阶段的不同版本　表2.3.1-1

不同 BREEAM 标准版本	针对特点
BREEAM Infrastructure	针对新建基础设施项目
BREEAM Communities	针对社区规模或更大的发展项目
BREEAM New Construction	针对新建住宅（仅适用于国际项目）或非住宅项目
Home Quality Mark	针对新建住宅（仅适用于英国）
BREEAM In-Use	针对既有非住宅建筑的运营
BREEAM Refurbishment	针对住宅（仅适用于英国）和非住宅项目的装修和改建

BREEAM New Construction 2016版指标内容表　表2.3.1-2

管理	健康与福祉		能源	
-项目介绍和设计 -生命周期成本和使用寿命的方案 -负责施工实践 -调试和移交 -维护	-视觉舒适 -室内空气质量 -实验室污染物的安全性 -温度舒适 -声学性能	-可达性 -危害 -私人空间 -水质	-减少能源使 　用和碳排放 -能源监测 -外部照明 -低碳设计	-节能冷库 -节能运输 -节能实验室 -节能设备 -晾晒的空间

交通	水	材料
-公共交通便利性 -附近的设施 -备选交通方式 -最大停车容量 -出行计划	-水耗 -水检测 -水泄漏预防 -节水器具	-生命周期影响 -耐受的绿化景观和边界保护 -负责的材料采购 -绝缘 -材料的耐久性和弹性 -材料效率

废弃物	土地与生态	污染
-建筑废弃物管理 -回收骨料 -运行废弃物 -预计性地板和天花板装修 -对气候变化功能适应性 -功能适应性	-选址 -场地生态价值与生态特色保护 -尽量减少对现有场地生态的影响 -加强场地生态 -对生物多样性的长期影响	-制冷剂影响 -NOx排放 -地表径流 -减少夜间光污染 -减少噪声污染

创新

2. LEED

美国绿色建筑委员会（USGBC）于2000年开始推行Leadership in Energy and Environmental Design（LEED）体系，目前版本为LEED v4.1。LEED适用于所有建筑类型和所有建筑阶段，包括新建筑、内部装修、运营和维护，以及建筑核心与表皮。各种版本详情见表2.3.1-3。

LEED家族中不同标准版本介绍   表2.3.1-3

不同LEED标准版本	适用特点
LEED BD+C	适用于新建及重大改造建筑，包括新建项目、建筑核心与表皮、零售、酒店、数据中心、仓储配送中心以及医疗保健
LEED ID+C	适用于室内装修项目，包括商业内装、零售和酒店
LEED O+M	适用于既有项目进行中的改造或未建设项目，包括既有建筑、学校、零售、酒店、数据中心和仓储配送中心
LEED ND	适用于新地块发展和与住宅相关的再开发，项目状态可以是规划到建设的各阶段
LEED Homes	适用于单户住宅及多层（一至六层）多户住宅
LEED Cities and Communities	适用于城市和社区的LEED认证
LEED Recertification	适用于所有已获LEED认证的项目，进行项目后期跟踪
LEED Zero	适用于通过BD+C或O+M的项目，评价零碳和近零能耗目标

本书以LEED BD+C（v4）为例进行研究[①]。根据被评对象的建筑类型，评估项目略有不同，但都包含以下几个方面：整合过程、位置与交通、可持续场地、节水效率、能源与大气、材料与资源、室内环境质量、地域优先、创新性。其中，能源与大气、材料与资源指标中包含对CO_2排放的评价，具体评价指标见表2.3.1-4。LEED对各指标进行打分，根据总得分值将认证项目分为4个等级：认证级，得分在40~49分；银级：得分在50~59分；金级：得分在60~79分；铂金级为最高级，分数在80分以上。

LEED-BD+C（v4）涉及CO_2排放的相关指标   表2.3.1-4

一级环境指标	二级环境指标
能源与大气	基本调试与验证 最低能效 建筑能耗计量等级 基本的冷媒管控 增强性调试 优化能源性能 高级的能耗计量 需求响应 可再生能源生产 优化的冷媒管控 绿色能源和碳补偿

---

① The U.S. Green Building Council. LEED v4 for BUILDING DESIGN AND CONSTRUCTION. [EB/OL].
https://www.usgbc.org/sites/default/files/LEED%20v4%20BDC_07.25.19_current.pdf.

续表

一级环境指标	二级环境指标
材料与资源	储存及收集可循环材料 建设及拆除阶段废弃物管理计划 减少建筑物生命周期的影响 建筑产品开发与优化——环保产品开发 建筑产品开发与优化——原材料开采 建筑产品开发与优化——材料成分 建设及拆除阶段废弃物管理

3．DGNB System

德国于2007年成立德国可持续建筑委员会（DGNB），并于2009年推出了DGNB绿色建筑评价体系（DGNB System），是第二代绿色建筑评价体系的代表[①]。相比于第一代评价体系（如BREEAM和LEED），DGNB System克服了片面考虑技术运用和忽视建筑经济问题的局限性，强调从可持续发展的三个基本方面（生态、经济、社会）综合评价绿色建筑。从本质上讲，DGNB System 不是为了认证而建立的认证标准。DGNB System根据不同的评价对象及建筑阶段有不同的版本（表2.3.1-5）。DGNB System家族下的标准版本都聚焦未来可持续发展的六大特色：①以人为本；②循环经济；③设计及施工的质量；④基于联合国可持续发展的目标；⑤遵守欧盟的规定；⑥创新性。

DGNB System家族中不同标准版本介绍　　表2.3.1-5

根据方案（scheme）分类	适用对象	根据建筑类型分类	适用对象
DGNB New Construction Building set	新建建筑，几乎包括DGNB体系中所有能评估的建筑类型	DGNB Office and Administrative buildings	办公大楼及政府大楼
		DGNB Educational Facilities	教育设施
DGNB Existing Buildings	正在使用的建筑和既有建筑改造	DGNB Retail Building	零售商业建筑
DGNB Interiors	不同类型建筑室内	DGNB Industrial Buildings	厂房
		DGNB Hotels	酒店
		DGNB Residential Buildings	住宅类建筑

---

① 卢求. 德国DGNB——世界第二代绿色建筑评估体系［J］. 世界建筑，2010（1）：105-107.

根据方案（scheme）分类	适用对象	根据建筑类型分类	适用对象
DGNB Districts	城市街区、商业区、工业用地、活动区域、度假村、垂直城市	DGNB Mix-use Buildings	多功能类型建筑
		DGNB Hospitals	医院建筑

本书以DGNB New Construction Building set为例进行研究，目前版本为DGNB-NC（2018）。其评价指标具体分为六大类（表2.3.1-6），分别是：环境质量（ENV）、经济质量（ECO）、社会文化与功能（SOC）、技术质量（TEC）、过程质量（PRO）以及地块质量（SITE）。其中，环境质量（ENV）中的"ENV1.1建筑全生命评价"主要从建筑全生命评价角度进行碳排放计算和设置减排指标，其提出的全生命周期CO_2计算方法已经成为欧盟和联合国认可的计算方式之一。技术质量（TEC）中的"TEC1.4建筑技术的应用与集成"强调被动式策略对节能低碳的作用，从与建筑相关的能耗需求、使用者相关的能耗需求和施工阶段CO_2当量三个方面采取措施实现CO_2减排。DGNB System通过每项得分点得到的评价分值逐级加权，将符合绿色建筑的标准分为4个等级，从高到低依次为：铂金级、金级、银级和铜级（表2.3.1-7）。在通过项目总得分进行分级的基础上，每个级别还对单个核心质量（ENV、ECO、SOC、TEC、PRO、SITE）的最低得分提出要求。

DGNB-NC（2018）指标分类表　　　　表2.3.1-6

指标类型	各类型一级指标内容
环境质量（ENV）	全球和当地环境作用（ENV1）
	自愿消费与废弃物产生（ENV2）
经济质量（ECO）	全生命周期成本（ECO1）
	经济发展（ECO2）
社会文化与功能（SOC）	健康舒适性与使用满意度（SOC1）
	功能性（SOC2）
技术质量（TEC）	技术质量（TEC1）
过程质量（PRO）	工作计划质量（PRO1）
	施工建设质量保证（PRO2）
地块质量（SITE）	地块质量（SITE1）

整体性能指标得分	单个核心指标达到最小分值	评级
≥35%	—	铜级（仅适用既有建筑）
≥50%	35%	银级
≥65%	50%	金级
≥80%	65%	铂金级

4．CASBEE

日本建筑环境与节能研究所（IBEC）于2002年发布了建筑物综合环境性能评价体系（Comprehensive Assessment System for Built Environment Efficiency，CASBEE）。目前CASBEE已经发展成包括办公、住宅、医院、学校、社区、城市等类型的十多种评价工具的家族体系（图2.3.1-1）。本书以CASBEE新建建筑（CASBEE-NC）为例展开研究，目前版本为CASBEE-NC（2014）。CASBEE主要从建筑环境质量（Q）和建筑环境负荷（L）两个方面综合评价建筑与环境。两个方面具体包括6个一级指标（表2.3.1-8）：室内环境质量（Q1）、服务质量（Q2）、场地环境质量（Q3）、节能（LR1）、资源和材料节约（LR2）、场地外部环境影响（LR3）。CASBEE提出了建筑生态效率（eco-efficiency）的定义，即通过建筑环境质量（Q）和建筑环境负荷（L）的比值，也称建筑环境效率（BEE），来衡量绿色建筑环境效率的等级，公式如下：

$$BEE = \frac{建筑环境质量（Q）}{建筑环境负荷（L）} = \frac{25 \times （SQ-1）}{25 \times （5-SLR）} \qquad （2.3.1-1）$$

式中：SQ为建筑环境质量的指标总得分（SQ=SQ1+SQ2+SQ3）；SLR为建筑环境负荷的指标总得分（SLR=SLR1+SLR2+SLR3）。每个指标的得分为1～5分，评价体系将指标分为5级，1级即为1分，5级即为5分，指标的第3级得分为评价的标准分。参评建筑所有部分的分值都需要大于3才可以参与最终的建筑评价，只有BEE≥1.5的项目才被认定为绿色可持续建筑。基于BEE值的评价等级对应关系见表2.3.1-9。CASBEE的评价结果包含四种主要方式：BEE得分等级；全生命周期碳排放；指标得分辐射图；指标得分柱状图。CASBEE关于CO_2相关指标的评分主要涉及Q、L和BEE的相关指标评价，与CO_2相关的指标，最直接的是LR3指标中对于全球变暖的考虑，从建筑全寿命角度进行CO_2排放量计算（$LCCO_2$计算）。Q2和LR2指标从建筑的材料和结构角度间接涉及减碳措施。全生命

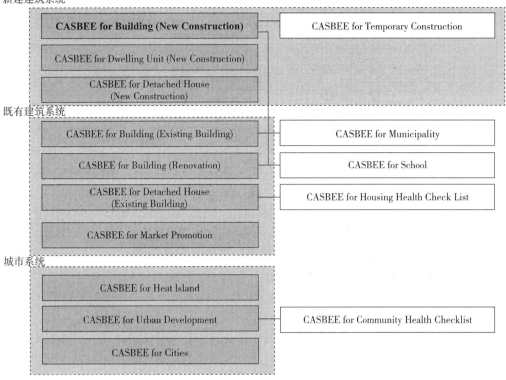

新建建筑系统

CASBEE for Building (New Construction)	CASBEE for Temporary Construction
CASBEE for Dwelling Unit (New Construction)	
CASBEE for Detached House (New Construction)	

既有建筑系统

CASBEE for Building (Existing Building)	CASBEE for Municipality
CASBEE for Building (Renovation)	CASBEE for School
CASBEE for Detached House (Existing Building)	CASBEE for Housing Health Check List
CASBEE for Market Promotion	

城市系统

CASBEE for Heat Island	
CASBEE for Urban Development	CASBEE for Community Health Checklist
CASBEE for Cities	

图2.3.1-1　CASBEE 家族图谱

周期碳排放基于 *LR3* 的全生命周期碳排放计算，通过与参照建筑排放进行比较评估相应减碳措施的应用情况，结果以柱状图的形式呈现，根据排放率按绿色星级分级（图2.3.1-2）。全生命周期碳排放评估主要包括4个内容：①参考值：参考建筑在符合标准情况下全生命周期排放的二氧化碳量；②基于建筑积极性措施（如：能效优化、环保材料使用以及延长建筑使用寿命）评价的建筑主体各阶段的碳排放；③以上积极措施与地块内其他措施（如场地太阳能系统安装）的评价；④以上积极措施与场地外其他措施（如可再生能源采购等）的评价。

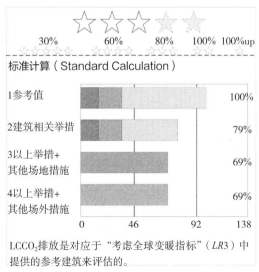

图2.3.1-2　全生命周期碳排放评估结果表

CASBEE-NC（2014）评价指标及权重　　表2.3.1-8

评估方面	六大一级指标	权重	
		厂房以外建筑类型	厂房建筑
环境质量（Q）	室内环境（Q1）	0.40	0.30
	服务质量（Q2）	0.30	0.30
	地块环境质量（Q3）	0.30	0.40
环境负荷（L）	节能（LR1）	0.40	
	资源和材料节约（LR2）	0.30	
	地块之外环境质量（LR3）	0.30	

基于BEE值的评价等级对应关系表　　表2.3.1-9

级别	评级结果	BEE 值	星级表示
S	杰出的	$BEE \geqslant 3.0$ 且 $Q \geqslant 50$	★★★★★
A	优秀的	$1.5 \leqslant BEE \leqslant 3.0$；$BEE \geqslant 3.0$ 且 $Q < 50$	★★★★
B+	良好的	$1.0 \leqslant BEE < 1.5$	★★★
B-	较差的	$0.5 \leqslant BEE < 1.0$	★★
C	差	$BEE < 0.5$	★

5. EEWH

中国台湾地区绿建筑评估手册（EEWH）诞生于1999年，是亚洲第一个绿色建筑评价系统[①]。2011年由单一手册修订为绿色建筑评价系列家族，以基本版手册（EEWH-BC）为体系基础，针对住宿、厂房、旧建筑改善及社区等不同评价对象颁布了不同的版本手册（表2.3.1-10）。本书以绿建筑评估手册基础版（EEWH-BC）为例展开研究，目前版本为EEWH-BC（2015）。EEWH-BC主要从涉及四大范畴的九类指标进行绿建筑评价，同时设置"建筑创新设计"作为倡导绿色创新的鼓励性指标。"日常节能指标（RS4）"与"水资源指标（RS8）"为必要的门槛指标，即没通过此两类指标的建筑无法获得绿色建筑认证。与CO_2相关的评价指标包括明确碳排放为一类指标的"CO_2减量指标（RS5）"，以及"日常节能指标（RS4）"中关于日常CO_2排放的内容及"绿化量指标（RS2）"中关于植被固碳的内容。具体指标及分值内容见表2.3.1-11。EEWH-BC通过分级评估法，按指标总得分分为合格级、铜级、银级、黄金级和钻石级，对于未达到

① 台湾地区建筑研究所. 綠建築評估手冊：基本版（2015年版）[M]. 新北市：建研所，2014.

1hm²基地的项目，有免"生物多样化指标"评估的规定，相应等级的得分可有所降低（表2.3.1-12）。

EEWH家族不同版本介绍　　　　表2.3.1-10

不同 EEWH 版本	适用特点
EEWH-BC	绿建筑评估手册基础版，是所有EEWH绿建筑评估理论的源头
EEWH-RS	供特定人长期或短期住宿之新建筑或既有建筑物（H1、H2类）
EEWH-GF	以一般室内作业为主的新建或既有工厂建筑
EEWH-RN	取得使用执照三年以上，且建筑更新楼板面积不超过40%既有建筑物 邻里单元社区、新开发住宅社区、既有住宅社区、农村聚落或原住民部落
EEWH-EC	科学园区、工业区、大学城、商业区、住商混合区、工商综合区与物流专用区等
EEWH-OS	以EEWH-BC为基础，导入当地基准评估法，提供境外建筑物申请

EEWH-BC评价指标及分值介绍　　　　表2.3.1-11

四大范畴	九大一级指标		各指标最大得分值	
生态	1. 生物多样性指标（RS1）		9	27
	2. 绿化量指标（RS2）		9	
	3. 基地保水指标（RS3）		9	
节能	4. 日常节能指标（RS4）	4.1 建筑外壳节能指标EEV（RS41）	14	32
		4.2 空调节能指标EAC（RS42）	12	
		4.3 照明节能指标EL（RS43）	6	
减废	5. CO_2减量指标（RS5）		8	16
	6. 废弃物减量指标（RS6）		8	
健康	7. 室内环境指标（RS7）		12	25
	8. 水资源指标（RS8）		8	
	9. 污水垃圾改善指标（RS9）		5	

绿建筑创新设计采取优惠升级的认定制度

EEWH-BC各等级得分情况一览表　　　　表2.3.1-12

绿建等级 （得分概率分布）	合格级 30%以下	铜级 30% ~ 60%	银级 60% ~ 80%	黄金级 80% ~ 95%	钻石级 95%以上
九大指标总得分 RS 范围	$20 \leq RS < 37$	$37 \leq RS < 45$	$45 \leq RS < 53$	$53 \leq RS < 64$	$64 \leq RS$
免评估"生物多样性指标"的总得分 RS 范围	$18 \leq RS < 34$	$34 \leq RS < 41$	$41 \leq RS < 48$	$48 \leq RS < 58$	$58 \leq RS$

6.《绿色建筑评价标准》

中国大陆的《绿色建筑评价标准》(Assessment Standard for Green Building, ASGB)首次于2006年颁布实施,目前最新版本是GB/T 50378—2019。GB/T 50378—2019是适用于所有民用建筑的单一手册,民用建筑分为住宅和公共建筑,根据涉及的条文进行评估打分。GB/T 50378—2019评价内容包含五类指标,分别是安全耐久、健康舒适、生活便利、资源节约、环境宜居,每类指标均包括控制项和评分项。GB/T 50378—2019还独立设置加分项指标,即"提高与创新"(Promotion and Innovation, P&I)。其中,与CO_2相关的评价指标属于"提高与创新"中的一项加分项,具体要求进行建筑碳排放计算分析,采取措施降低单位建筑面积碳排放强度,此指标满分得分为12分。GB/T 50378—2019将绿色建筑评价阶段分为预评价阶段和评价阶段,预评价阶段是在建筑工程施工图设计完成后即可进行,评价阶段是在建筑工程竣工后进行。采取两阶段的评价方式,有利于绿色技术的评价可以随项目从图纸到建成能实现紧密过渡,有利于评价效果对项目不同阶段进行跟踪反馈。GB/T 50378—2019的各类指标及不同评价阶段的分值介绍见表2.3.1-13。

GB/T 50378—2019各类指标及分值介绍   表2.3.1-13

项目分值		五类评价指标控制项基础分值(Q_0)	五类指标各评分项满分值(Q_1 ~ Q_5)					加分项满分值(Q_A)
指标类型			安全耐久	健康舒适	生活便利	资源节约	环境宜居	提高与创新
评价阶段分值	预评价分值	400	100	100	70	200	100	100
	评价分值	400	100	100	100	200	100	100

GB/T 50378—2019是通过指标的控制项、评分项与加分项的总得分情况进行分级的。绿色建筑评价的总得分按下列公式进行计算[1]:

$$Q=(Q_0+Q_1+Q_2+Q_3+Q_4+Q_5+Q_A) \div 10 \qquad (2.3.1-2)$$

式中:Q——总得分;

Q_0——控制项基础得分,当满足所有控制项的要求时取400分;

---

[1] 中华人民共和国住房和城乡建设部. 绿色建筑评价标准:GB/T 50378—2019 [S]. 北京:中国建筑工业出版社,2019.

$Q_1 \sim Q_5$——分别为评价指标体系5类指标（安全耐久、健康舒适、生活便利、资源节约、环境宜居）评分项得分；

Q_A——提高与创新加分项得分。

通过总得分计算，绿色建筑可划分为基本级、一星级、二星级、三星级4个等级。不同星级的得分与技术要求见表2.3.1-14。

GB/T 50378—2019不同等级分值与技术要求 表2.3.1-14

		基本级	一星级	二星级	三星级
分值要求	总得分要求	达到40分	达到60分	达到70分	达到85分
	得分项要求	满足全部控制项要求	满足全部控制项要求，且每类指标的评分项得分不应小于其评分项满分值的30%		
技术要求	全装修要求	—	应进行全装修，全装修工程质量、选用材料及产品质量应符合国家现行有关标准的规定		
	围护结构热工性能提高比例，或建筑供暖空调负荷降低比例	—	围护结构提高5%，或负荷降低5%	围护结构提高10%，或负荷降低10%	围护结构提高20%，或负荷降低15%
	严寒和寒冷地区住宅建筑外窗传热系数降低比例	—	5%	10%	20%
	节水器具用水效率等级	—	3级	2级	
	住宅建筑隔声性能	—	—	室外与卧室之间、分户墙（楼板）两侧卧室之间的空气声隔声性能以及卧室楼板的撞击声隔声性能达到低限标准限值和高要求标准限值的平均值	室外与卧室之间、分户墙（楼板）两侧卧室之间的空气声隔声性能以及卧室楼板的撞击声隔声性能达到高要求标准限值
	室内主要空气污染物浓度降低比例	—	10%	20%	
	外窗气密性能	—	符合国家现行相关节能设计标准的规定，且外窗洞口、外窗本体的结合部位应严密		

2.3.2 相关减碳指标比较研究

从文化的关联性、发展背景的相似性和标准制定的同源性三个方面，选择CASBEE-NC（2014）、EEWH-BC（2015）和GB/T 50378—2019进行比较研究。

三种评价体系主要从以下四个方面进行比较研究：CO_2相关指标的结构、指标权重、评价视角、量化计算方法。根据比较列出了三种评价体系中CO_2相关指标的特征信息（表2.3.2-1）。

三种评价体系中CO_2相关指标特征表　　　　表2.3.2-1

绿色建筑评价体系	必评范畴 & 鼓励范畴	直接 & 间接指标	一级指标	二级指标	全寿命阶段	权重（%）		有无量化
CASBEE-NC（2014）	必评范畴（控制项）	间接指标	服务质量（Q2）	耐久性与可靠性（Q2.2）	建材物化与施工阶段 拆除阶段	1.35	15.3	有
	必评范畴（控制项）	间接指标	资源和材料（LR2）	减少不可再生资源使用（LR2.2）	建材物化与施工阶段	9		
	必评范畴（控制项）	直接指标	外部环境（LR3）	全球变暖的考虑（LR3.1）	建材物化与施工阶段 运营阶段 拆除阶段	4.95		
EEWH-BC（2015）	必评范畴（评分项）	间接指标	绿化量指标（RS2）		运营阶段	9	49	有
	必评范畴（控制项）	间接指标	日常节能指标（RS4）	建筑外壳节能指标（$RS4_1$）	运营阶段	32		
				空调节能指标（$RS4_2$）				
				照明节能指标（$RS4_3$）				
	必评范畴（控制项）	间接指标	CO_2减量指标（RS5）	结构合理化	建材物化与施工阶段	8		
				结构轻量化				
				耐久化				
				再生建筑使用				
GB/T 50378—2019	鼓励范畴（加分项）	间接指标	提高与创新（P&I）	进行CO_2排放计算分析，采取措施降低单位面积建筑的CO_2排放强度（9.2.7）	建材物化与施工阶段 运营阶段 拆除阶段	12（仅占鼓励范畴）		无

1．CO_2相关指标的结构比较

CO_2相关指标的结构包括评价体系的结构特点、指标的范畴、指标的等级。由上文研究可知，CASBEE-NC（2014）指标主要分为两大评估方面（环境质量和环境负荷）

的六大指标类型，涉及CO$_2$指标评价的结果通过各指标得分、BEE得分和LCCO$_2$情况体现；EEWH-BC（2015）从四个评价方面（生态、节能、减废、健康）和一个创新点评价对绿建项目进行评价，四个评价方面包括9大评价指标类型，评价方式采用评估指标总得分的分级评估法；GB/T 50378—2019指标分为五大必评指标类型（安全耐久、健康舒适、生活便利、资源节约、环境宜居）和一个鼓励指标类型（提高与创新），必评指标包括控制项和评分项，鼓励型指标仅作为加分项，体系的评价方式同样采用指标总得分的分级评估法将绿建项目分为四个等级（基本级、一星级、二星级、三星级）。

由各评价体系的结构特点可得，指标等级多分为一级指标和二级指标。对于CO$_2$相关指标，CASBEE-NC（2014）涉及三个一级指标：服务质量（$Q2$）、资源和材料节约（$LR2$）、场外环境（$LR3$）。在相应的二级指标中，"耐久性和可靠性（$Q2.2$）"通过控制结构材料的使用寿命以减少CO$_2$排放；$LR2.2$通过减少不可再生资源的使用以控制CO$_2$排放；CO$_2$被认为是全球变暖的主要考虑因素（$LR3.1$）。EEWH-BC（2015）涉及三个一级指标：绿化量指标（$RS2$）、日常节能指标（$RS4$）、CO$_2$减量指标（$RS5$）。$RS2$无次级指标，整体指标要求通过场地内部绿色植物的固碳功能以中和CO$_2$排放；$RS4$从建筑外壳节能（$RS4_1$）、空调节能（$RS4_2$）和照明节能（$RS4_3$）三个二级指标提出节能减排要求；$RS5$将CO$_2$减排定义为一个独立的一级指标，从结构合理化、建筑轻质化、耐用与回收建筑材料四个二级指标提出CO$_2$减排策略。GB/T 50378—2019的CO$_2$相关指标仅属于"促进和创新"指标中的加分项第9.2.7条：进行建筑碳排放计算分析，采取措施降低单位建筑面积碳排放强度。

关于评价体系中CO$_2$相关指标的所属范畴，借鉴GB/T 50378—2019的评价类型，将CO$_2$相关指标分为必评性范畴和鼓励性范畴。必评性范畴指标是指在绿色建筑评价体系中必须评测的指标，指标分值影响绿色建筑总得分和最终等级。必评性范畴指标又分为控制项和评分项：控制项指标是必须达标的评价指标，不能达标的建筑不能作为绿色建筑进行后续评价。评分项指标的分值越高，说明该项目绿色等级越高。鼓励性范畴指标具体指绿色建筑评价体系中的加分项，是鼓励绿色建筑策略创新与提高的附加值。CASBEE-NC（2014）中所有关于CO$_2$的指标都是必评范畴指标，其任何绿建项目在评价过程中都要涉及CO$_2$相关指标的评价。EEWH-BC（2015）中所有CO$_2$相关的指标皆属于必评范畴指标。GB/T 50378—2019中CO$_2$相关指标仅出现在鼓励性指标的加分项，在必评性范畴指标中无强制规定。

通过比较发现，三个绿色建筑评价体系中的CO$_2$相关指标均涉及一级指标和二级指标。除了涉及建筑本体元素（如建筑材料、结构、构件）的指标内容之外，CASBEE-

NC（2014）和EEWH-BC（2015）都设置专门以CO_2为评价对象的具体指标（如：CASBEE的$LR3$和EEWH的$RS5$），且这两种评价体系都将CO_2相关指标视为绿色建筑项目必需评估的因素，其中，除了EEWH-BC（2015）中的绿化量指标（$RS2$）为评分项以外，其他相关指标皆为控制项。相比之下，GB/T 50378—2019仅将CO_2排放作为鼓励性指标的加分项，没有强制性规定，也没有具体的减排措施，这使绿色建筑在具体项目实施过程中缺少针对CO_2减排的约束力和实际操作的指导，CO_2相关指标存在的意义主要在于培养建筑行业的低碳意识。

2. CO_2相关指标的权重比较

CO_2相关指标的权重主要从权重占比和权重属性两个方面进行比较研究。根据评价体系的评价特点，CASBEE-NC（2014）中Q和LR的考核项目应按照各等级（1~5级）设定的标准执行。根据CASSBEE-NC（2014）手册中的图I.3.13和I.3.14（计分表屏幕）计算出CO_2相关指标的权重：$W_{Q2.2}=1.35\%$，$W_{LR2.2}=9\%$，$W_{LR3.1}=4.95\%$，总权重为15.3%。EEWH-BC（2015）和GB/T 50378—2019对各指标得分进行综合评价，两个评价体系的CO_2相关指标权重是根据各指标的最高分占总分的百分比来计算的。由表2.3.1-11可得，EEWH-BC（2015）的CO_2相关指标权重为：$W_{RS2}=9\%$，$W_{RS4}=32\%$，$W_{RS5}=8\%$，总权重为49%。由上文可知，GB/T 50378—2019的CO_2相关指标（条例9.2.7）满分总分为12，相对于鼓励性范畴指标的满分总分100分，其权重为：$W_{9.2.7}=12\%$（表2.3.2-1）。

权重比例由大到小依次为：$W_{EEWH-BC（2015）}>W_{CASBEE-NC（2014）}>W_{GBT 50378-2019}$。同时，权重的属性需要明确。在CASBEE-NC（2014）中，二级指标中有明确的措施指导CO_2减排和进行CO_2排放量计算，其权重由具体的二级指标计算获得，其意义更具体，可以看作是狭义性权重。EEWH-BC（2015）的权重主要来自一级指标的计算，其评价内容需综合其他因素评价获得，可视为广义性权重。《绿色建筑评价标准》GB/T 50378—2019中CO_2相关指标仅属于加分项，在必评性范畴指标中没有相关要求，其权重值仅代表指标在鼓励性指标中的占比，故可视为鼓励性权重。三种评价体系的CO_2相关指标权重及权重属性见表2.3.2-2。

三种评价体系中CO_2相关指标权重及权重属性表　　　表2.3.2-2

绿色建筑评价指标	EEWH-BC（2015）	CASBEE-NC（2014）	GB/T 50378—2019
指标权重属性	广义性	狭义性（具体性）	鼓励性
指标权重值	49%	15.3%	12%

3. CO_2相关评价视角的比较

关于CO_2相关评价视角，主要包括评价的直接和间接角度、全生命周期角度。关于直接和间接的评价，直接指标是指提供CO_2排放量的计算方法，以及直接针对CO_2减排的其他指标的计算；间接指标是指在通过一定措施实现目标的同时，间接减少CO_2排放[①]。三个评价体系的大部分CO_2相关指标都是间接评价的（间接性指标）。CO_2相关指标从针对环境保护、资源节约和能源节约的指标中引入碳减排思考，只有CASBEE-NC（2014）中的"全球变暖的考虑（*LR*3.1）"明确提出了关于CO_2排放的计算（LCCO$_2$计算）。CO_2相关指标在GB/T 50378—2019中作为加分项，仅提出采用碳减排措施，可视为间接评价。三种评价体系的CO_2相关指标都直接或间接涉及环境、能源、材料三大类（图2.3.2-1）。

通过建筑低碳理念的特性可知，建筑的低碳指标应从全生命周期的视角进行研究。在CASBEE-NC（2014）中，*Q*2强调延长结构材料的使用寿命或大型外部翻新工程的周期间隔以达到减排的目的，结构材料的使用寿命越长，排放的CO_2越少，这些评价多从施工阶段和运营阶段进行；*LR*2强调在施工阶段减少不可再生资源的使用，实现碳减排目标的措施包括减少材料的使用；继续使用现有的结构框架；使用回收材料作为结构材料和非结构材料；提高组件和材料的重复利用性等。*LR*3通过计算全生命周期各阶段的CO_2排放以衡量应对全球变暖的努力程度。全生命周期CO_2（LCCO$_2$）是指建筑物在整个使用寿命中产生的CO_2排放总量。EEWH-BC（2015）中，*RS*5从建筑材料的生产和运输两个方面对CO_2相关指标进行了评价，相关碳减排措施包括结构的合理化、建筑的轻

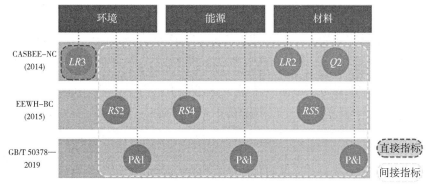

图2.3.2-1 三种评价体系中与CO_2相关的直接和间接指标

① 赵秀秀，袁永博，张明媛. 绿色建筑评价体系减碳指标对比研究［J］. 建筑科学，2016（10）：136-141.

量化、耐用性、再生材料的使用。*RS*2和*RS*4侧重于运营阶段的绿色固碳和节能以达到日常低碳的效果。在GB/T 50378—2019中，CO_2相关指标包括建筑固有的CO_2排放和运行中资源消耗的排放，其相关指标涵盖了建筑生命周期的所有阶段。图2.3.2-2显示了在建筑全生命周期不同阶段的CO_2相关指标。

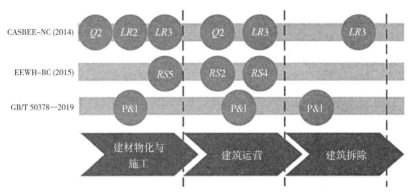

图2.3.2-2　CO_2相关指标在全生命周期各阶段的分布情况

4. CO_2相关计算方法的比较

CASBEE-NC（2014）从LCA视角计算全生命周期CO_2的排放量，即$LCCO_2$法。它提供了两个具体计算手段：标准计算和独立计算。标准计算简化了计算过程，根据提供的各计算因素的参考值对项目CO_2排放量进行估算；独立计算适用于具体的项目，且项目相关CO_2的数据（如能耗数值、材料清单、施工机组参数等）能精确并完整获取。每一种建筑类型的CO_2都有个参考值，作为此类建筑达到基本等级（等级3）时的情景值，建筑项目的CO_2排放值参照基本等级的情景值进行CO_2排放的评价（需要说明，*LR*关于能耗所产生的CO_2不在此参考值中，但项目仍考虑能耗影响CO_2排放，能耗参考值以日本能源保护法相关内容为准。）$LCCO_2$具体的计算逻辑，是将建筑各个阶段消耗的建材和建筑能耗的数量乘以每种材料与能源单位碳排放因子，得到全生命周期建筑CO_2排放量。日本建筑的相关CO_2排放因子可查《LCA建筑指南》（AJJ_LCA&LCW_ver.5.00）。建筑CO_2排放量计算公式如下：

$$C = \sum_{i=1} Q_i \times C_i \qquad (2.3.2-1)$$

式中：C——建筑全生命周期的CO_2排放量；

　　　Q_i——第i种材料或能源的消耗量；

　　　C_i——第i种材料或能源的碳排放因子。

独立计算要求社会第三方的建设咨询机构提供工程清单和科学的计算方法，具有较高的针对性和准确性，但也较为复杂。

EEWH-BC（2015）中的CO_2计算主要是通过计算得分值从而评价减碳措施的效果，具体体现在指标$RS5$。相关CO_2指标的得分计算公式如下：

$$RS5 = 19.40 \times \frac{0.82 - CCO_2}{0.82} + 1.5, \quad 0.0 \leqslant RS5 \leqslant 8.0 \qquad （2.3.2\text{-}2）$$

$$CCO_2 = F \times W \times (1-D) \times (1-R)，针对普通新建建筑 \qquad （2.3.2\text{-}3）$$

$$CCO_2 = 0.82 - 0.5 \times Sr，针对老建筑改造更新 \qquad （2.3.2\text{-}4）$$

式中：$RS5$——CO_2减排指标得分；

$\quad CCO_2$——绿构造系数；

$\qquad F$——建筑形状系数；

$\qquad W$——轻量化系数；

$\qquad D$——耐久化系数；

$\qquad R$——再生建材使用系数；

$\qquad Sr$——旧结构再利用率。

《绿色建筑评价标准》GB/T 50378—2019中没有具体CO_2的相关计算方法。通过比较分析，只有CASBEE-NC（2014）对CO_2排放量有具体的计算，而EEWH-BC（2015）是对指标评价效果进行分值计算。CASBEE和EEWH都将建筑材料作为CO_2相关计算的主体对象，针对材料建立相关碳排放因子数据库，是进行CO_2相关计算的基础。从$RS5$的公式来看，影响建筑减碳措施最大的建筑因素是结构、形态和材料使用的合理性。

2.3.3 对《绿色建筑评价标准》关于减碳评价的建议

与CASBEE-NC（2014）和EEWH-BC（2015）相比，《绿色建筑评价标准》中CO_2相关指标的强制性和具体措施指导仍然有限。通过比较研究，总结了三种建筑评价体系中CO_2相关指标的异同。CO_2相关指标主要涉及四个方面：建材消耗、能源消耗、绿植碳汇、碳排放计算。基于《绿色建筑评价体系》GB/T 50378—2019的指标框架，提出针对《绿色建筑评价标准》GB/T 50378—2019的CO_2相关指标的框架建议（图2.3.3-1）。

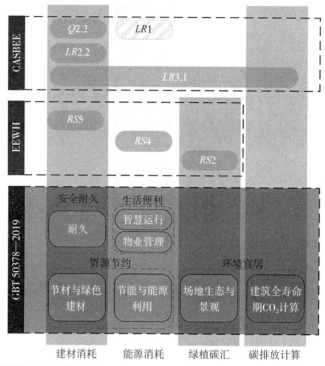

图2.3.3-1　针对GB/T 50378—2019中CO_2相关指标的框架建议

1. 增加必评的碳排放相关指标

由图2.3.3-1可得，CO_2相关指标不应仅限于"提高与创新"的鼓励性范畴中，可将减碳内容落实到相应的必评范畴中。针对材料碳减排，CASBEE和EEWH都通过提高材料和结构部件的耐久性来减少CO_2排放：在CASBEE-NC（2014）中，指标$Q2.2$延长了结构材料的使用寿命，$LR2.2$鼓励在结构和构件中使用再生材料，尽量代替不可再生材料；在EEWH-BC（2015）中，指标$RS5$从结构的合理化、建筑的轻量化、耐用性、回收材料的使用四个方面来实现碳减排。《绿色建筑评价标准》GB/T 50378—2019中，耐久性属于"安全耐久"类指标中的二级指标，"节材与绿色建材"是"资源节约"中重要组成部分，可以通过这两个指标提出相关碳减排指标。CASBEE和EEWH都有从节能角度实现低碳措施的评价：CASBEE-NC（2014）对CO_2排放计算和评价虽不包括节能类的$LR1$指标，但从日本节能法规中已作规定说明；EEWH-BC（2015）的$RS4$指标从建筑围护结构、空调系统和照明系统三大能耗影响方面提出日常节能低碳的评价。GB/T 50378—2019的指标框架中可从能耗角度控制CO_2排放的指标，包括"资源节约"指标中的"节能与能源利用"项和"生活便利"指标中的"智慧运行"和"物业管理"项。在"环境宜居"一级指标的"场地生态与景观"中可以借鉴EEWH体系中的$RS2$的绿植固碳指标，强调场地绿化的碳汇作用。GB/T 50378—2019没有具体的建筑全生命周期CO_2计算方法，可以借鉴CASBEE体系的$LCCO_2$计算方法，在"环境宜居"指标中增加"建筑全寿命期CO_2核算"项[①]，通过建筑碳排放量的计算结果实现定性和定量相结合的立体评价。

2. 增加权重以指导减碳措施的落实

从比较研究结果来看，《绿色建筑评价标准》GB/T 50378—2019中CO_2相关指标的权重应有所增加，广义权重可占50%，狭义权重可占15%左右。且CO_2相关指标的权重不应局限在鼓励性指标内，其作为必评性范畴指标应补充在"安全耐久""资源节约""生活便利""环境宜居"等一级指标中。借鉴EEWH-BC（2015）的经验，强调建筑外围护相关的措施对碳减排的作用，例如针对"安全耐久"中的建材使用寿命与"资源节约"中的围护结构材料的热工性能，增加相应得分比重，列出具体的达标措施。建筑全生命周期的CO_2计算作为量化评价建筑碳排放情况的前提，也宜通过增加权重强调其必要性与重要性。

3. 统一碳排放计算方法

用定量的方法来评估CO_2排放量是必要的，建筑的CO_2排放的计算通常是一项复杂艰巨的任务。目前《绿色建筑评价标准》GB/T 50378—2019缺少相应的CO_2计算方法。CASBEE提出一种近似估算方法（即标准计算）来简化计算过程，其$LCCO_2$计算方法，强调建筑的CO_2排放不仅限于建筑运营阶段，需要从全生命周期角度全面地计算各阶段CO_2排放量。我国在这方面也有相似性进展，《建筑碳排放计算标准》GB/T 51366—2019是在《绿色建筑评价标准》GB/T 50378—2019之后颁布实施的，其计算原则和CASBEE的$LCCO_2$类似，都提供了全生命周期视角的CO_2排放量计算。

在"环境宜居"指标中新增的"建筑全寿命期CO_2计算"项，可建立与《建筑碳排放计算标准》的接口，规范和引导建筑开展碳排放计算。

同时，根据CO_2排放的评价特点，提供排放基准值是一个重要的因素。在CASBEE中，每个建筑类型的参考$LCCO_2$排放是基于一个具有基本等级性能的建筑碳排放来设置的。建议GB/T 50378—2019中同样提供CO_2减排目标的参考值。

通过以上讨论，关于《绿色建筑评价标准》GB/T 50378—2019的CO_2相关指标提出了具体的建议性完善，具体改进比较见表2.3.3-1。

[①] 刘科，冷嘉伟. 亚洲绿色建筑评价体系CO_2减排指标比较研究［J］. 建筑技艺，2020（7）：14-17.

针对《绿色建筑评价标准》GB/T 50378—2019的
CO$_2$相关指标优化建议　　　　表2.3.3-1

	指标范畴	指标权重	量化方法
《绿色建筑评价标准》2019版 ↓ 新框架	提高与创新 ↓ 安全耐久 生活便利 资源节约 环境宜居 提高与创新	12%（鼓励性权重） ↓ 50%（广义权重） 15%（狭义权重）	无 ↓ 必评项 （可参考LCCO$_2$计算法和国家标准GB/T 51366—2019）

2.4　本章小结

　　本章首先厘清建筑的低碳化发展具有地域性、外部性、经济性、全生命周期以及指标化效果导向五大特征。其次，由于建筑设计阶段进行低碳设计是实现建筑低碳化发展的重要环节，故基于建筑设计的六大特征，对在设计阶段落实建筑低碳设计和建筑低碳设计方法展开研究，初步建立了建筑低碳设计流程框架，归纳总结包括主因素法、综合策略法、性能模拟法、BIM技术法、评价指标法、类型学法等六种建筑低碳设计研究方法，为建筑设计的理论和实操研究提供指导。最后，通过不同国家和地区建筑相关低碳评价体系的研究，得出各建筑评价体系的特点与CO$_2$相关指标的侧重，通过对CASBEE、EEWH和《绿色建筑评价体系》进行比较研究，具体从指标结构、指标权重、评价视角及量化方法四个方面进行CO$_2$相关指标的研究，总结成熟经验，提出针对《绿色建筑评价体系》GB/T 50378—2019中CO$_2$相关指标评价的建议，通过分析，明确建筑设计应着重考虑的低碳环节包括：建材的使用、能源的使用、绿植的碳汇、建筑碳排放量的计算。

第三章

公共建筑碳排放
量化分析

目前普遍采用碳排放量衡量各行业活动对气候变暖的影响程度，建筑碳排放是社会碳排放的主要来源之一，需在设计阶段即控制建筑项目的碳排放。判断建筑低碳设计的成效，需以碳排放的指标数值与量化分析为依据。本章以夏热冬冷地区为例，对公共建筑的碳排放量化与分析方法进行研究，确定具体的建筑全生命周期各阶段碳排放量化方法，通过明确碳排放基准值实现对碳排放量化结果的达标分析，进而结合设计工作的实际，建立易于实操的建筑碳排放量化与评测方法，并尝试开发适用于设计阶段的公共建筑碳排放量化评测工具，辅助以指标为效果导向的建筑低碳设计的有效落实。

3.1 公共建筑碳排放量化方法

建筑的低碳设计需基于对相关低碳指标进行量化评估，如何量化建筑各阶段的碳排放量，是分析低碳效果的前提。关于建筑碳排放量化涉及不少内容，在不同尺度下或不同领域中有不同的适用方法[1]。本节通过对各种建筑碳排放量化方法的比较研究，确定适合于具体项目设计阶段的量化方法，进而具体落实建筑全生命周期各阶段的建筑碳排放计算方法，为建筑低碳设计提供量化依据。

3.1.1 建筑碳排放量化的方法类型

1. 实测法

实测法是指采用标准计量工具和实验手段对碳排放源进行直接监测而获得相应数据的方法[2]，是量化建筑碳排放最基本的、直接的、准确的方法。由于其量化的结果来源于对实际项目的碳排放监测，可以体现建筑项目真实的碳排放水平，其结果最为可靠。但在实际操作中，由于受监测条件、管理水平、人员和设备配置等方面的约束，实测法较难在所有建筑项目中进行推广。同时测量的方式和水平也直接影响着实测结果的准确

---

① 鞠颖，陈易. 全生命周期理论下的建筑碳排放计算方法研究——基于1997～2013年间CNKI的国内文献统计分析［J］. 住宅科技，2014，v.34；No.406（5）：36-41.
② 张孝存. 建筑碳排放量化分析计算与低碳建筑结构评价方法研究［D］. 哈尔滨工业大学，2018：20.

性，因而在运用实测法时需规范测量方式，提高测量仪器的精度。目前对于碳排放量化分析中的系数因子等基础性数据资料多是通过大量的实测法获得的，通过一定数量的实测数据可以为碳排放量化分析总结相关规律经验。

2. 排放因子系数法

排放因子系数法指通过经济活动中碳排放水平的数值和相应排放因子相乘从而计算碳排放量。IPCC运用此方法作为计算温室气体排放量的基本方法，见公式（3.1.1-1）：

$$C = AD \times EF \qquad (3.1.1\text{-}1)$$

式中：C——温室气体排放量；

AD——经济活动水平值；

EF——排放因子。

具体来说，往往将某一经济活动按工序流程进行拆分，各工序环节的碳排放量以实测或数据库的碳排放因子与各阶段活动量的乘积表示，进而根据各环节的碳排放情况的和，求得整个经济活动过程的碳排放总量，可表示为式（3.1.1-2）：

$$C_{总} = \sum\nolimits_{i=1} \left(\varepsilon_i \times Q_i \right) \qquad (3.1.1\text{-}2)$$

式中：$C_{总}$——经济活动全过程的碳排放总量；

ε_i——第i阶段碳排放系数；

Q_i——第i阶段活动数据；

i——阶段量。

排放因子系数法也称过程分析法。该方法计算概念易于理解，计算简单明确，可根据具体活动进行各阶段碳排放量的独立计算与分析，普遍应用于具体产品和项目的碳排放量化分析。由于其基于从过程角度进行分析计算，环节边界定义的不完备，次要环节的忽略等情况，会带来计算结果的误差[①]。

3. 物料衡算法

物料衡算法是对生产过程中使用的物料情况进行定量分析的一种方法。基于质量守恒定律，即生产过程中，投入某系统或设备的物料质量必须等于该系统产出物质的质量，该方法也称为投入产出法（I-O）。该方法具体通过建立相应的经济投入与产出表，

---

① Bribián L Z, Capilla A V, Usón A A. Life cycle assessment of building materials: comparative analysis of energy and environmental impacts and evaluation of the eco-efficiency improvement potential [J]. Building and Environment, 2011, 46: 1133-1140.

综合研究国民经济各部门和各生产环节数量之间的依存关系，把工业排放源的排放量、生产工艺和管理、资源的综合利用及环境治理结合起来，系统全面地研究生产过程中排放物的情况。故该方法多适用于宏观能源消费和产业部门总体碳排放情况的计算，且采用的基础研究数据多为长周期的宏观数据，如对我国年各部门的能源生产碳排放量的计算，多采用《中国能源统计年鉴》中的"全国能源平衡表"和"分品种分部门的消费量表"的相关数据进行分析。物料衡算法的具体表现包括参考法和排放量估算法：参考法是从宏观层面采用综合参数对能源宏观碳排放的估算；排放量估算法需要以详细的燃料分类为基础，其工作量比参考法大几十倍，数据也更为准确。物料衡算法可根据投入产出表考虑各部门间的生产联系，从而可捕获整个生产链的碳排放流动情况，避免了过程分析法的截断误差[1]。但同时由于其量化逻辑是从总体的投入与产出角度考虑，该方法计算结果较为粗糙，且不能具体分析各阶段的碳排放情况。

4. 混合法

由上文可知，采用排放因子系数法可对经济活动中碳排放的过程各阶段进行详细评估和计算，获得的结果准确且便于各阶段数据的更新，但由于系统边界界定的不统一与模糊等情况，碳排放的结果会有相应误差；物料衡算法采用"投入—产出"的质量守恒定律原则进行分析，利用经济价值和投入产出表计算，适用于宏观层面的碳排放量化，其能保证系统边界的完整，但对具体的过程碳排放量准确性不高。混合法则是结合排放因子系数法和物料衡算法的优点进行碳排放量的计算。近年来通过混合法量化碳排放得到广泛应用[2]，根据方法中排放因子系数法与物料衡量法的不同侧重程度，混合法又可划分为分层混合法（tiered hybrid analysis）、基于投入产出分析的混合法（IO-based hybrid analysis）和整合混合法（integrated hybrid analysis）[3]。混合法的提出是解决碳排放因子系数法和物料衡算法带来的误差问题，但有研究也指出在实际使用中，混合法也会带来重复计算的误差[4]，具体适用性还需进一步研究。

---

① Huang Y A, Weber C L, Matthews H S. Categorization of Scope 3 emissions for streamlined enterprise carbon foot printing [J]. Environmental Science & Technology, 2009, 43: 8509-8515.

② Guan J, Zhang Z H, Chu C L. Quantification of building embodied energy in China using an input-output-based hybrid LCA model [J]. Energy and Buildings, 2016, 110: 443-452.

③ Sangwon Suh, Gjalt Huppes. Methods for Life Cycle Inventory of a product [J]. Journal of Cleaner Production, 2005, 13: 687-697.

④ Y. Yang, R. Heijungs, M. Brandão, Hybrid life cycle assessment (LCA) does not necessarily yield more accurate results than process-based LCA [J]. J. Clean. Prod, 2017, 150: 237-242.

5. 各种碳排放量化方法的比较

以上为常见的几种碳排放量化方法。根据量化逻辑、适用范围以及使用优势及局限性，对各类方法进行比较，见表3.1.1-1。

各种碳排放量化方法的比较　　　　　　　　　表3.1.1-1

方法类型	实测法	排放因子系数法（过程分析法）	物料衡算法（投入产出法）	混合法
量化逻辑	通过实际碳排放量的监测获取数据	经济活动水平与相应碳排放因子相乘获得	质量守恒：投入某系统或设备的物料质量必须等于该系统产出物质的质量	综合排放因子系数法与物料衡算法的优势
适用范围	有实测条件的项目	有明确工序流程的具体经济活动	有相关统计数据支撑的行业、区域、部门等宏观碳排放量的分析	涉及具体行业（项目）及相关行业（项目）的整体与具体碳排放水平
使用优势	真实体现各项目及经济活动的实际碳排放量，获取数据直接准确	能提供更准确、更详细的工艺信息和相对更新的数据	整理和分析碳排放量相对较快，能完整体现宏观的上游系统边界中的碳排放水平	可兼顾宏观与微观具体的碳排放分析，兼顾经济活动直接与间接碳排放情况
使用局限	对实测条件要求高，工作量大，监测方式和设备技术的不同易产生误差	环节边界定义的不完备，次要环节的忽略等情况，会带来计算结果的误差	不能准确详细地分析具体项目活动各阶段的碳排放量，利用投入产出表进行计算，相对较为粗糙	对于排放因子系数法和物料衡算法之间的边界选择会影响结果数值，不同侧重点的混合法影响结果值，工作量较大，工作难度大，适用性仍需验证

通过比较各种碳排放量化方法，可以了解各方法的使用特点。针对不同的低碳目标和适用对象，应选取适合的碳排放量化方法。对于研究建筑业的碳排放情况、衡量建筑业排放的影响力，应基于物料衡算法核算建筑业的碳排放[①]。针对具体建筑项目的碳排放量计算，通常采用实测法与排放因子系数法。对于涉及宏观与微观多层面的碳排放，建议选择混合法。本书主要针对具体项目的建筑低碳设计进行研究，由于设计阶段进行实测的条件有限，故重点通过排放因子系数法展开建筑碳排放的量化研究。

---

① 张智慧，刘睿劼. 基于投入产出分析的建筑业碳排放核算［J］. 清华大学学报（自然科学版），2013，53（1）：53-57.

3.1.2　建筑全生命周期碳排放计算

实现建筑的低碳目标需要从建筑全生命周期进行碳排放分析。本书侧重在设计阶段对建筑项目的各阶段碳排放进行前期控制。

生命周期评价（LCA）主要包含目标和边界确定、清单分析、影响评价与解析等方面。建筑全生命周期的各阶段划分在研究上没有统一的标准，目前多指从建材原料开采到建筑拆除处置的全过程。由于研究目标与数据可获取性等因素的影响，以往研究通常不能完整地考虑建筑生命周期的所有生产、施工、使用与处置环节[1]。《建筑碳排放计算标准》GB/T 51366—2019规定建筑碳排放的计算边界是指与建筑物建材生产及运输、建造及拆除、运行等活动相关的温室气体排放的计算范围[2]。本书将建筑全生命周期分为4个主要阶段：建材物化阶段、建筑施工阶段、建筑运行阶段和建筑拆除阶段。建筑全生命周期的碳排放量计算公式为式（3.1.2-1）：

$$C_{LCA}=C_m+C_c+C_o+C_d \tag{3.1.2-1}$$

式中：C_{LCA}——建筑全生命周期总碳排放量；

　　　C_m——建材物化阶段的碳排放量；

　　　C_c——建筑施工阶段的碳排放量；

　　　C_o——建筑运行阶段的碳排放量；

　　　C_d——建筑拆除阶段的碳排放量。

1. 建材物化阶段的碳排放计算

建材的物化阶段包括建材的生产与运输阶段。此阶段的碳排放应为建材生产阶段碳排放与建材运输阶段碳排放之和，其公式见式（3.1.2-2）：

$$C_m=C_{mp}+C_{mt} \tag{3.1.2-2}$$

式中：C_m——建材物化阶段的碳排放量；

　　　C_{mp}——建材生产阶段碳排放量；

　　　C_{mt}——建材运输阶段碳排放量。

---

① 张孝存. 建筑碳排放量化分析计算与低碳建筑结构评价方法研究［D］. 哈尔滨工业大学，2018：29.
② 中华人民共和国住房和城乡建设部. 建筑碳排放计算标准：GB/T 51366—2019［S］. 北京：中国建筑工业出版社，2019：2.

其中，建材生产阶段碳排放量计算公式见式（3.1.2-3）：

$$C_{mp} = \sum_{i=1}^{n} M_i \times F_i \qquad (3.1.2-3)$$

式中：M_i——第i种主要建材的消耗量；

F_i——第i种主要建材的碳排放因子。部分主要建材碳排放因子见附表C。

建材运输阶段碳排放量计算公式见式（3.1.2-4）：

$$C_{mt} = \sum_{i=1}^{n} M_i D_i T_i \qquad (3.1.2-4)$$

式中：M_i——第i种主要建材的消耗量；

D_i——第i种主要建材的平均运输距离；

T_i——第i种主要建材的运输方式下，单位重量运输距离的碳排放因子。各类运输方式的单位重量运输距离的碳排放因子见附表E。

针对建材物化阶段的碳排放量的计算，需注意以下几个方面：

1）**明确纳入计算的建材范围**。建筑需要使用多种建材产品，若将项目中所有涉及的建材纳入碳排放量计算，显然由于繁杂的工序和耗时耗力的工作量无法在实际工作中落实。对于建材生产阶段的碳排放量计算，应抓住"大料"，即主要建材进行计算。《建筑碳排放计算标准》中对于主要建筑材料的衡量基准是所选择的建材的总重量不低于建筑中所耗建材总重量的95%，如水泥、混凝土、钢材等。其他建材以及未来可能出现的新型建材，如果其重量比大于0.1%且采用冶金、煅烧等高能耗工艺生产的建材，也应纳入计算范围。

2）**在设计阶段重视设计概算工作**。由公式（3.1.2-3）可知，计算建材生产阶段的碳排放量，需要统计建材的消耗量，实现在设计阶段对建材碳排放的控制，就要以控制主要建材的消耗量为依据，目前建筑的主要建材消耗量（M_i）多通过初步设计后的采购清单等工程建设资料获取较准确的数据，若在设计概算阶段就能掌握较为准确的建材消费量，能有效控制建材的消耗，便于设计前期对建材碳排放量的估算，从而减少建材使用上的碳排放量。

3）**考虑使用回收原料和建材的数量**。当建材的生产采用回收废料作为原料时，相对于开采一次原料会产生较少的碳排放，如在水泥生产过程中使用粉煤灰、炉渣等。通过回收废料作为原料生产建材，可忽略其上游过程的碳排放。根据《建筑碳排放计算标准》的规定，当使用其他再生原料时，应按其所替代的初生原料的碳排放的50%计算。当新建建筑采用建设场地原有的旧建材，此部分建材量可不计算其生产阶段碳排放，若采用的旧建材来自建设场地以外，则可仅计算此部分建材运输阶段的碳排放量。

4）确定建材运输距离。建材的生产地往往在建设场地以外，选择不同的建材运输方式，采用不同的交通工具，会产生不同的碳排放量。由公式（3.1.2-4）可知，在合理选择相对低碳的运输方式的同时，也应考虑运输距离。主要建材的运输距离可优先通过实际建材生产地和建设场地之间的距离测量确定，但往往真实距离获取较为困难。为便于计算和分析，可参考《建筑碳排放计算标准》给定的距离缺省值：混凝土的默认运输距离值为40km，其他建材的默认运输距离值为500km。

2. 建筑施工阶段的碳排放计算

建筑施工阶段的碳排放主要包括完成各分部分项工程施工产生的碳排放和各项措施项目实施过程产生的碳排放[1]。其施工工程主要包括建筑工程、装饰工程、电气工程和管道工程[2]。施工阶段的碳排放来源主要是各施工工艺使用的设备工具能耗所带来的碳排放。建筑施工阶段的碳排放计算见式（3.1.2-5）：

$$C_c = \sum_{i=1}^{n} E_{c,i} \times F_{E,i}$$ （3.1.2-5）

式中：C_c——建筑施工阶段的碳排放量；

$E_{c,i}$——建筑施工阶段第i种能源的总用量；

$F_{E,i}$——第i种能源的碳排放因子。部分主要化石能源碳排放因子见附表B。

由公式（3.1.2-5）可知，建筑施工阶段的碳排放量主要与施工阶段的能耗类型与消费量有关。建筑施工阶段的能耗是指在建造阶段使用各种施工机械、设备等工具时产生的能耗。其主要来源有两个方面：一是各分部分项工程中机械设备工具的能耗，如基础打桩和夯实工程中打桩机组和夯土机组产生的能耗；二是施工前期与施工中维持场地作业的技术、安全等措施实施中的能耗，如垂直电梯的运输使用和使用喷淋实现场地除尘降温的措施中产生的能耗。建筑施工阶段的能源消费总量可以通过在施工中至完工时进行记录与结算，而在设计阶段和施工前期，往往采用估算施工工序的能耗进行能耗评估，其公式见式（3.1.2-6）：

$$E_c = E_{fx} + E_{cs}$$ （3.1.2-6）

---

[1] 中华人民共和国住房和城乡建设部. 建筑碳排放计算标准：GB/T 51366—2019［S］. 北京：中国建筑工业出版社，2019：14.

[2] 汪静. 中国城市住区生命周期CO_2排放量计算与分析［D］. 北京：清华大学，2009.

式中：E_c——建筑施工阶段总能源用量；

　　　E_{fx}——分部分项工程总能源用量；

　　　E_{cs}——措施项目总能源用量。

其中，分部分项工程能源用量见式（3.1.2-7）：

$$E_{fx} = \sum_{i=1}^{n} Q_{fx,i} f_{fx,i} \qquad (3.1.2-7)$$

$$f_{fx,i} = \sum_{j=1}^{m} T_{i,j} R_j + E_{jj,i} \qquad (3.1.2-8)$$

式中：$Q_{fx,i}$——分部分项工程中第i个项目的工程量；

　　　$f_{fx,i}$——分部分项工程中第i个项目的能耗系数，kWh/工程量计量单位；

　　　$T_{i,j}$——第i个项目单位工程量第j种施工机械台班消耗量，台班；

　　　R_j——第i个项目第j种施工机械单位台班的能源用量，kWh/台班，部分常用施工机械台班能源用量见附表D，当有经验数据时，可按经验数据确定；

　　　$E_{jj,i}$——第i个项目中，小型施工机具不列入机械台班消耗量，但其消耗的能源列入材料的部分能源用量，kWh；

　　　i——分部分项工程中项目序号；

　　　j——施工机械序号。

措施项目的能耗计算见式（3.1.2-9）：

$$E_{cs} = \sum_{i=1}^{n} Q_{cs,i} f_{cs,i} \qquad (3.1.2-9)$$

$$f_{cs,i} = \sum_{j=1}^{m} T_{A_i,j} R_j \qquad (3.1.2-10)$$

式中：$Q_{cs,i}$——措施项目中第i个项目的工程量；

　　　$f_{cs,i}$——措施项目中第i个项目的能耗系数，kWh/工程量计量单位；

　　　$T_{A_i,j}$——第i个措施项目单位工程量第j种施工机械台班消耗量，台班；

　　　R_j——第i个项目第j种施工机械单位台班的能源用量，kWh/台班，部分常用施工机械台班能源用量见附表D，当有经验数据时，可按经验数据确定；

　　　i——措施项目序号；

　　　j——施工机械序号。

针对建筑施工阶段的碳排放量的计算，需注意以下几个方面：

1）明确施工阶段的碳排放计算边界。 建筑施工包括多工种、各种人力、材料、设备、技术资源在时间和空间上的组织和协调，涉及多种消耗能源的端口。在计算施工阶段的碳排放前，需针对项目低碳目标明确碳排放计算的时间、空间和对象边界：时间边界上，应从施工团队进场施工开始计算，前期项目勘查所消耗的能源不纳入计算范围；空间边界上，应限定于在施工现场进行的工程活动产生的能耗，如施工现场的拌制、材料构件的安装等。建筑施工采用的预拌混凝土、预制桩等装配成型的门窗等构件部品由于在施工场外生产，因此不计入施工阶段的能耗；对象边界上，用于施工建造的机械设备和机具仪器的运行能耗是产生碳排放的主要部分，施工现场参与的人员在劳动作息中产生的碳排放不属于施工阶段应考虑的碳排放。

2）采用适合设计阶段考虑的施工阶段碳排放估算方法。对于施工阶段能耗量的有效量化是实现施工阶段碳排放量计算的前提。而通常能耗数值的获取是通过施工现场和竣工后的设备电表、油箱等计量清单进行实测统计，通过实测获得的能耗数据较为准确真实，但不适用于在施工前期的设计阶段进行能耗估算。为实现设计阶段对后续施工落实性的把控，本研究通过工程量中的工程机械台班消耗量和单位台班机械的能源用量相乘以计算施工能耗。目前通用的施工阶段能耗估算方法，是根据国家《房屋建筑与装饰工程消耗量定额》TY01-31-2015、《通用安装工程消耗量定额》TY02-31-2015、《装配式建筑工程消耗量定额》TY01-01（01）-2016及各省市颁布的工程消耗量定额计算规则进行相应的工程能耗计算，进而通过碳排放因子系数法求得施工阶段碳排放量。

3）针对具体项目的低碳目标，简化施工阶段碳排放估算工作。以上公式已提供了具体合理的施工阶段碳排放计算方法，落实到施工阶段的各分部分项工程和措施项目的工程机械台班量与单位台班能耗值。理论上，在确定时间和空间碳排放边界后，所有涉及的施工工艺、设备机械与技术措施的能耗都应进行计算。但在实际设计阶段，往往多侧重建筑项目建成后的节能减排的效果，设计阶段对施工工艺的具体考虑有一定的局限性。故应针对具体工程项目的低碳目标，简化施工阶段碳排放估算工作，对于在设计阶段难以估算的施工工艺与措施能耗数值，如施工场地的临时作业棚搭建和能耗规格小的设备机具的使用情况，可不纳入计算；对常规作业，且节能低碳效果较低的工程机械的能耗情况，可视为常量参与能耗和碳排放计算中，在方案比较中可以忽略此部分的考虑，若采用了针对性的低碳策略，则需要具体分析。

3. 建筑运行阶段的碳排放计算

建筑运行阶段的碳排放主要来自于建筑各系统运行期间直接或间接消耗化石能源所带来的碳排放。通常在建筑全生命周期碳排放过程中，建筑运行阶段的碳排放量占比最大，可占整体碳排放量的约70%[1]。运行阶段的碳排放计算范围应包括暖通空调、生活热水、照明及电梯、可再生能源、建筑碳汇系统在建筑运行期间的碳排放量[2]。具体建筑运行阶段的碳排放计算见式（3.1.2-11）：

$$C_o = \left[\sum_{i=1}^{n} \left(E_i F_{E,i} - C_p \right) \right] y \qquad (3.1.2-11)$$

式中：C_o——建筑运行阶段碳排放量，t或kg；

　　　E_i——建筑第i种能源年消耗量，单位/a；

　　　$F_{E,i}$——第i种能源碳排放因子。部分主要化石能源碳排放因子见附表B。

　　　C_p——建筑绿地碳汇系统年减碳量，$kgCO_2/a$；

　　　y——建筑使用寿命，a。

由式（3.1.2-11）可知，建筑运行阶段的碳排放主要受建筑总用能水平的影响。建筑总用能根据不同类型的能源进行汇总，乘以相应的能源碳排放因子。由于建筑运行包括不同系统的用能，各类系统的用能需要进行计算，公式见式（3.1.2-12）：

$$E_i = \sum_{i=1}^{n} \left(E_{i,j} - ER_{i,j} \right) \qquad (3.1.2-12)$$

式中：$E_{i,j}$——j类系统的第i类能源年消耗量，单位/a；

　　　$ER_{i,j}$——j类系统的消耗由可再生能源系统提供的第i类能源量，单位/a；

　　　i——建筑消耗终端能源类型，包括电力、燃气、石油、市政热力等；

　　　j——建筑用能系统类型，包括供暖空调、照明、生活热水系统等。

针对建筑运行阶段的能耗量主要考虑以下四种运行系统的能耗：暖通空调系统、生活热水系统、人工照明系统和电梯设备系统。而运行阶段同时需考虑采用可再生能源系统代替化石能源消费的部分。具体各系统能耗计算如下：

空调每年的制冷、制热能耗按以下公式计算：

$$E_{ac} = T_{ac} \times P_{ac} \times n \qquad (3.1.2-13)$$

$$E_{ah} = T_{ah} \times P_{ah} \times n \qquad (3.1.2-14)$$

式中：E_{ac}——空调制冷耗电量，kWh；

---

[1] Evandro F A, Joseph K C, Junghoon W, et al. The carbon footprint of buildings: A review of methodologies and applications [J]. Renewable and Sustainable Energy Reviews, 2018, 94: 1142-1152.

[2] 中华人民共和国住房和城乡建设部. 建筑碳排放计算标准：GB/T 51366—2019 [S]. 北京：中国建筑工业出版社，2019：7.

T_{ac}——项目年制冷期供冷时间，h；

P_{ac}——每台空调制冷功率，kW；

E_{ah}——空调制热耗电量，kWh；

T_{ah}——项目年制热期供热时间，h；

P_{ah}——每台空调制热功率，kW；

n——空调设备数量。

生活热水的年耗热量的计算应根据建筑物的实际运行情况，按以下公式计算：

$$Q_r = 365 \times c_r \times m \times q_r \times \Delta t \times \rho_r \qquad (3.1.2\text{-}15)$$

式中：Q_r——生活热水年耗热量，kJ/a；

c_r——热水比热容，取4.187kJ/（kg·℃）；

m——热水用水计算单位数（人数或床位数，取其一）；

q_r——热水平均日用水定额，L/人·d，按现行国家标准《民用建筑节水设计标准》GB 50555确定；

Δt——冷热水温差，℃；

ρ_r——热水密度，取1kg/L。

生活热水系统年能耗量可根据生活热水年耗热量按以下公式计算：

$$E_w = 0.0002778 \times \frac{Q_r}{\eta_r \eta_w} \qquad (3.1.2\text{-}16)$$

式中：E_w——生活热水系统年能耗量，kWh/a；

Q_r——生活热水年耗热量，kJ/a；

η_r——生活热水输配效率，包括热水系统的输配能耗、管道热损失、生活热水二次循环及储存的热损失，%；

η_w——生活热水系统热源年平均效率，%。

人工照明系统在无采用声控、光控等自动控制情况下，其能耗计算可按下式计算[1]：

$$E_{light} = \frac{\sum_{j=1}^{365} \sum_i P_{i,j} A_i t_{i,j} + 24 P_p A}{1000} \qquad (3.1.2\text{-}17)$$

式中：E_{light}——人工照明系统年能耗，kWh/a；

$P_{i,j}$——第j日第i个房间照明功率密度值，W/m²；

---

[1] 中华人民共和国住房和城乡建设部. 建筑碳排放计算标准：GB/T 51366—2019［S］. 北京：中国建筑工业出版社，2019：11.

A_i——第i个房间照明面积，m^2；

$t_{i,j}$——第j日第i个房间照明时间，h；

P_p——应急灯照明功率密度，W/m^2；

A——建筑面积，m^2。

电梯设备系统能耗应按下式计算，相关参数应与设计文件或产品铭牌一致[1]：

$$E_e = \frac{3.6Pt_aVW + E_{standby}t_s}{1000}$$ （3.1.2-18）

式中： E_e——电梯年能耗，kWh/a；

P——特定能量消耗，mWh/（kg·m）；

t_a——电梯年平均运行小时数，h；

V——电梯速度，m/s；

W——电梯额定载重量，kg；

$E_{standby}$——电梯待机时能耗，W；

t_s——电梯年平均待机小时数，h。

太阳能热水系统的节能量可按下列公式计算：

$$E_s = A_c \times J_T \times (1 - \eta_c) \times \eta_{cd}$$ （3.1.2-19）

式中： E_s——太阳能热水系统的节能量，kWh；

A_c——太阳能集热器面积，m^2；

J_T——太阳能集热器采光表面年平均辐照量，kWh/（m^2·a），参考附表H；

η_c——管路和储热装置的热损失率，%

η_{cd}——太阳能热水器的年平均集热效率，%。

太阳能光伏系统的年发电量可按下列公式计算：

$$E_{pv} = IK_E(1 - K_s)A_p$$ （3.1.2-20）

式中： E_{pv}——光伏系统的年发电量，kWh；

I——光伏电池表面的年太阳辐射照度，kWh/m^2；

K_E——光伏电池的转换效率，%；

K_s——光伏系统的损失效率，%；

A_p——光伏系统光伏面板净面积，m^2。

---

① 中华人民共和国住房和城乡建设部. 建筑碳排放计算标准：GB/T 51366—2019［S］. 北京：中国建筑工业出版社，2019：12.

或下式计算:

$$E_{pv} = P_{pv} \times T \times D \times (1 - K_s) \qquad (3.1.2-21)$$

式中: P_{pv}——光伏发电系统总容量, kW;

T——每天有效光照时间平均值, h/d, 可查附表G;

D——天数, d。

风力发电机组年发电量可按下列公式计算[①]:

$$E_{wt} = 0.5\rho C_R(z)V_0^3 A_w \rho \frac{K_{WT}}{1000} \qquad (3.1.2-22)$$

$$C_R(Z) = K_R \ln(Z/Z_0) \qquad (3.1.2-23)$$

$$A_w = 5D^2/4 \qquad (3.1.2-24)$$

$$EPF = \frac{APD}{0.5\rho V_0^3} \qquad (3.1.2-25)$$

$$APD = \frac{\sum_{i=1}^{8760} 0.5\rho V_i^3}{8760} \qquad (3.1.2-26)$$

式中: E_{wt}——风力发电机组的年发电量, kWh;

ρ——空气密度, 取1.225kg/m³;

$C_R(z)$——依据高度计算的粗糙系数;

K_R——场地因子;

Z_0——地表粗糙系数;

V_0——年可利用平均风速, m/s;

A_w——风机叶片迎风面积, m²;

D——风机叶片直径, m;

EPF——根据典型气象年数据中逐时风速计算出的因子;

APD——年平均能量密度, W/m²;

V_i——逐时风速, m/s;

K_{WT}——风力发电机组的转换效率。

---

① 中华人民共和国住房和城乡建设部. 建筑碳排放计算标准: GB/T 51366—2019 [S]. 北京: 中国建筑工业出版社, 2019: 13.

绿植碳汇系统年减碳量可按下列公式计算：

$$C_p = \sum_{i=1}^{n} A_{Gi} F_{Gi} \times 365 \qquad （3.1.2-27）$$

式中：C_p——建筑绿地碳汇系统年减碳量，$kgCO_2/a$；

A_{Gi}——第i种绿化类型面积，m^2；

F_{Gi}——第i种绿化类型单位面积净日固碳量，$kgCO_2/m^2 \cdot d$。不同绿化类型单位面积净日固碳量见表3.3.2-6。

针对建筑运行阶段的碳排放量的计算，需注意以下几个方面：

1）**准确计算运行阶段各类能源的用量**。建筑运行阶段的碳排放量主要受建筑运行能耗水平的影响。建筑运行阶段不同建筑运行系统所消耗的能源种类有所区别，建筑运行阶段碳排放总量的40%与电力消耗相关，60%由其他能源消耗产生（煤44%、天然气11%、LPG4%、油等其他燃料1%）[1]。不同建筑系统能源消费特点不同，应针对具体建筑项目的运行系统组成情况进行能源消耗量的计算。例如北方寒冷地区的建筑采暖能耗主要计算煤耗量，夏热冬冷地区室内采暖多通过暖通空调系统计算电耗量。运行阶段使用再生能源系统提供的能源量，相对常规能源的使用，有降低碳排放负荷的作用，计算各系统运行阶段的能耗量需减去使用再生资源的能耗部分。

2）**强调时间维度对建筑运行阶段碳排放量的影响**。建筑运行阶段的碳排放量需将各年的碳排放量积累获得总运行阶段的碳排放量。建筑运行周期越长，运行阶段的碳排放量占建筑全生命周期总碳排放量的比例越大。根据式（3.1.2-11）可知，计算建筑运行阶段的碳排放量中的建筑使用寿命（y）需与设计文件一致，若设计阶段无法确定具体的使用寿命，可按50年计算[2]。时间维度同样在各系统的使用频率和使用方式上体现，如空调系统使用中，工作日和双休日的使用频率与时间段不同，对能耗影响也不同，在碳排放计算初期应统一各系统运行时间段的缺省值，便于计算结果的准确性与可比性。

3）**考虑碳汇系统对整体碳排放量降低的作用**。建筑运行阶段不仅存在能耗产生的碳排放，也存在采用碳汇系统等实现碳中和的措施。对于碳汇系统的碳减排能力，主要计算建筑红线范围内绿化植被对CO_2的吸收。计算建筑运行阶段碳排放量应扣减绿化植被的碳中和量。相关碳汇计量方法在农林业已有相关研究成果，如原国家林业局印发的

---

[1] 清华大学建筑节能研究中心. 中国建筑节能年度发展研究报告2018［M］. 北京：中国建筑工业出版社，2018：11.

[2] 现行国家标准《民用建筑设计统一标准》GB 50352对建筑设计使用年限划分为四类，其中普通建筑设计寿命为50年。

《竹林项目碳汇计量与监测方法学》《造林项目碳汇计量与监测指南》等，但其方法针对建筑项目的碳汇估算的适用性还需一定研究，目前可以通过相关资料提供的单位绿地面积日净固碳量和绿地面积及天数的乘积进行碳汇情况估算，参考公式（3.1.2-27）进行计算。

4. 建筑拆除阶段的碳排放计算

借鉴《建筑碳排放计算标准》，建筑拆除阶段的碳排放量见式（3.1.2-28）：

$$C_d = \sum_{i=1}^{n} E_{d,i} F_{E,i} + C_{t'} \qquad （3.1.2-28）$$

式中：C_d——建筑拆除阶段的碳排放量，t或kg；

$\quad E_{d,i}$——用于拆除建筑的第i种能源总用量，kWh或kg；

$\quad F_{E,i}$——第i种能源碳排放因子，$kgCO_2/kWh$或$kgCO_2/kg$。部分主要化石能源碳排放因子见附表B。

$\quad C_{t'}$——运输建筑拆除垃圾的碳排放量，t或kg。其计算方式与建材运输阶段碳排放量C_t一致。

其中，建筑物人工拆除和机械拆除阶段的能耗用量计算方式可按下列公式计算：

$$E_d = \sum_{i=1}^{n} Q_{d,i} f_{d,i} \qquad （3.1.2-29）$$

$$f_{d,i} = \sum_{j=1}^{m} T_{B_i,j} R_j + E_{jj,i} \qquad （3.1.2-30）$$

式中：E_d——拆除建筑的能源用量，kWh或kg；

$\quad Q_{d,i}$——第i个拆除项目的工程量；

$\quad f_{d,i}$——第i个拆除项目每计量单位的能耗系数（kWh/工程量计量单位或kg/工程量计量单位）；

$\quad T_{B_i,j}$——第i个项目第j种施工机械单位台班的能源用量；

$\quad E_{jj,i}$——第i个项目中，小型施工机具不列入机械台班消耗量，但其消耗的能源列入材料的部分能源用量（kWh）；

$\quad i$——拆除工程中项目序号；

$\quad j$——施工机械序号。

针对建筑拆除阶段的碳排放量的计算，需注意以下几个方面：

1）**明确建筑拆除阶段碳排放量的计算边界**。针对建筑拆除阶段的碳排放量，有研究采用建筑拆除设备耗电带来的碳排放、垃圾运输碳排放、垃圾处理碳排放之和[1]、[2]。《建筑碳排放计算标准》中的定义包括人工拆除和使用小型机具机械拆除使用的机械设备消耗的各种能源动力产生的碳排放[3]。根据实际工程经验，建筑拆除阶段包含建筑垃圾的清运工作，建筑拆除场地的垃圾清运环节也会进行独立招标，落实场地中建筑本体的真正"消亡"。而建筑垃圾作为城镇垃圾的重要组成部分，属于垃圾产业的工序，即使其来源于建筑，但由于处理工序和技术数据多为建筑业以外行业的范畴，数据的获取在实践中较难掌握，故本研究将建筑拆除阶段的碳排放计算主要包括拆除建筑的机械设备能耗产生的碳排放与建筑垃圾外运产生的碳排放，不包括垃圾处理产生的碳排放。

2）合理简化建筑拆除阶段的碳排放计算。建筑拆除阶段的相关工程数据在设计阶段无法准确获取，且对于建筑拆除阶段的碳排放量估算，受到采用不同拆除方式的影响，其估算结果也有较大的差距，在设计阶段对拆除阶段的碳排放量控制，主要从建筑拆除阶段的相关机械能耗和建筑垃圾运输能耗去落实。建筑物的拆除方式主要有人工拆除、机械拆除、爆破拆除和静力破损拆除等。其中，人工拆除和机械拆除在《房屋建筑与装饰工程消耗量定额》TY01-31-2015中"拆除工程"章节中有相关消耗量数据，而爆破拆除和静力破损拆除的相关数据，常根据实际工程由专业团队的专项方案获得，不易在建筑设计阶段获知。面对拆除阶段的现实情况，本研究侧重针对基于人工拆除和机械拆除方法相关的消耗量，采用同建筑施工阶段相似的工程能源消耗量与各能源碳排放因子的乘积，估算拆除建筑所产生的碳排放量。

由于建筑拆除阶段的相关碳排放数据在前期获取较为困难，许多研究将此阶段的碳排放量进行占比估算。如日本CASBEE体系中采用的AIJ-LCA&LCW软件工具中数据显示建筑拆除阶段的碳排放约占新建阶段的10%；浙江大学在对杭州某中学的研究中，得出50年的使用周期条件下，建筑拆除阶段碳排放占建筑全生命周期总碳排放量4.7%[4]。因此，在获取实际数据有限的情况下，为便于计算拆除阶段的碳排放量，可以通过合理的碳排放占比进行估算。目前较为合理的占比为：拆除阶段的碳排放量按照建筑总建材生产阶段到建造施工阶段产生的碳排放量的10%[5]；拆除阶段的碳排放量占建筑全生命周期的总碳排放量不超过5%。

① 王晨杨. 长三角地区办公建筑全生命周期碳排放研究［D］. 南京：东南大学，2016.
② 王松庆. 严寒地区居住建筑能耗的生命周期评价［D］. 哈尔滨：哈尔滨工业大学，2007.
③ 中华人民共和国住房和城乡建设部. 建筑碳排放计算标准：GB/T 51366—2019［S］. 北京：中国建筑工业出版社，2019：14.
④ 燕艳. 浙江省建筑全生命周期能耗和CO_2排放评价研究［D］. 杭州：浙江大学，2011：79.
⑤ 王晨杨. 长三角地区办公建筑全生命周期碳排放研究［D］. 南京：东南大学，2016：59.

3.2 夏热冬冷地区公共建筑碳排放基准值研究

3.1节对公共建筑全生命周期碳排放量计算方式进行了研究，提出了具体的建筑碳排放量化方法。对碳排放量化结果进行评测分析，需要有相应的碳排放量基准值作为衡量指标。目前我国还未有统一的建筑碳排放评价标准，针对公共建筑的碳排放评测方法研究有限。本节通过研究公共建筑的碳排放基准值，为分析评测公共建筑的碳排放水平提供建议。

3.2.1 公共建筑碳排放基准值现状

由前文可知，建筑碳排放量主要受建材使用情况和能耗水平影响。建筑低碳化具有指标化效果导向特征，需通过相关基准值以衡量低碳效果。建筑相关碳排放基准值的制定可借鉴建筑能耗基准值的制定经验。欧盟最先在建筑能效制度中提出把CO_2排放量作为衡量建筑能耗的标准之一[1]。英国开发了针对居住建筑和公共建筑的能效评估软件，分别是标准评估程序（Standard Assessment Procedure，SAP）和建筑能耗简化模型（Simplified Building Energy Model，SBEM）[2]，在进行能耗分析的同时，计算建筑的CO_2排放量。相对于成熟的公共建筑能耗数据的统计，我国对建成建筑各阶段的碳排放量统计工作还未广泛落实，建筑运行阶段的碳排放量往往缺乏必要的监测仪器和监控管理系统进行记录，建筑其他阶段的碳排放由于技术条件和人员配置的缺失，也难以获得详尽充足的研究基础数据。基于目前已有的成果积累，我国公共建筑的碳排放基准值研究，可以借鉴我国对公共建筑的能耗指标的研究。

中国相继出台针对不同类型建筑的能耗控制标准，目前对于建筑项目的能耗约束已有《民用建筑能耗标准》GB/T 51161—2016明确的数值规定（如附表A），而针对建筑碳排放的要求，目前未有具体的约束指标[3]，导致对于低碳建筑的效果评测，缺乏统一的标准。《建筑碳排放计算标准》GB/T 51366—2019提供了建筑全生命周期碳排放计算方法，但缺少相应评价基准值，《绿色建筑评价标准》GB/T 50378—2019对建筑碳排放提出

---

[1] 文精卫，杨昌智. 公共建筑能效基准及能效评价［J］. 煤气与热力，2008（11）：12-15.

[2] BRE. SBEM：Simplified Building Energy Model［EB/OL］. https://www.bregroup.com/a-z/sbem-calculator/，2019-11-27.

[3] 本书编写完成时，未有相关建筑碳排放强制标准。2022年4月1日实施的《建筑节能与可再生能源利用通用规范》GB 55015—2021中新约束了建筑碳排放相关要求。

相关评价要求，但缺少具体的评价方法与基准值指导。《中国绿色低碳住区减碳技术评估框架体系》中强调对住区减碳技术进行评估，其中有些技术措施对减少住区CO_2排放的贡献未有准确的量化方法，针对住区中建筑碳排放量指标主要从建筑节能和建材使用量进行估算[①]。《中国绿色低碳住区技术评估手册》主要基于住区层面，通过对项目采用的低碳技术措施进行打分，其中有些技术措施对减少住区CO_2排放量的贡献目前也没有准确的量化计算方法[②]。天津大学的相关研究中，将建筑碳排放的指标基准分为设计标识和运行标识，通过模拟性能作为基准线的指标在设计阶段进行基准值的确定，而运行标识由于参考数据多来源于国外的权威部门，其与实际值有一定偏差，估算的基准值较为粗糙[③]。在重庆市的《低碳建筑评价标准》DBJ50/T-139-2012中，其相关技术指标包括控制项、一般项和优选项。评价的内容强调低碳措施的使用，如低碳设计中，"空调制冷、消防采用对全球气候变暖和臭氧空洞影响较少的工质"以及"建筑造型要素简约，无大量装饰性构建"等，但建筑是否达到某碳排放量的达标值，并未具体要求，相关评价数据多为节能、节材指标，缺少具体针对碳排放量的量化指标。低碳节能工作应从措施导向转为指标化效果导向，节能方面，建筑的用能数据应该是检验建筑节能工作的唯一标准；低碳方面，建筑的碳排放数据应该是检验建筑低碳工作的必要标准之一。

3.2.2 夏热冬冷地区公共建筑碳排放基准值的确定与选用

在民用建筑中，公共建筑的运行阶段碳排放占比最为明显（见图3.2.2-1）。根据研究[④]~[⑧]，大部分建筑运行阶段碳排放量占建筑全生命周期碳排放量比重最大，相同地区同功能类型和结构类型的建筑，其运行阶段的碳排放量占全生命周期碳排放量的比例基

① 全国工商联房地产商会，精瑞（中国）不动产研究院. 中国绿色低碳住区减碳技术评估框架体系（讨论稿节选）[J]. 动感（生态城市与绿色建筑），2010（1）：30-33.

② 聂梅生，秦佑国，江亿. 中国绿色低碳住区技术评估手册 [M]. 北京：中国建筑工业出版社，2011：72.

③ 高源. 整合碳排放评价的中国绿色建筑评价体系研究 [D]. 天津：天津大学，2014.

④ 林波荣，刘念雄，彭渤，等. 国际建筑生命周期能耗和CO_2排放比较研究 [J]. 建筑科学，2013（8）：22-27.

⑤ T Ramesh，Ravi Prakash，K K Shukla. Life cycle energy analysis of buildings：An overview [J]. Energy and Buildings. 2010，42（10）：1592-1600.

⑥ 于萍，陈效逑，马禄义. 住宅建筑生命周期碳排放研究综述 [J]. 建筑科学，2011，27（4）：9-12，35.

⑦ 刘念雄，汪静，李嵘. 中国城市住区CO_2排放量计算方法 [J]. 清华大学学报（自然科学版），2009，49（9）：1433-1436.

⑧ Leif Gustavsson，Anna Joelsson，Roger Sathre. Life cycle primary energy use and carbon emission of an eight-storey wood-framed apartment building [J]. Energy and Buildings，2010，42（2）：230-242.

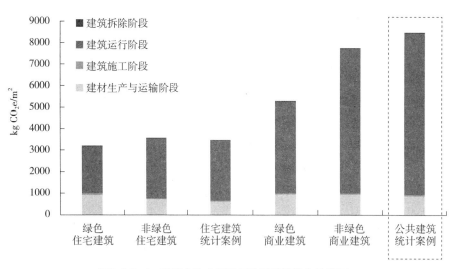

图3.2.2-1　建筑全生命周期各阶段碳排放均值情况

本一致，可通过运行阶段碳排放量目标值占全生命周期碳排放量的比值确定建筑项目全生命周期碳排放量的基准值。

运行阶段的碳排放量基准值可根据建筑项目的能耗限值通过碳排放因子系数法获得，见公式（3.2.2-1）：

$$C_{o,ref} = \left(\sum_{i=1}^{n} E_{i,ref} \times F_{E,i} \right) \times y \qquad （3.2.2-1）$$

式中：$C_{o,ref}$——运行阶段的碳排放量基准值；

　　　$E_{i,ref}$——建筑第i种能源年消耗量限值，单位/a，可查阅设计任务书或相关标准、资料的能耗限值；

　　　$F_{E,i}$——第i种能源碳排放因子，$kgCO_2/kWh$或$kgCO_2/kg$，部分主要能源碳排放因子见附表B；

　　　y——建筑使用寿命，a。

建筑全生命周期碳排放量的基准值计算见公式（3.2.2-2）：

$$C_{LCA,ref} = C_{o,ref} \div k_o \qquad （3.2.2-2）$$

式中：$C_{LCA,ref}$——建筑全生命周期碳排放量基准值；

　　　k_o——运行阶段碳排放量占全生命周期碳排放量的比值，以实际占比值为准，实际占比值无法获得时可根据经验占比值确定。

由于建筑运行碳排放量受建筑使用寿命影响，对于建筑碳排放量基准值也可通过年单位面积碳排放基准强度进行考量，建筑全生命周期年碳排放基准强度计算见式（3.2.2-3）：

$$C'_{LCA,ref} = C_{LCA,ref} \div y \div A \qquad (3.2.2\text{-}3)$$

式中：$C'_{LCA,ref}$——建筑全生命周期年碳排放基准强度，$tCO_2/(m^2 \cdot a)$；

$\qquad A$——建筑面积，m^2。

一般情况下，建筑运行阶段的碳排放主要基于能耗情况，建筑的低碳策略使用情况未知，可默认未采用低碳策略，则建筑全生命周期年碳排放基准强度计算亦可见式（3.2.2-4）：

$$C'_{LCA,ref} = \left(\sum_{i=1}^{n} E'_{i,ref} \times F_{E,i}\right) \div k_o \qquad (3.2.2\text{-}4)$$

式中：$E'_{i,ref}$——年单位面积第i种能源基准值，单位/$m^2 \cdot a$，可查阅设计任务书或相关标准、资料的能耗限值。

根据基准对象的不同，建筑碳排放基准值又可分为基于参照建筑指标和基于具体历史指标的建筑碳排放基准值确定方法。以下具体介绍夏热冬冷地区公共建筑的碳排放基准值确定方法。

1. 基于参照建筑指标的夏热冬冷地区公共建筑碳排放基准值

在实际项目设计中，随着方案的不断推敲，需要基于初始方案进行低碳优化效果的衡量。基于参照建筑指标的公共建筑碳排放基准值有助于在设计阶段衡量各方案低碳优化效果。本书借鉴《建筑碳排放计算标准》GB/T 51366—2019不同阶段的碳排放量化特点，结合建筑设计阶段特征，提出基于参照建筑指标的夏热冬冷地区公共建筑碳排放基准值，尽可能涉及建筑全生命周期各阶段的碳排放量，即建材物化阶段碳排放量、建筑施工阶段碳排放量、建筑运行阶段碳排放量和建筑拆除阶段碳排放量。

1）参照建筑运行阶段碳排放基准值的确定方法

建筑运行阶段碳排放基准值的确定可以借鉴建筑能耗基准值的制定经验。公共建筑碳排放的约束值和目标值研究一定要与建筑能耗标准相统一，不应出现碳交易、能耗定额相互独立，甚至标准矛盾的情况[①]。故对参照建筑运行碳排放基准值的确定，需基于《民用建筑能耗标准》GB/T 51161—2016中相关公共建筑能耗基准值进行换算，换算公式见式（3.2.2-5）：

$$C'_{o'} = E'_{o'} \times F_{E电} \qquad (3.2.2\text{-}5)$$

式中：$C'_{o'}$——单位面积公共建筑年运行碳排放基准值，$kgCO_2/(m^2 \cdot a)$；

$\qquad E'_{o'}$——单位面积公共建筑年运行能耗指标，$kWh/(m^2 \cdot a)$；

$\qquad F_{E电}$——我国区域电网平均CO_2排放因子，$kgCO_2/kWh$。

---

① 于萍，陈效逑，马禄义. 住宅建筑生命周期碳排放研究综述［J］. 建筑科学，2011，27（4）：9-12，35.

其中，夏热冬冷地区的公共建筑的单位面积年运行能耗指标（E'_o）可参考附表A中的相关数值，按不同公共建筑的类型进行针对性的选取。根据公共建筑所在地区的不同，采用由国家发展和改革委员会公布的区域电网平均碳排放因子$F_{E电}$，目前采用的$F_{E电}$值为2012年中国区域电网平均CO_2排放因子（表3.2.2-1），未来数据如有官方更新，应选用国家主管部门最新数据。

2012年中国区域电网平均CO_2排放因子（$kgCO_2$/kWh）表3.2.2-1

电网名称	覆盖省区市	排放因子
华北区域	北京市、天津市、河北省、山西省、山东省、内蒙古西部地区	0.8843
东北区域	辽宁省、吉林省、黑龙江省、内蒙古东部地区	0.7769
华东区域	上海市、江苏省、浙江省、安徽省、福建省	0.7035
华中区域	河南省、湖北省、湖南省、江西省、四川省、重庆市	0.5257
西北区域	陕西省、甘肃省、青海省、宁夏回族自治区、新疆维吾尔自治区	0.6671
南方区域	广东省、广西壮族自治区、云南省、贵州省、海南省	0.5271

根据公式（3.2.2-5）可以得出夏热冬冷地区公共建筑单位面积年运行碳排放基准值，见表3.2.2-2。

夏热冬冷地区公共建筑单位面积年运行碳排放基准值

$[kgCO_2/(m^2·a)]$　　　　　表3.2.2-2

建筑分类		夏热冬冷地区（华东区域）		夏热冬冷地区（华中区域）		夏热冬冷地区（南方区域）	
		约束值	引导值	约束值	引导值	约束值	引导值
办公建筑	A类党政机关办公建筑	49.2	38.7	36.8	28.9	36.9	29.0
	A类商业办公建筑	59.8	49.2	44.7	36.8	44.8	36.9
	B类党政机关办公建筑	63.3	45.7	47.3	34.2	47.4	34.3
	B类商业办公建筑	77.4	56.3	57.8	42.1	58.0	42.2
旅馆建筑	A类三星级及以下	77.4	63.3	57.8	47.3	58.0	47.4
	A类四星级	95.0	80.9	71.0	60.5	71.2	60.6
	A类五星级	112.6	95.0	84.1	71.0	84.3	71.3
	B类三星级及以下	112.6	84.4	84.1	63.1	84.3	63.3
	B类四星级	140.7	105.5	105.1	78.9	105.4	79.1
	B类五星级	168.8	126.6	126.2	94.6	126.5	94.9

建筑分类		夏热冬冷地区 （华东区域）		夏热冬冷地区 （华中区域）		夏热冬冷地区 （南方区域）	
		约束值	引导值	约束值	引导值	约束值	引导值
商场建筑	A类一般百货店	91.5	77.4	68.3	57.8	68.5	58.0
	A类一般购物中心	91.5	77.4	68.3	57.8	68.5	58.0
	A类一般超市	105.5	84.4	78.9	63.1	79.1	63.3
	A类餐饮店	63.3	49.2	47.3	36.8	47.4	36.9
	A类一般商铺	63.3	49.2	47.3	36.8	47.4	36.9
	B类大型百货店	140.7	119.6	105.1	89.4	105.4	89.6
	B类大型购物中心	182.9	147.7	136.7	110.4	137.0	110.7
	B类大型超市	158.3	126.6	118.3	94.6	118.6	94.9

由表3.2.2-2可见，根据公共建筑能耗特点，将公共建筑分为A、B两类：A类公共建筑指可通过开启外窗方式利用自然通风达到室内温度舒适要求，从而减少空调系统运行时间，减少能源消耗的公共建筑；B类公共建筑指因建筑功能、规模等限制或受建筑物所在周边环境的制约，不能通过开启外窗方式利用自然通风，而需常年依靠机械通风和空调系统维持室内温度舒适要求的公共建筑[①]。A、B两类公共建筑最大的区别在于是否可通过开启外窗的方式利用自然通风维持室内温度舒适性。针对能耗及碳排放量都比较大的办公建筑、旅馆建筑和商场建筑，按具体规模确定相应指标，由于建筑热工分区与国家电网分区存在区别与重叠的情况，将夏热冬冷地区分成三个建筑碳排放区域，不同区域的公共建筑可以针对自身区域的碳排放基准值进行碳减排水平的量化评测。借鉴《民用建筑能耗标准》的相关经验，各类型各区域的夏热冬冷地区公共建筑运行碳排放基准值设置了约束值与引导值：建筑碳排放约束值是指为实现建筑使用功能所允许排放的建筑碳排放指标的上限值，是建筑减排工作的低限要求。为鼓励和推广建筑碳减排工作符合建设生态文明要求，提出更为严格的建筑低碳管理与使用目标，提出要求更高的建筑碳排放引导值。具体的夏热冬冷地区公共建筑按自身的功能类型和低碳目标，可在表格中进行基准值的对应选择。

---

① 刘念雄，汪静，李嵘. 中国城市住区CO_2排放量计算方法［J］. 清华大学学报（自然科学版），2009，49（9）：1433-1436.

2）参照建筑建材物化阶段碳排放基准值的确定方法

在设计阶段，对于建材的种类与消耗量无法实现精确计算，可以通过设计概算与工程量预算等相关设计清单的估算获得参考值。对于参照建筑建材物化阶段碳排放的基准值确定，主要是对常规的建材用量与各类建材的运输距离与运输方式进行缺省值的考虑。具体地，在建材消耗量方面，可以结合建筑项目具体设计资料，估算常用建材，如钢材、混凝土、水泥等"大料"的消耗量；在建材运输方面，可以采用常用的运输方式和运输距离的默认值确定建材运输阶段的碳排放基准值。对于参照建筑的主要建材（如钢材、混凝土、水泥、玻璃等），默认都为新开采的原料生产而成；参照建筑的混凝土默认运输距离值为40km，其他建材的默认运输距离值为500km。

3）参照建筑施工阶段碳排放基准值的确定方法

由于施工阶段的碳排放量主要来源于场地工程施工及项目措施使用的机械能耗产生的碳排放，在设计阶段对于施工阶段的具体机械和工艺使用情况需通过工程设计概算或工程量清单进行估算。参照建筑施工阶段的碳排放量可根据国家和地方的建筑工程消耗量定额相关规范指南进行工程量和施工能耗的估算值，通过与能耗碳排放系数乘积获得。如江苏地区的参照建筑施工量可根据《江苏省建筑工程消耗量定额》的相关数据进行估算。

4）参照建筑拆除阶段碳排放基准值的确定方法

由于设计阶段无法确定建筑拆除阶段的碳排放量，故参照建筑拆除阶段的碳排放值可通过占比进行估算，根据前文研究，拆除阶段的碳排放量按照建筑总建材生产阶段到建造施工阶段产生的碳排放量的10%进行计算。

2. 基于具体历史指标的夏热冬冷地区公共建筑碳排放基准值

目前对于碳减排要求，多通过与具体历史基准值进行比较。如我国于2015年在《巴黎协定》提出了自主贡献的减排目标，其中承诺单位国内生产总值CO_2排放比2005年下降60%~65%；2017年单位GDP碳排放强度比2005年下降了46%，已提前实现到2020年单位GDP碳排放强度下降40%~45%的承诺[1]。低碳建筑是和约定的历史基准线相比实现实质性的减排建筑[2]。对于建筑的碳减排要求，也通过将具体历史碳排放指标作为减碳基

---

① Leif Gustavsson，Anna Joelsson，Roger Sathre. Life cycle primary energy use and carbon emission of an eight-storey wood-framed apartment building［J］. Energy and Buildings，2010，42（2）：230-242.

② 诸大建，王翀，陈汉云. 从低碳建筑到零碳建筑——概念辨析［J］. 城市建筑，2014（2）：222-224.

准值，从而评价建筑碳排放是否达标。例如北京丽泽金融商务区的设计要求到2020年碳排放量比2005年北京市相同规模、相同类型区域的碳排放量降低45%[①]。

根据相关研究数据[②]推测，2005年左右我国夏热冬冷地区各类公共建筑单位面积能耗参数可参考表3.2.2-3。

2005年夏热冬冷地区各类公共建筑单位面积能耗参考值
[kWh/ (m² · a)]　　　　表3.2.2-3

	能耗等级	办公	酒店	学校	医院
夏热冬冷地区	总	49.5	51	37.5	54.5
	高	150	180	90	150
	中	60	60	40	60
	低	30	30	30	40

表3.2.2-3中将夏热冬冷地区各类公共建筑能耗指标分为高、中、低三档能耗等级。其中，能耗等级为"高"的对应大型公共建筑，"中"级代表单位面积能耗为40～80kWh/ (m² · a) 的公共建筑，"低"级代表单位面积能耗低于40kWh/ (m² · a) 的公共建筑。表格中"总"为各类公共建筑根据"高、中、低"能耗等级的占比权重而计算出的总体单位面积能耗平均值。基于大型公共空间大面积、大体量、高能耗的特点，本书对于大型公共空间建筑的能耗分析，其能耗与节能指标参数可参考表中的"高"和"中"两级指标。

在计算建筑碳排放量时，对于不同区域的供电碳排放因子，也应按当年的数值进行计算，查阅相关统计数据[③]，2005年我国区域电网单位供电平均CO_2排放因子见表3.2.2-4。

2005年我国区域电网单位供电平均CO_2排放因子　　表3.2.2-4

电网名称	覆盖省区市	排放因子（kg/kWh）
华北区域	北京市、天津市、河北省、山西省、山东省、内蒙古西部地区	1.246

---

① 李昭君. 低碳城市规划中绿色建筑星级指标的确定方法研究——以北京市丽泽金融商务区为例［J］. 建筑技艺，2018，269（2）：120-121.

② 清华大学建筑节能研究中心. 中国建筑节能年度发展研究报告2009［M］. 北京：中国建筑工业出版社，2009：301.

③ 数据来源：国家发展改革委于2011年发布的《省级温室气体清单编制指南》（发改办气候［2011］1041号）。

电网名称	覆盖省区市	排放因子（kg/kWh）
东北区域	辽宁省、吉林省、黑龙江省、内蒙古东部地区	1.096
华东区域	上海市、江苏省、浙江省、安徽省、福建省	0.928
华中区域	河南省、湖北省、湖南省、江西省、四川省、重庆市	0.801
西北区域	陕西省、甘肃省、青海省、宁夏回族自治区、新疆维吾尔自治区	0.977
南方区域	广东省、广西壮族自治区、云南省、贵州省	0.714
海南	海南省	0.917

根据公式（3.2.2-1）可以求得2005年夏热冬冷地区大型公共空间建筑单位面积年运行碳排放参考基准值，详情见表3.2.2-5。

2005年夏热冬冷地区大型公共空间建筑单位面积年运行碳排放基准值
$[kgCO_2/(m^2 \cdot a)]$ 表3.2.2-5

夏热冬冷地区	基准值	大型公共空间建筑类型			
		办公类	酒店类	学校类	医院类
华东区域	高	139.20	167.04	83.52	139.20
	中	55.68	55.68	37.12	55.68
	低	27.84	27.84	27.84	37.12
华中区域	高	120.15	144.18	72.09	120.15
	中	48.06	48.06	32.04	48.06
	低	24.03	24.03	24.03	32.04
南方区域	高	107.10	128.52	64.26	107.10
	中	42.84	42.84	28.56	42.84
	低	21.42	21.42	21.42	28.56

根据大型公共空间建筑的不同规模，夏热冬冷地区不同类型的大型公共空间建筑单位面积年运行碳排放基准值分别对应表3.2.2-5中的高基准值和中基准值。高基准值对应面积2万m^2以上且采用中央空调的大型公共建筑，中基准值对应单位面积能耗为40～80kWh/（$m^2 \cdot a$）的大型公共空间建筑。根据新建大型公共空间建筑的规模和类型，选取相应的2005年基准值。

在确定2005年同类型建筑的运行碳排放基准值的基础上，可以按公式（3.2.2-2）通过运行碳排放量占全生命周期碳排放总量的比值得到2005年同类型建筑的全生命周期碳排放量基准值，以华东区域办公类大型公共建筑为例，当运行阶段碳排放量占全生命周期碳排放占比为90%时，2005年华东区域办公类大型公共建筑年全生命周期碳排放强度参考基准值为154.67kgCO$_2$/（m^2·a）。

3. 两种夏热冬冷地区公共建筑碳排放基准值的选用

对于具体建筑项目的低碳设计方案优化，在不基于某一历史年份指标的情况下，可以选择基于参照建筑指标的碳排放基准值进行评测，针对每一阶段进行自身的低碳措施效果优化。根据相关建筑标准提供的限值，作为参照建筑的参数，参照建筑和方案建筑的区位、规模、空间功能和外部环境等因素应一致。对于和约定的历史基准线相比实现碳减排目标，可采用基于具体历史基准值进行碳排放评测。由于可获得的某一历史年份的相关基准数据主要为同类型同地区的公共建筑运行能耗相关值，其他建筑阶段（建材物化阶段、施工阶段和建筑拆除阶段）具体情况不同，难以形成某一历史年份的相关基准，对于新建公共建筑对标历史年份的公共建筑碳排放基准值，主要估算建筑运行能耗的碳排放量，进而通过运行阶段碳排放量占全生命周期碳排放总量的比例求得建筑全生命周期碳排放量情况。

3.3 夏热冬冷地区公共建筑碳排放量化与评测方法的建立

基于对建筑全生命周期各阶段碳排放计算方法和碳排放基准值确定方法的研究，构建夏热冬冷地区公共建筑碳排放量化与评测方法，目的是将建筑碳排放量化与评测方法作为一套易于理解、操作性强的工具，服务于设计阶段的相关设计师和管理者。建立易于实操的建筑碳排放量化与评测方法，需要考虑两个方面的客观条件：目前建筑碳排放相关清单存在来源不统一、范围不明确、数据难获取的情况，需要在清单数据收集方面提供相应解决方案；建筑全生命周期碳排放量化工作较为繁杂，不利于在时间和人员精力皆有限的设计阶段落实推广，应通过科学合理的简化，建立易于设计师和管理者理解和操作的量化评测工具。该量化与评测方法的具体建立与落实，包括建筑全生命周期各阶段碳排放计算清单的确立、具体落实的方法以及最终提供一套适用于设计阶段的夏热冬冷地区公共建筑的碳排放量化与评测工具。

3.3.1 适用于设计阶段的建筑全生命周期碳排放清单数据的确立

根据各阶段的碳排放计算公式，总结出各阶段碳排放的影响因素，明确碳排放清单，对清单在实际建筑设计中的考虑，进行研究阐述。目前在宏观层面（如国家、地区等）的碳排放评估研究与政策分析一般采用碳排放总量、人均碳排放量、单位国内生产总值CO_2排放量等作为评测指标，而有些宏观的指标不适用于具体建筑项目中。对公共建筑的碳排放评测可以从整体和单位面积强度两个方面展开，即建筑项目碳排放总量和单位建筑面积年碳排放量。其中，建筑项目碳排放总量可以反映投入此建筑中的经济和社会行为带来的总体的碳排放活动量；单位建筑面积年碳排放量可以反映建筑的碳排放强度，这也是与建筑节能管理中针对单位建筑面积能耗的管理手段相一致。对于同一个建筑方案，建筑项目碳排放总量比单位建筑面积年碳排放量多一个时间维度的评估内容，即建筑使用寿命，不同的使用寿命对最终建筑项目的碳排放总量结果有较大的影响。

1. 建筑各阶段碳排放评测清单组成框架

基于前文的建筑全生命周期各阶段碳排放计算方法，可以明确建筑各阶段碳排放相关活动量清单与相关因子的基础数据。其中，建筑各阶段的量化评测都包含碳排放活动量清单和相关因子基础数据，建筑运行阶段额外包含碳减排活动量清单（图3.3.1-1）。

根据图3.3.1-1，结合建筑各阶段的碳排放特点提出适用于建筑设计阶段的建筑碳排放清单组成框架（图3.3.1-2）。建材物化阶段，其碳排放活动量清单包括主要建材生产量和建材运输距离，相应的因子数据为主要建材的碳排放因子和不同运输方式的碳排放因子；施工阶段是基于建筑规模（主要为建筑面积），统计相应工序的机械台班使用量，相关因子基础数据为各机械台班能耗系数与各能源碳排放因子；建筑运行阶段是根据建筑规模（主要为建筑面积）计算暖通空调系统、人工照明系统和电梯设备等能耗活

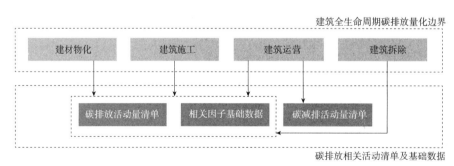

图3.3.1-1 建筑各阶段碳排放相关清单与基础数据概括图

动量，在碳排放活动同时建筑运行阶段还需考虑绿植碳汇量和使用可再生能源代替化石能源减少CO_2排放的碳减排活动量，相应的因子数据包括各能源碳排放因子和绿植单位面积固碳系数；建筑拆除阶段的清单和数据类似施工阶段，其碳排放活动量清单包括基于建筑拆除面积的机械种类及台班使用量，建筑废弃物的运输距离，相应的因子数据为各机械台班能耗系数和各能源碳排放因子，各运输方式碳排放因子。

2. 建筑各阶段碳排放清单数据获取方式

在设计阶段，由于建筑项目尚未建成，项目相关的耗材和耗能数据多依据相关建筑设计参考值进行估算、模拟和科学假设，根据图3.3.1-2所示的建筑各阶段碳排放清单框架，现将建筑各阶段碳排放清单数据的获取方式进行具体的讨论与建议性指导。

1）建材物化阶段

碳排放活动量清单中，主要建材生产量根据项目设计概算和工程预算等相关设计文件获得。建材运输距离优先选择厂家信息提供的实际距离，当实际运输距离无法获取时，可采用相关标准的缺省值，参考《建筑碳排放计算标准》，混凝土的运输距离值为40km，其他建材的运输距离值为500km。

相关因子基础数据中，主要建材碳排放因子可参考官方发布的数据，相关标准缺省值，如官方提供的主要建材碳排放因子（附表C）。对于大量使用的新型材料，应通过材料相关参数获得其碳排放因子。建材物化阶段清单数据获取方式具体见表3.3.1-1。

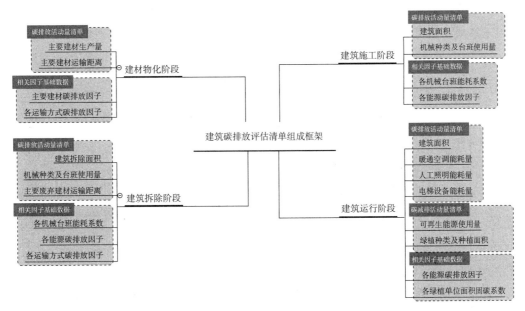

图3.3.1-2　建筑各阶段碳排放清单组成框架

建材物化阶段清单数据获取方式　　　　　　　　表3.3.1-1

建材物化阶段	清单数据		数据来源 / 获取方式
	碳排放活动量清单	主要建材生产量	项目设计概算、工程预算等相关建材清单
		主要建材运输距离	建材厂家信息、相关标准缺省值
	相关因子基础数据	主要建材碳排放因子	官方发布的数据，相关标准缺省值
		运输方式碳排放因子	官方发布的数据，相关标准缺省值

2）建筑施工阶段

碳排放活动量清单中，建筑规模的数据主要通过图纸等设计资料获取建筑面积。具体机械类型和使用量可通过设计阶段的工程量概/预算获得，若在设计阶段缺少相应概算数据，可基于设计规模根据国家或地方相关工程量定额指南进行估算。目前主要分部分项工程和措施项目可参考国家《房屋建筑与装饰工程消耗量定额》TY 01-31-2015、《通用安装工程消耗量定额》TY 02-31-2015、《装配式建筑工程消耗量定额》TY 01-01（01）-2016及各省市颁布工程消耗量定额计算规则进行相应的工程能耗计算。

相关因子基础数据中，各机械台班能耗系数优先参考实际使用的机械能耗参数，若实际能耗参数无法获得，可参考相关标准指南的缺省值，如《建筑碳排放计算标准》提供的常用施工机械台班能源用量（附表D）。各能源碳排放因子可参考官方发布的碳排放因子数据清单，如IPCC温室气体清单、国家温室气体清单、发改委发布的温室气体清单编制指南等；或参考相关标准提供的能源碳排放因子，如《建筑碳排放计算标准》提供的主要能源碳排放因子（附表B）。建筑施工阶段清单数据获取方式见表3.3.1-2。

建筑施工阶段清单数据获取方式　　　　　　　表3.3.1-2

建筑施工阶段	清单数据		数据来源 / 获取方式
	碳排放活动量清单	建筑面积	设计图纸及相关资料
		机械种类及台班使用量	设计概算、工程量预算及相关工程量定额指南
	相关因子基础数据	各机械台班能耗系数	具体设备参数及相关标准指南的缺省值
		各能源碳排放因子	官方发布的数据，相关标准缺省值

3）建筑运行阶段

碳排放活动量清单中，建筑面积通过建筑设计图纸等相关资料获得。暖通空调、人工照明和电梯设备等系统的建筑运行能耗可基于各相关工种的设计资料，通过能耗软件进行模拟估算。

碳减排活动量清单中，可再生能源使用量需通过对设计采用的光伏系统、太阳能热水系统、风电系统的参数进行计算获得，绿植覆盖面积通过设计图纸及相关景观资料获得。

相关因子基础数据中，各能源碳排放因子可参考官方发布的碳排放因子数据清单，如IPCC温室气体清单、国家温室气体清单、发改委发布的温室气体清单编制指南等；或参考相关标准提供的能源碳排放因子，如《建筑碳排放计算标准》提供的主要能源碳排放因子（附表B）。各绿植单位面积固碳系数参考官方发布的数据、相关研究资料或标准手册的缺省值，如《中国绿色低碳住区技术评估手册》提供的不同栽植方式单位面积CO_2固定量比较表或其他文献提供的绿植碳汇系数。建筑运行阶段清单数据获取方式具体见表3.3.1-3。

建筑运行阶段清单数据获取方式　　　　表3.3.1-3

	清单数据			数据来源 / 获取方式
建筑运行阶段	碳排放活动量清单	建筑运行能耗	建筑面积	建筑设计图纸及相关资料
			暖通空调能耗量	暖通等工种相关设计资料，能耗软件模拟
			日常热水能耗量	水电等工种相关设计资料，能耗软件模拟
			人工照明能耗量	电气等工种相关设计资料，能耗软件模拟
			电梯设备能耗量	电梯设备相关设计参数，能耗软件模拟
		可再生能源使用量		光伏系统、地源热泵、风电系统相关设计参数计算
		绿植覆盖面积		建筑设计图纸及相关景观资料
	相关因子基础数据	各能源碳排放因子		官方发布的数据，相关标准缺省值
		各绿植单位面积固碳系数		官方数据，相关文献资料和标准指南的缺省值

4）建筑拆除阶段

碳排放活动量清单中，建筑拆除面积通过相关设计资料获得。机械种类及台班使用量通过查阅建筑拆除相关工程量定额信息进行估算。人工拆除和机械拆除在国家定额《房屋建筑与装饰工程消耗量定额》TY 01-31-2015中"拆除工程"章节中有相关消耗量数据。废弃建材的运输距离根据场地到建材处置点的实际距离为准，若在前期无法获取，可假设合理距离。

相关因子基础数据的获取，可参考建筑施工阶段和建材运输阶段相似基础数据的获取方式。建筑拆除阶段清单数据获取方式见表3.3.1-4。

	清单数据		数据来源／获取方式
建筑拆除阶段	碳排放活动量清单	建筑拆除面积	设计图纸及相关资料
		机械种类及台班使用量	工程量预算及国家相关工程量指南信息
		废弃建材运输距离	拆除场地到建材处置点的距离，或按经验合理假设
	相关因子基础数据	各机械台班能耗系数	具体设备参数及相关标准指南的缺省值
		各能源碳排放因子	官方发布的数据，相关标准缺省值
		运输方式碳排放因子	官方发布的数据，相关标准缺省值

3.3.2 建筑碳排放量化与评测方法的具体落实

如何在实际项目中落实本研究提出的建筑碳排放量化与评测方法，需要解决相关因素的换算方式与实施方法的简化统一。由于建筑能耗对碳排放有直接的影响，需首先确定能耗与碳排放之间的换算方式；其次，前文已总结出夏热冬冷地区公共建筑主体能耗为电耗，需强调对电耗碳排放因子的明确统一；建筑各阶段碳排放的量化评测的目的是促进相应的低碳设计，针对具体项目的低碳侧重，可以在落实过程中有相应合理的简化。

1. 能耗与碳排放换算方式的确定

建筑能耗对建筑碳排放量的影响程度较大，对于能耗水平的计算分析是开展建筑碳排放量评测的重要环节。建筑能耗涉及不同种类的能源，如电力、燃煤、燃气、生物质能等。根据目前研究，我国能耗与碳排放换算方式主要有标煤法、等效电法和能源种类法。

1）标煤法

标煤法是将建筑各种能耗折算为标煤量，通过标煤的CO_2排放量进行计算。标准煤是指热值为7000kcal/kg的煤炭，是标准能源的一种表示方法[1]。部分能源折标准煤参考系数见附表F。有研究将标准煤的CO_2排放系数设定为2.45tCO₂/tce[2]或2.54tCO₂/tce[3]，《江苏省绿色建筑运行标识案例集》中采用2.496 tCO₂/tce对实际项目碳减排进行计算，标准煤的CO_2排放系数目前缺乏统一性。采用标煤法计算建筑能耗碳排放量见公式3.3.2-1：

---

① 百度百科. 标准煤 [EB/OL]. https://baike.baidu.com/item/%E6%A0%87%E5%87%86%E7%85%A4/11020648?fr=aladdin，2020-03-22.

② 陈飞，诸大建. 低碳城市研究的理论方法与上海实证分析 [J]. 城市发展研究，2009，16（10）：71-79.

③ 涂华，刘翠杰. 标准煤二氧化碳排放的计算 [J]. 煤质技术，2014，No.189（2）：57-60.

$$C_E = \sum_{i=1}^{n} Q_i \times K_i \times F_{ce} \qquad (3.3.2\text{-}1)$$

式中：C_E——建筑能耗产生的二氧化碳排放总量，$kgCO_2$；

　　　Q_i——第i种能源用量，kg、m^3或kWh；

　　　K_i——第i种能源折标准煤系数，kgce/kg、$kgce/m^3$或kgce/kWh；

　　　F_{ce}——标准煤CO_2排放因子，$kgCO_2$/kgce或tCO_2/tce。

2）等效电法

等效电法是将其他终端能源统一折算为等效电能进行碳排放计算[1]。电力是最高品位的能源，将各种形式的能源统一转换为电力，便于结合能源数量和做功能力，进行统计、分析和评价[2]。常见的能源等效电系数见表3.3.2-1，采用等效电法计算建筑能耗碳排放量见公式3.3.2-2：

$$C_E = \sum_{i=1}^{n} Q_i \times K_{e,i} \times F_e \qquad (3.3.2\text{-}2)$$

式中：C_E——建筑能耗产生的二氧化碳排放总量，$kgCO_2$；

　　　Q_i——第i种能源用量，kg、m^3或kWh；

　　　$K_{e,i}$——第i种能源转换为等效电系数，kWh/kg、kWh/m^3或kgce/kWh；

　　　F_e——电耗CO_2排放因子，$kgCO_2$/kWh。

常见的能源等效电系数　　　　　　表3.3.2-1

能源种类	折等效电系数	能源种类	折等效电系数
电力	1.0kWh/kWh	柴油	7.816kWh/kg
天然气	7.133kWh/m³	标煤	4.103kWh/kg
原油	7.663kWh/kg	热水（95℃/70℃*）	0.232kWh/kWh
汽油	7.893kWh/kg	热水（50℃/40℃*）	0.141kWh/kWh

*表示热水或冷水的供水/回水温度。

3）能源种类法

能源种类法是直接根据各种能源种类的CO_2排放量进行计算。附表B提供了建筑主要能源碳排放因子。根据《IPCC国家温室气体清单指南（2006年）》，采用能源种类计算CO_2排放量的公式为：

---

① 清华大学建筑节能研究中心. 中国建筑节能年度发展研究报告2007［M］. 北京：中国建筑工业出版社，2007.

② 江亿，杨秀. 在能源分析中采用等效电方法［J］. 中国能源，2010，32（5）：5-11.

$$C_E = \sum_{i=1}^{n} Q_i \times F_i \qquad (3.3.2\text{-}3)$$

式中：C_E——建筑能耗产生的二氧化碳排放总量，tCO_2；

Q_i——第i种能源用量，TJ；

F_i——第i种能源碳排放因子，tCO_2/TJ见附表B。

4）确定以能源种类法和等效电法进行能耗与碳排放的换算

标准煤是便于比较各能源之间热量的能源标准折算单位，相对于其他实际能源，其本身不具有碳排放属性。标准煤发热量是固定值，跟煤种没有关系，如从发热量角度换算标准煤的CO_2排放水平，应考虑煤种的影响，这也是标准煤的CO_2排放因子缺乏统一性的原因。根据研究，采用标煤法计算的CO_2排放量比采用能源种类法的结果大，在建筑CO_2排放量计算时应尽可能采用能源种类法[①]。

目前的能耗核算方法简单地将不同能源按低品位的热折算成标煤，不能反映能源之间品位的差异，掩盖了高品位能源的做功能力，因而在水电、核电的折算，能源转换系统的评价等方面存在诸多矛盾。以高品位电作为标准的等效电法从"质"和"量"上科学地反映不同能源消耗之间的差异，有效解决目前能耗核算方法中存在的诸多问题，在能耗核算方面更加科学合理[②]。

建筑各种能源消费中，电力消费占主体地位。2018年，与能源有关的CO_2排放量继2017年之后再次上升1.7%。在这些排放量中，建筑业首当其冲，占了28%，并且其中三分之二来自快速增长的建筑用电量[③]。建筑的电耗是影响建筑业CO_2排放的主要因素。针对建筑业用电量突出的特点，相关研究可采用等效电耗法对建筑碳排放量进行量化评测。

综上所述，在建筑碳排放量化与评测过程中，应优先采用能源种类法和等效电耗法对建筑不同能耗的碳排放量进行换算，公共建筑尤以电耗产生的碳排放为主要研究对象。

2. 电耗的碳排放因子确定方式

目前确定电耗的碳排放因子主要有两个官方数据来源：中国区域电网基准线排放因子和中国区域电网单位供电平均CO_2排放因子。两个电力消耗相关的碳排放基础数据都由国家发展和改革委员会公布。

---

① 范宏武. 上海市民用建筑二氧化碳排放量计算方法研究［C］//中国城市科学研究会，第8届国际绿色建筑与建筑节能大会论文集，2012：995-999.

② 清华大学建筑节能研究中心. 中国建筑节能年度发展研究报告2007［M］. 北京：中国建筑工业出版社，2007：205.

③ 龙惟定. 我行·我述. 参加"2019柏林能源转型对话"有感［J］. 建筑节能，2019，47（4）：1-8.

1）中国区域电网基准线排放因子

为了更准确便捷地开发符合国际CDM规则及中国清洁发展机制重点领域的CDM项目，由国家发展和改革委员会气候变化对策协调小组办公室研究确定了中国区域电网基准出现排放因子，可作为CDM项目业主、开发商、制定经营实体在编写和审定项目文献和计算减排量的参考和引用。笔者所收集到的相关数据自2006年开始，目前已发布了十二期（最新版为2017年中国各年区域电网基准线排放因子）。

根据我国不同发电情况，将电网边界划分为东北、华北、华东、华中、西北和南方等六大电网区域，目前不包括西藏自治区、香港特别行政区、澳门特别行政区和台湾地区。具体各区域电网地理边界见表3.3.2-2。

中国区域电网地理边界划分　　　　　　　　　　表3.3.2-2

电网名称	覆盖省区市
华北区域电网	北京市、天津市、河北省、山西省、山东省、内蒙古西部地区
东北区域电网	辽宁省、吉林省、黑龙江省、内蒙古东部地区
华东区域电网	上海市、江苏省、浙江省、安徽省、福建省
华中区域电网	河南省、湖北省、湖南省、江西省、四川省、重庆市
西北区域电网	陕西省、甘肃省、青海省、宁夏回族自治区、新疆维吾尔自治区
南方区域电网	广东省、广西壮族自治区、云南省、贵州省、海南省

表3.3.2-3为2012年中国区域电网基准线排放因子。从表中可知关于每个区域电网都有两个对应的电网碳排放因子，其中$EF_{grid, OM, y}$为电量边际排放因子，一般运用于电力运行边际；$EF_{grid, BM, y}$为容量边际排放因子，一般为建设边际。其中，$EF_{grid, BM, y}$主要用于清洁发展机制（CDM）项目的相关碳排放计算。

2012年中国区域电网基准线排放因子　　　　　　表3.3.2-3

所在区域电网	$EF_{grid, OM, y}$（tCO_2/MWh）	$EF_{grid, BM, y}$（tCO_2/MWh）
华北区域电网	1.0021	0.5940
东北区域电网	1.0935	0.6104
华东区域电网	0.8244	0.6889
华中区域电网	0.9944	0.4733
西北区域电网	0.9913	0.5398
南方区域电网	0.9344	0.3791

2）中国区域电网单位供电平均CO_2排放因子

为了对各地区各行业的电力调入、调出及消费所隐含的二氧化碳排放量提供参考，国家发展和改革委员会应对气候变化司组织发布了中国区域电网单位供电平均CO_2排放因子，目前统一使用的是2012年中国区域电网平均CO_2排放因子，见表3.2.2-1。

3）电耗碳排放因子选取指导

本研究建议以中国区域电网单位供电平均CO_2排放因子作为建筑电耗碳排放计算的基础数据。以往早期的建筑碳排放研究使用中国区域电网基准线排放因子，但中国区域电网基准线排放因子的产生主要是为促进开发更多符合国际规则及重点领域的CDM项目[①]。通过比较分析可知，相对于中国区域电网基准线排放因子的OM和BM两个数值，中国区域电网单位供电平均CO_2排放因子指标的唯一性和均衡性更适用于广泛的建筑活动中电耗引起的碳排放量计算。以2005年为基准年进行建筑相关碳排放量的计算，由于目前掌握的中国区域电网基准线排放因子最早数据为2006年，而中国区域电网单位供电平均CO_2排放因子有2005年数据（表3.2.2-4），在科学研究中，选用中国区域电网单位供电平均CO_2排放因子更有依据性。

将省级电网平均碳排放因子作为电耗碳排放基础数值进行计算有一定的局限性。其原因是省级电网相关指标主要是省级电力调入调出所蕴含的排放量与消费产生的排放量，其中电力调入调出复杂，排放因子不稳定[②]，采用区域电网的碳排放因子计算相关指标更为合理；同时本书针对夏热冬冷地区的公共建筑进行碳排放相关研究，涉及多省市的电耗碳排放，不同省市的电网平均碳排放因子不尽相同，会影响研究成果的一致性与准确性。

3. 建筑各阶段碳排放量化与评测的方法简化与参数统一

由3.1节可知，建筑各阶段的碳排放量化包含诸多计算公式和参数的获取，若完全按各种计算公式进行建筑碳排放的量化，显然不适合在周期与成本皆有限的建筑设计阶段落实推广，这就需要有针对性地简化碳排放量化与评测方法，以适用于建筑设计阶段的实际操作。针对建筑各阶段碳排放的量化评测，建议保持整个评测方法的假设与数据来源的透明度，不必追求对所有的排放源头采取同一个深度的分析、运算资源与基础调

---

① 叶祖达，王静懿. 中国绿色生态城区规划建设：碳排放评估方法、数据、评价指南［M］. 北京：中国建筑工业出版社，2015：154.

② 唐进. 中国电网企业温室气体核算方法与报告指南［EB/OL］. http://www.docin.com/app/p?id=11790 24286，2020-03-23.

研工作。对每一步运算都有完整的记录，把最主要的碳排放源头作为评估方法的核心内容，采取重点评估，才可以建立一个有应用价值的工具[①]。本书从简化建筑碳排放量化边界、简化各阶段碳排放活动量清单、统一相关因子数据等方面落实碳排放量化与评测方法的简化与统一。

1）建筑全生命周期各阶段量化边界的简化。从宏观层面来看，建筑领域的绝大部分用能和碳排放都是发生在建造和运行这两个阶段（图3.3.2-1）。2018年我国建筑领域建造和运行阶段相关CO_2排放占我国全社会总CO_2排放量的比例约为42%，其中建筑建造占比为22%，建筑运行占比为20%[②]。公共建筑建材生产阶段平均占约26%，运行阶段平均占74%，公共建筑的建造施工和拆除施工过程的能耗占全生命周期总能耗比例平均仅为0.46%，所占比例非常小[③]。因此，综合考虑计算的可行性和主要碳排放所占比例的大小，对于建筑建造施工和拆除阶段的碳排放在目前的实际设计应用中可以弱化考虑。建筑生命周期碳排放的简化评估主要针对建材物化阶段和建筑运行阶段的碳排放。在缺乏统计资料的情况下，建材运输过程中产生的碳排放量可以采用工程所用建材生产阶段碳排放量的5%~10%估算[④、⑤]。

2）建筑各阶段相关活动量清单的简化确定

建筑各阶段的碳排放量化与评测涉及诸多活动量清单和因子系数相关基础数据。基

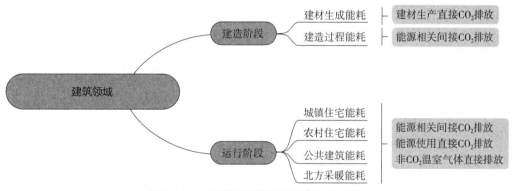

图3.3.2-1　建筑领域能耗及碳排放的边界

① 叶祖达，王静懿. 中国绿色生态城区规划建设：碳排放评估方法、数据、评价指南［M］. 北京：中国建筑工业出版社，2015：36.

② 清华大学建筑节能研究中心. 中国建筑节能年度发展研究报告2020［M］. 北京：中国建筑工业出版社，2020：8.

③ 林波荣，刘念雄，彭渤，等. 国际建筑生命周期能耗和CO_2排放比较研究［J］. 建筑科学，2013（8）：22-27.

④ 范永法，张兆岳. 建筑施工碳排放量的估算方法［J］. 施工技术，2013，42（22）：14-15.

⑤ 王晨杨. 长三角地区办公建筑全生命周期碳排放研究［D］. 东南大学，2016.

于"抓主要矛盾"的原则,为便于评测的可比性,可以将主要产生CO$_2$排放的相关活动量和基础数值指标进行简化确定。

在建材物化阶段,主要建材指建材总重量不低于建筑中所耗建材总重量的95%的建材。以大型公共空间建筑为例,可以主要考虑水泥、玻璃、混凝土、钢材等。建材运输距离的计算也限定在主要建材范围内。

在建筑运行阶段中,暖通空调、人工照明及电梯设备等系统能耗可通过建筑运行能耗进行能耗水平的整体归纳,由于3.2节的基准值研究将单位面积建筑运行能耗作为研究公共建筑碳排放基准值的基础数值之一,故在具体运行系统数值无法获取的情况下,可以通过模拟单位面积建筑运行能耗进行运行阶段碳排放量的估算(图3.3.2-2)。碳减排活动量中,根据实际项目的设计资料计算可再生能源系统的减碳量。地源热泵系统的节能量应计算在暖通空调系统能耗内[1],避免重复计算。由于不同气候区景观设计中的植被配置不同,且种类繁多,本书通过将绿化进行类型分类并根据种植面积计算绿植碳汇。根据乔木、灌木和草坪的植被覆盖率,将绿化类型分为乔灌草型、灌草型、草坪型和草地型,绿地类型及常见植被状况见表3.3.2-4。在简化评测中,通过植被搭配的倾向进行绿化类型的选择,即在乔木、灌木和草坪三类植被皆有的情况下,乔木占比大于灌木的,可视为乔灌草型,灌木占比大于乔木的,可视为灌草型,乔木、灌木占比皆低于50%的草坪,可视为草坪型,无乔木和灌木种植的草坪,可视为草地型。

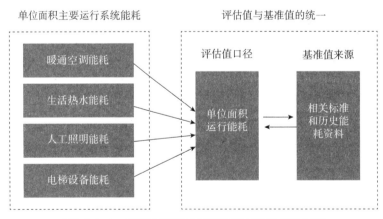

图3.3.2-2 建筑各系统运行能耗活动量评估简化框架

---

① 中华人民共和国住房和城乡建设部. 建筑碳排放计算标准: GB/T 51366—2019 [S]. 北京: 中国建筑工业出版社, 2019: 12.

绿地类型及常见植被状况   表3.3.2-4

绿化类型	植被覆盖率（α/%）			绿地类型选型特点
	乔木	灌木	草坪	
乔灌草型	70	50	100	三种植被皆有，$\alpha_{乔木} > \alpha_{灌木}$
灌草型	30	80	100	三种植被皆有，$\alpha_{乔木} < \alpha_{灌木}$
草坪型	30	40	100	以草坪为主，$\alpha_{乔木} < 50\%$，$\alpha_{灌木} < 50\%$ $\alpha_{乔木} < \alpha_{灌木} < \alpha_{草地}$
草地	0	0	100	仅有草坪

3）相关因子数据的统一

相同要素的数据来源不同，参考值的不统一会降低评测的高效性与准确性。针对已简化的建筑碳排放量化与评测阶段，相关因子数据参考值如下：

建材物化阶段相关因子数据来源：主要建材碳排放因子可参考本书附表C；对于具体型号未知的建材，按主要建材类型进行计算，相关碳排放因子可参考《中国绿色低碳住区技术评估手册》中相关参数，具体见表3.3.2-5；各类运输方式的碳排放因子参考《建筑碳排放计算标准》提供的数值（附表E）。

主要建材类型及生产阶段碳排放因子（tCO_2/t）   表3.3.2-5

钢材	铝材	水泥	建筑玻璃	建筑卫生陶瓷	混凝土砌块	木材制品
2.0	9.5	0.8	1.4	1.4	0.12	0.2

建筑运行阶段相关因子的基础数据来源：各能源碳排放因子主要包括建筑常用的化石能源碳排放因子和电耗碳排放因子，化石能源碳排放因子可参考《建筑碳排放计算标准》（附表B），电耗碳排放因子参考2012年中国区域电网平均CO_2排放因子（表3.2.2-1）。不同绿地类型单位绿地面积净日固碳量见表3.3.2-6[1]。

不同绿地类型及单位绿地面积净日固碳量（$kg/m^2 \cdot d$） 表3.3.2-6

绿化类型	乔木	灌木	草坪	总体
乔灌草型	0.03567	0.02095	0.02338	0.07999
灌草型	0.01529	0.03352	0.02338	0.07218

---

[1] 郭新想，吴珍珍，何华. 居住区绿化种植方式的固碳能力研究［C］//第六届国际绿色建筑与建筑节能大会论文集，2010：256-258.

绿化类型	乔木	灌木	草坪	总体
草坪型	0.01529	0.01676	0.02338	0.05542
草地	0	0	0.02338	0.02338

根据以上研究，建立适用于设计阶段的碳排放量化评估简化框架，见表3.3.2-7。

适用于设计阶段的建筑碳排放量化评估简化框架 表3.3.2-7

评测阶段	清单数据		数据来源	参考数据
建材物化阶段	碳排放活动量清单	主要建材生产量	设计概算、工程预算等文件	—
		主要建材运输距离	《建筑碳排放计算标准》GB/T 51366	混凝土：40km 其他建材：500km
	相关因子基础数据	主要建材碳排放因子	《建筑碳排放计算标准》GB/T 51366 《碳足迹与绿色建材》[1] 《中国绿色低碳住区技术评估手册》[2]	见附表C； 钢材：$2.0tCO_2/t$ 铝材：$9.5tCO_2/t$ 水泥：$0.8tCO_2/t$ 建筑玻璃：$1.4tCO_2/t$ 建筑卫生陶瓷：$1.4tCO_2/t$ 混凝土砌块：$0.12tCO_2/t$
		运输方式碳排放因子	《建筑碳排放计算标准》GB/T 51366	见附表E
	估算：建材运输阶段的碳排放量＝建材生产阶段碳排放量×8%			
建筑运行阶段	碳排放活动量清单	建筑面积	设计图纸等相关文件	—
		单位面积建筑运行能耗	能耗相关设计资料，软件模拟	—
	碳减排活动量清单	可再生能源使用量	相关设计文件	—
		绿植覆盖面积	设计图纸等文件	—
	相关因子基础数据	各能源碳排放因子	《建筑碳排放计算标准》GB/T 51366 2012年中国区域电网平均CO_2排放因子	主要能源碳排放因子见附表B； 单位电耗CO_2排放因子（kg/kWh）： 华中区域：0.5257 华东区域：0.7035 南方区域：0.5271
		各绿植单位面积固碳系数	《居住区绿化种植方式的固碳能力研究》	乔灌草型：$0.07999\ kg/m^2 \cdot d$ 灌草型：$0.07218\ kg/m^2 \cdot d$ 草坪型：$0.05542\ kg/m^2 \cdot d$ 草地：$0.02338\ kg/m^2 \cdot d$

----

[1] 住房和城乡建设部科技与产业化发展中心，中国建材检验认证集团股份有限公司. 碳足迹与绿色建材 [M]. 北京：中国建筑工业出版社，2017.

[2] 聂梅生，秦佑国，江亿. 中国绿色低碳住区技术评估手册 [M]. 北京：中国建筑工业出版社，2011.

3.3.3　建立夏热冬冷地区公共建筑碳排放量化评测工具（CEQE-PB HSCW）

通过上述研究，基于Excel平台尝试开发适用于设计阶段的夏热冬冷地区公共建筑碳排放量化评测工具（Carbon Emission Quantitative Evaluation for Public Buildings in Hot-Summer and Cold-Winter area，CEQE-PB HSCW），便于修正和优化公共建筑的低碳设计，落实低碳设计目标。

1．CEQE-PB HSCW开发背景

目前国内外已有相关全生命周期碳排放计算软件，但在具体建筑设计上，已有的碳排放量化分析工具在使用上有一定局限性，具体体现在：

1）不同软件的低碳计算逻辑和数据库不统一

目前国外已有多种碳排放量化软件及数据库，如美国BEES，英国ENVEST、ICE、加拿大Athena，瑞士Ecoinvent，欧洲Simapro和日本AJJ_LCA等。但各国和地区的碳排放因子数据都以当地的碳排放特点进行数据库的建立和计算方法的确定。如英国能耗模拟软件DesignBuilder，其能耗模拟算法与我国Dest软件算法一致，都采用热平衡模型原理，能耗模拟结果有一定借鉴性，但其碳排放量计算主要基于巴斯大学（University of Bath）研发的蕴含能和蕴含碳数据库（Inventory of Carbon and Energy，ICE），其关于建筑运行的照明系统和空调设备系统的能耗碳排放也未涉及，碳排放量结果与项目实际有很大差异。目前研究建筑全生命周期的数据库多借鉴西方发达国家相关数据库和软件工具，针对所有建筑材料缺乏准确的LCA数据，尤其针对发展中国家，存在合理性数据的缺口[1]。由于各国能源结构与能源效率迥异，各国的能源碳排放系数各不相同，对于本国的建筑碳排放量化与评测，不能直接引用国外数据和方法。同时，我国不同区域能源使用情况和碳排放水平也不同，对于具体地区的碳排放研究，也应立足于当地实际，分区落实碳排放量的量化分析。

2）缺乏针对建筑工程项目的碳排放量化与评测工具

目前针对建筑工程展开的碳排放量化研究，多借鉴其他用于分析工业产品的碳排放量化工具，将建筑工程的全生命周期视为一种工业产品的生产与消亡的过程。目前全世界的产品碳排放量化是一种"产品视野"的碳足迹计算[2]，但建筑工程作为一种人类活

---

① Ding G K C. Life Cycle Assessment in Buildings：An Overview of Methodological Approach［M］// Reference Module in Materials Science and Materials Engineering. 2018.
② 林宪德. 从绿色建筑到建筑碳足迹［J］. 建筑技艺，2017（6）：14-19.

动，其与工业产品的最大区别在于从"产品视野"追踪原材料的固有碳排放量的同时，也从"工程视野"强调技术操作对碳排放的影响。

3）缺少适用于设计阶段的建筑碳排放量化与评测工具

目前针对建筑的碳排放量化分析，多侧重对已建成的建筑进行相关碳排放指标管理和控制，大多属于使用后评价（Post Occupancy Evaluation，POE）的范畴。由于建筑已经建成，在POE阶段的碳排放评价只能指导相关低碳技术与设备在既有建筑上的应用，容易导致"唯技术论"的堆叠。新建建筑的低碳效果应在建筑设计的前期阶段就进行控制，提前找出优化方案。目前设计院较少有针对建筑设计阶段开发的建筑碳排放量化评测工具，已有的LCA软件其使用逻辑和设计逻辑有一定的出入，不容易被设计人员在较短时间熟悉并掌握，在设计院的推广和应用具有一定局限性。

针对上述的现实局限性，以夏热冬冷地区为实际应用范围，尝试开发一套适用于设计阶段的夏热冬冷地区公共建筑碳排放量化与评测工具，简称CEQE-PB HSCW。

2. CEQE-PB HSCW内容与使用介绍

CEQE-PB HSCW包含七个板块（Sheet），见图3.3.3-1。其中，Sheet1为夏热冬冷地区公共建筑全生命周期碳排放量化系统，Sheet6和Sheet7为夏热冬冷地区公共建筑碳排

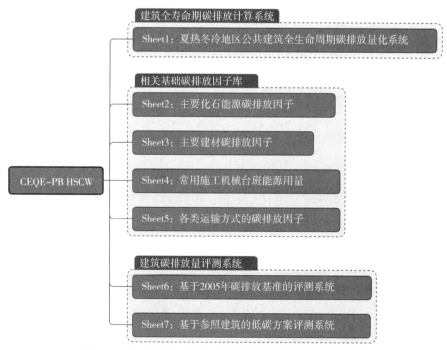

图3.3.3-1 CEQE-PB HSCW七个板块（Sheet）框架

放量评测系统，Sheet2～Sheet5为内嵌的相关碳排放因子库，从而形成“三系统，四因子库”的应用体系。

1）Sheet1：**夏热冬冷地区公共建筑全生命周期碳排放量化系统**

夏热冬冷地区公共建筑生命周期碳排放量化系统（Sheet1）包含六个模块：模块一为建筑概况，设计人员需将建筑名称、地点、所属区域、建筑类别、建筑密度等基本信息填入相应空栏中，根据国家区域电网的划分，将夏热冬冷地区所属区域分为华东区域、华中区域和南方区域，不同区域的电网碳排放因子不同，可通过下拉菜单选择（图3.3.3-2）；模块二为建材物化阶段碳排放量计算，通过对主要建材进行具体清单的罗列，可以计算相应建材的生产与运输各部分的碳排放量，进而估算出总的建材物化阶段碳排放量，设计者需输入建材的使用量和运输距离，通过下拉菜单选择相应运输方式以获得对应运输碳排放因子（图3.3.3-3）；模块三为施工建造阶段碳排放量计算，通过具体使用的施工机械和规格型号的机械碳排放因子与输入的工作台班数相乘以获得各类机械的碳排放量，进而求和得到施工建造阶段碳排放量，设计者通过设计概算或工程预算

一、建筑概况

建筑名称			
建设地点		所属区域:	华东地区
建设单位			华东区域 华中区域 南方区域
设计单位			
施工单位			
建筑类别	A类办公	建筑面积（m²）：	11373
建筑层数	地上6层，地下1层	建筑高度（m）：	23.9
结构类型		使用年限（Y）	50

图3.3.3-2　Sheet1 建筑概况使用界面（模块一）

二、建材物化阶段碳排放量计算

输入使用量　下拉选择运输方式　输入运输距离

建材大类	建材名称	材料碳排放因子	使用量（t或m³）	建材生产碳排放量（tCO_2）	运输方式	运输碳排放因子$kgCO_2e$/（t·km）	运输距离（km）	建材运输碳排放量（tCO_2）	建材物化阶段碳排放量（tCO_2）
钢材类	大型钢材	2.380		0.00	08重型柴油货车运输（载重18t）	0.129		0.00	0.00
	中小型钢材（综合）	2.338		0.00	08重型柴油货车运输（载重18t）	0.129		0.00	0.00
	钢筋（综合）	2.340		0.00	08重型柴油货车运输（载重18t）	0.129		0.00	0.00
	钢桁架	2.000		0.00	08重型柴油货车运输（载重18t）	0.129		0.00	0.00
混凝土类	混凝土实心砖	0.160		0.00	08重型柴油货车运输（载重18t）	0.129		0.00	0.00
	C30混凝土	0.099		0.00	08重型柴油货车运输（载重18t）	0.129		0.00	0.00
	C35混凝土	0.113		0.00	08重型柴油货车运输（载重18t）	0.129		0.00	0.00
	C40混凝土	0.122		0.00	08重型柴油货车运输（载重18t）	0.129		0.00	0.00
砂石	中（粗）砂	0.003		0.00	08重型柴油货车运输（载重18t）	0.129		0.00	0.00
	碎石	0.002		0.00	08重型柴油货车运输（载重18t）	0.129		0.00	0.00
外墙水泥	UHPC	0.268		0.00	08重型柴油货车运输（载重18t）	0.129		0.00	0.00
	水泥（总体）	0.800		0.00	08重型柴油货车运输（载重18t）	0.129		0.00	0.00
玻璃窗框	平板玻璃	1.130		0.00	08重型柴油货车运输（载重18t）	0.129		0.00	0.00
	断桥铝合金窗（100%原生铝型材）	0.254		0.00	08重型柴油货车运输（载重18t）	0.129		0.00	0.00
			合计	0.00				0.00	0.00

图3.3.3-3　Sheet1 建材物化阶段碳排放量计算界面（模块二）

选择具体机械并填入工作台班数即可自动生成施工阶段碳排放量结果（图3.3.3-4）；模块四为建筑使用阶段碳排放量计算，通过计算碳排放系统的碳排放量、减碳系统的减碳量以及绿植碳汇系统的固碳量，求得总体建筑使用阶段碳排放量，建筑运行阶段的碳排放量为日常能耗系统的碳排放量减去减碳系统的减碳量与绿植碳汇系统的固碳量（图3.3.3-5）；模块五为建筑拆除阶段碳排放量计算，具体板块构成与施工建造阶段（模

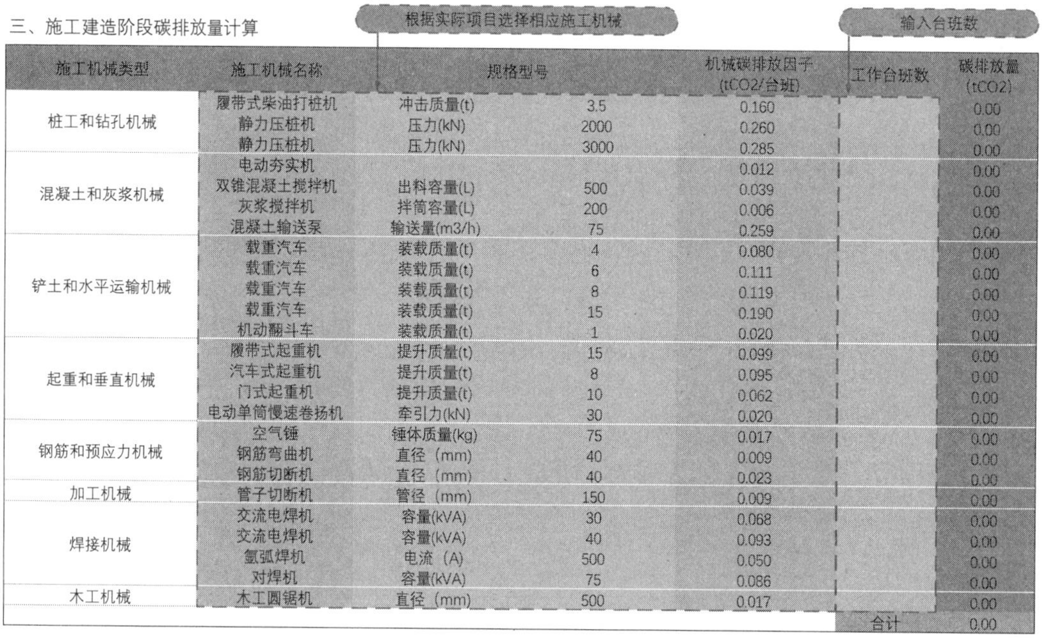

三、施工建造阶段碳排放量计算　　　　根据实际项目选择相应施工机械　　　　输入台班数

施工机械类型	施工机械名称	规格型号		机械碳排放因子 (tCO2/台班)	工作台班数	碳排放量 (tCO2)
桩工和钻孔机械	履带式柴油打桩机	冲击质量(t)	3.5	0.160		0.00
	静力压桩机	压力(kN)	2000	0.260		0.00
	静力压桩机	压力(kN)	3000	0.285		0.00
混凝土和灰浆机械	电动夯实机			0.012		0.00
	双锥混凝土搅拌机	出料容量(L)	500	0.039		0.00
	灰浆搅拌机	拌筒容量(L)	200	0.006		0.00
	混凝土输送泵	输送量(m3/h)	75	0.259		0.00
铲土和水平运输机械	载重汽车	装载质量(t)	4	0.080		0.00
	载重汽车	装载质量(t)	6	0.111		0.00
	载重汽车	装载质量(t)	8	0.119		0.00
	载重汽车	装载质量(t)	15	0.190		0.00
	机动翻斗车	装载质量(t)	1	0.020		0.00
起重和垂直机械	履带式起重机	提升质量(t)	15	0.099		0.00
	汽车式起重机	提升质量(t)	8	0.095		0.00
	门式起重机	提升质量(t)	10	0.062		0.00
	电动单筒慢速卷扬机	牵引力(kN)	30	0.020		0.00
钢筋和预应力机械	空气锤	锤体质量(kg)	75	0.017		0.00
	钢筋弯曲机	直径(mm)	40	0.009		0.00
	钢筋切断机	直径(mm)	40	0.023		0.00
加工机械	管子切断机	管径(mm)	150	0.009		0.00
焊接机械	交流电焊机	容量(kVA)	30	0.068		0.00
	交流电焊机	容量(kVA)	40	0.093		0.00
	氩弧焊机	电流(A)	500	0.050		0.00
	对焊机	容量(kVA)	75	0.086		0.00
木工机械	木工圆锯机	直径(mm)	500	0.017		0.00
					合计	0.00

图3.3.3-4　Sheet1 建筑施工阶段碳排放量计算界面（模块三）

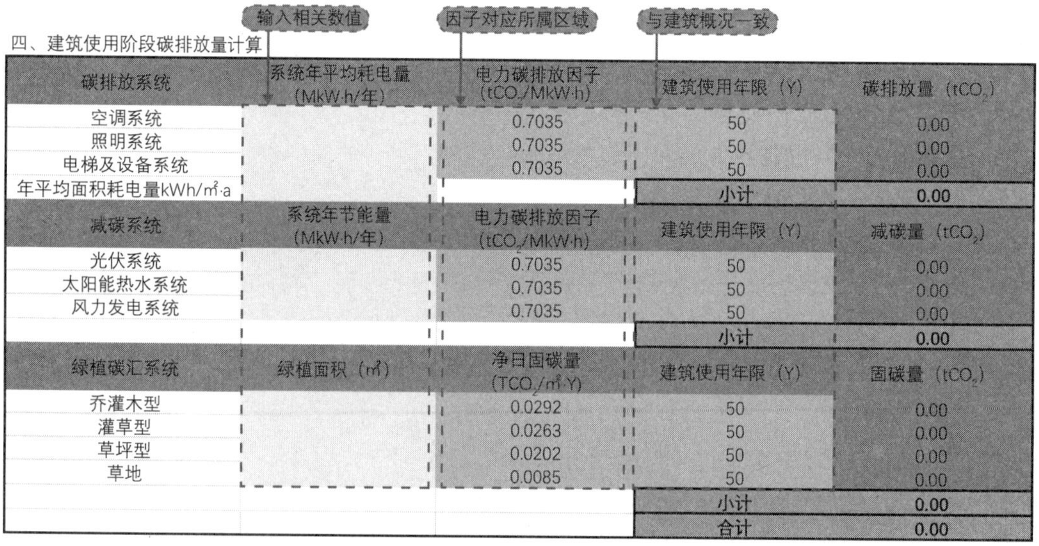

四、建筑使用阶段碳排放量计算　　输入相关数值　　　因子对应所属区域　　　与建筑概况一致

碳排放系统	系统年平均耗电量 (MkW·h/年)	电力碳排放因子 (tCO2/MkW·h)	建筑使用年限(Y)	碳排放量 (tCO2)
空调系统		0.7035	50	0.00
照明系统		0.7035	50	0.00
电梯及设备系统		0.7035	50	0.00
年平均面积耗电量kWh/㎡·a			小计	0.00

减碳系统	系统年节能量 (MkW·h/年)	电力碳排放因子 (tCO2/MkW·h)	建筑使用年限(Y)	减碳量 (tCO2)
光伏系统		0.7035	50	0.00
太阳能热水系统		0.7035	50	0.00
风力发电系统		0.7035	50	0.00
			小计	0.00

绿植碳汇系统	绿植面积(㎡)	净日固碳量 (TCO2/㎡·Y)	建筑使用年限(Y)	固碳量 (tCO2)
乔灌木型		0.0292	50	0.00
灌草型		0.0263	50	0.00
草坪型		0.0202	50	0.00
草地		0.0085	50	0.00
			小计	0.00
			合计	0.00

图3.3.3-5　Sheet1建筑使用阶段碳排放量计算界面（模块四）

块三）类似，都是通过具体的施工机械使用情况计算相关能耗碳排放量，区别在于选择的机械构成，同时提供了便于设计阶段预估工作的估算结果栏（图3.3.3-6）；模块六为建筑全生命周期碳排放量结果界面，之前各阶段的碳排放量结果在该模块总结，同时根据数值自动显示各阶段碳排放量的占比与饼图分布情况（图3.3.3-7）。

2）Sheet2 主要能源碳排放因子库

Sheet2 作为基础碳排放因子库之一，提供了常见的化石燃料碳排放因子、其他能源碳排放因子和区域电平均碳排放因子。因子库中相关数据主要来源于官方权威资料，能源碳排放因子数据根据官方公布资料进行更新。Sheet2 界面见图3.3.3-8。

五、建筑拆除阶段碳排放量计算

施工机械类型	施工机械名称	规格型号	根据实际项目选择相应施工机械	机械碳排放因子 (tCO₂/台班)	工作台班数 输入台班数	碳排放量 (tCO₂)
挖掘机械	履带式单斗液压挖掘机	斗容量（m³）	1	0.210	0	0.00
铲土和水平运输机械	载重汽车	装载质量（t）	6	0.111	0	0.00
	载重汽车	装载质量（t）	8	0.119	0	0.00
	载重汽车	装载质量（t）	15	0.190	0	0.00
	机动翻斗车	装载质量（t）	1	0.020	0	0.00
路面机械	堆土机	功率（kW）	105	0.203	0	0.00
起重和垂直机械	履带式起重机	提升质量（t）	5	0.062	0	0.00
	履带式起重机	提升质量（t）	10	0.079	0	0.00
	汽车式起重机	提升质量（t）	12	0.102	0	0.00
	汽车式起重机	提升质量（t）	16	0.120	0	0.00
	汽车式起重机	提升质量（t）	20	0.095	0	0.00
钢筋和预应力机械	钢筋切断机	直径（mm）	40	0.023	0	0.00
切割机械	电动切割机	——	——	0.042	合计	0.00
建筑总建材生产阶段到建造施工阶段产生的碳排放量的10%估算					or估算值	0.00

图3.3.3-6 Sheet1 建筑拆除阶段碳排放量计算界面（模块五）

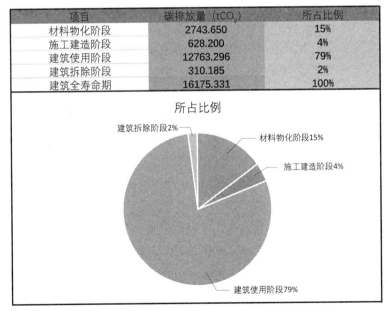

项目	碳排放量（tCO₂）	所占比例
材料物化阶段	2743.650	15%
施工建造阶段	628.200	4%
建筑使用阶段	12763.296	79%
建筑拆除阶段	310.185	2%
建筑全寿命期	16175.331	100%

所占比例

建筑拆除阶段2%
材料物化阶段15%
施工建造阶段4%
建筑使用阶段79%

图3.3.3-7 Sheet1 建筑全生命周期碳排放量结果界面（模块六）

1. 化石燃料碳排放因子

分类	燃料类型	单位热值含碳量 (tC/TJ)	碳氧化率(%)	单位热值CO₂排放因子 (tCO₂/TJ)
固体燃料	无烟煤	27.4	0.94	94.44
	烟煤	26.1	0.93	89.00
	褐煤	28.0	0.96	98.56
	炼焦煤	25.4	0.98	91.27
	型煤	33.6	0.90	110.88
	焦炭	29.5	0.93	100.60
	其他焦化产品	29.5	0.93	100.60
液体燃料	原油	20.1	0.98	72.23
	燃料油	21.1	0.98	75.82
	汽油	18.9	0.98	67.91
	柴油	20.2	0.98	72.59
	喷气煤油	19.5	0.98	70.07
	一般煤油	19.6	0.98	70.43
	NGL天然气凝液	17.2	0.98	61.81
	LPG液化石油气	17.2	0.98	61.81
	炼厂干气	18.2	0.98	65.40
	石脑油	20.0	0.98	71.87
	沥青	22.0	0.98	79.05
	润滑油	20.0	0.98	71.87
	其他油品	20.0	0.98	71.87
气体燃料	天然气	15.3	0.99	55.54

2. 其他能源碳排放因子

能源类型	缺省碳含量 (tC/TJ)	缺省氧化因子	有效CO₂排放因子 (tCO₂/TJ)		
			95%置信区间		缺省值
			较低	较高	
城市废弃物 (非生物量比例)	25.0	1	73.3	121.0	91.7
工业废弃物	39.0	1	110.0	183.0	143.0
废油	20.0	1	72.2	74.4	73.3
泥炭	28.9	1	100.0	108.0	106.0
木材/木材废弃物	30.5	1	95.0	132.0	112.0
亚硫酸盐废液 (黑液)	26.0	1	80.7	110.0	95.3
木炭	30.5	1	95.0	132.0	112.0
其他主要固体生物燃料	27.3	1	84.7	117.0	100.0
生物汽油	19.3	1	59.8	84.3	70.8
生物柴油	19.3	1	59.8	84.3	70.8
其他液体生物燃料	21.7	1	67.1	95.3	79.6
填埋气体	14.9	1	46.2	66.0	54.6
污泥气体	14.9	1	46.2	66.0	54.6
其他生物气体	14.9	1	46.2	66.0	54.6
城市废弃物 (生物量比例)	27.3	1	84.7	117.0	100.0

3. 2012年中国区域电网平均CO₂排放因子(kgCO₂/kWh)

电网名称	覆盖省市区	排放因子 (kg/kWh)
华北区域	北京市、天津市、河北省、山西省、山东省、内蒙古西部地区	0.8843
东北区域	辽宁省、吉林省、黑龙江省、内蒙古东部地区	0.7769
华东区域	上海市、江苏省、浙江省、安徽省、福建省	0.7035
华中区域	河南省、湖北省、湖南省、江西省、四川省、重庆市	0.5257
西北区域	陕西省、甘肃省、青海省、宁夏、新疆	0.6671
南方区域	广东省、广西自治区、云南省、贵州省、海南省	0.5271

图3.3.3-8 Sheet2 主要能源碳排放因子库

3）Sheet3 主要建材碳排放因子库

Sheet3 作为基础碳排放因子库之一，提供了公共建筑常用建材的碳排放因子，相关数据来源于《建筑碳排放计算标准》《碳足迹与绿色建材》《中国绿色低碳住区技术评估手册》等。Sheet3 界面见图3.3.3-9。在使用CEQE-PB HSCW计算建材碳排放量时，需注意建材碳排放因子的单位统一。

4）Sheet4 常用施工机械台班能源用量及碳排放因子库

Sheet4 作为基础碳排放因子库之一，提供了公共建筑常用施工机械台班能源用量及碳排放因子。由于施工机械能耗类型多为汽油、柴油和电力，故单位台班碳排放因子通过单位台班能源用量与相应能源碳排放系数相乘获得，其中，由于电力碳排放因子存在区域差异，故对于以电力为主的机械，需根据项目所在区域电网碳排放因子获得相应单位台班碳排放因子。部分常用施工机械台班能源用量见附表C。Sheet4 界面见图3.3.3-10。

材料类别	单位	碳排放因子
水泥#	$kgCO_2.e/t$	800.00
普通硅酸盐水泥（市场平均）	$kgCO_2.e/t$	735.00
C20混凝土*	$kgCO_2.e/m^3$	217.22
C25混凝土*	$kgCO_2.e/m^3$	226.82
C30混凝土*	$kgCO_2.e/m^3$	238.22
C30混凝土*	$kgCO_2.e/m^3$	295.00
C35混凝土*	$kgCO_2.e/m^3$	271.74
C40混凝土*	$kgCO_2.e/m^3$	291.77
C45混凝土*	$kgCO_2.e/m^3$	311.70
C50混凝土*	$kgCO_2.e/m^3$	338.67
C50混凝土*	$kgCO_2.e/m^3$	385.00
C55混凝土*	$kgCO_2.e/m^3$	364.57
C60混凝土*	$kgCO_2.e/m^3$	383.97
1：2水泥砂浆（近似M15）*	$kgCO_2.e/m^3$	217.48
1：3水泥砂浆（近似M5）*	$kgCO_2.e/m^3$	139.08
M7.5混合砂浆*	$kgCO_2.e/m^3$	162.65
M10混合砂浆*	$kgCO_2.e/m^3$	190.21
M20混合砂浆*	$kgCO_2.e/m^3$	271.92
M25混合砂浆*	$kgCO_2.e/m^3$	381.36
M30混合砂浆*	$kgCO_2.e/m^3$	406.90
卫生陶瓷*	$kgCO_2.e/m^3$	909.42
卫生陶瓷*	$kgCO_2.e/t$	1400.00
石灰生产（市场平均）	$kgCO_2.e/t$	1190.00
消石灰（熟石灰、氢氧化钙）	$kgCO_2.e/t$	747.00
天然石膏	$kgCO_2.e/t$	32.80
砂（f=1.6-3.0）	$kgCO_2.e/t$	2.51
碎石（d=10mm-30mm）	$kgCO_2.e/t$	2.18
页岩石	$kgCO_2.e/t$	5.08
黏土	$kgCO_2.e/t$	2.69
混凝土砌块#	$kgCO_2.e/t$	120.00
混凝土砖（240mm×115mm×90mm）	$kgCO_2.e/m^3$	336.00
蒸压粉煤灰砖（240mm×115mm×53mm）	$kgCO_2.e/m^3$	341.00
烧结煤灰实心砖（240mm×115mm×53mm 掺入量为90%）	$kgCO_2.e/m^3$	134.00
页岩实心砖（240mm×115mm×53mm）	$kgCO_2.e/m^3$	292.00
页岩空心砖（240mm×115mm×53mm）	$kgCO_2.e/m^3$	204.00
粘土空心砖（240mm×115mm×53mm）	$kgCO_2.e/m^3$	250.00
煤矸石实心砖（240mm×115mm×53mm）	$kgCO_2.e/m^3$	22.80
煤矸石空心砖（240mm×115mm×53mm掺入量为90%）	$kgCO_2.e/m^3$	16.00
炼钢生铁	$kgCO_2.e/t$	1700.00
铸造生铁	$kgCO_2.e/t$	2280.00
炼钢用铁合金（市场平均）	$kgCO_2.e/t$	9530.00
钢材#	$kgCO_2.e/t$	2000.00
回收钢材#	$kgCO_2.e/t$	800.00
转炉碳钢	$kgCO_2.e/t$	1990.00
电炉碳钢	$kgCO_2.e/t$	3030.00
普通碳钢（市场平均）	$kgCO_2.e/t$	2050.00

材料类别	单位	碳排放因子
热轧碳钢小型型钢	$kgCO_2.e/t$	2310.00
热轧碳钢中型型钢	$kgCO_2.e/t$	2365.00
热轧碳钢大型轨梁（方圆坯、管坯）	$kgCO_2.e/t$	2340.00
热轧碳钢大型轨梁（重轨、普通型钢）	$kgCO_2.e/t$	2380.00
热轧碳钢中厚板	$kgCO_2.e/t$	2400.00
热轧碳钢H钢	$kgCO_2.e/t$	2350.00
热轧碳钢宽带钢	$kgCO_2.e/t$	2310.00
热轧碳钢钢筋	$kgCO_2.e/t$	2340.00
热轧碳钢高线材	$kgCO_2.e/t$	2375.00
热轧碳钢棒材	$kgCO_2.e/t$	2340.00
螺旋埋弧焊管	$kgCO_2.e/t$	2520.00
大口径埋弧焊管直缝钢管	$kgCO_2.e/t$	2430.00
焊接直缝钢管	$kgCO_2.e/t$	2530.00
热轧碳钢无缝钢管	$kgCO_2.e/t$	3150.00
冷轧冷拔碳钢无缝钢管	$kgCO_2.e/t$	3680.00
碳钢热镀锌板卷	$kgCO_2.e/t$	3110.00
碳钢电镀锌板卷	$kgCO_2.e/t$	3020.00
碳钢电镀锡板卷	$kgCO_2.e/t$	2870.00
酸洗板卷	$kgCO_2.e/t$	1730.00
冷轧碳钢板卷	$kgCO_2.e/t$	2530.00
冷硬碳钢板卷	$kgCO_2.e/t$	2410.00
平板玻璃	$kgCO_2.e/t$	1130.00
节能玻璃*	$kgCO_2.e/m^3$	24.75
建筑玻璃#	$kgCO_2.e/t$	1400.00
电解铝（全国平均电网电力）	$kgCO_2.e/t$	20300.00
铝板带	$kgCO_2.e/t$	28500.00
铝材#	$kgCO_2.e/t$	9500.00
回收铝材#	$kgCO_2.e/t$	570.00
断桥铝合金窗（100%原生铝型材）	$kgCO_2.e/m^2$	254.00
断桥铝合金窗（原生铝：再生铝=7：3）	$kgCO_2.e/m^2$	194.00
铝木复合窗（100%原生铝型材）	$kgCO_2.e/m^2$	147.00
铝木复合窗（原生铝：再生铝=7：3）	$kgCO_2.e/m^2$	122.50
铝塑共挤窗	$kgCO_2.e/m^2$	129.50
塑钢窗	$kgCO_2.e/m^2$	121.00
无规共聚聚丙烯管	$kgCO_2.e/kg$	3.72
聚乙烯管	$kgCO_2.e/kg$	3.60
硬聚氟乙烯管	$kgCO_2.e/kg$	7.93
聚苯乙烯泡沫板	$kgCO_2.e/t$	5020.00
岩棉板	$kgCO_2.e/t$	1980.00
硬泡聚氨酯板	$kgCO_2.e/t$	5220.00
铝塑复合板	$kgCO_2.e/m^2$	8.06
钢塑复合板	$kgCO_2.e/m^2$	37.01
钢单板	$kgCO_2.e/m^2$	218.00
普通聚苯乙烯	$kgCO_2.e/t$	4620.00
线性低密度聚乙烯	$kgCO_2.e/t$	1990.00
高密度聚乙烯	$kgCO_2.e/t$	2620.00
低密度聚乙烯	$kgCO_2.e/t$	2810.00
聚氯乙烯（市场平均）	$kgCO_2.e/t$	7300.00
自来水	$kgCO_2.e/t$	0.17
木材制品#	$kgCO_2.e/t$	200.00

图3.3.3-9　Sheet3 主要建材碳排放因子库

5）Sheet5 各类运输方式的碳排放因子库

Sheet5 作为基础碳排放因子库之一，提供了各类运输方式的碳排放因子，Sheet5 界面见图3.3.3-11。

6）Sheet6 基于历史碳排放基准的评测系统

Sheet6 作为建筑碳排放评测系统之一，是基于2005年左右碳排放基准指标进行评测。以2005年同面积、同类型、同区位的建筑年运行能耗碳排放量为基准指标，默认2005年无可再生能源系统减碳量与绿植碳汇系统固碳量，在设计方案中，年运行能耗碳排放量、可再生能源系统减碳量和绿植碳汇系统固碳量根据Sheet1 的模块四进行计算，最终获得方案的运行阶段碳排放量。通过建筑方案中"面积""建筑类型"和"方案区位"

机械名称	性能规格		能源用量			单位台班碳排放因子
			汽油（kg/台班）	柴油（kg/台班）	电（kWh/台班）	（kgCO₂/台班）
履带式推土机	功率（kW）	75	-	56.50	-	188.71
履带式推土机	功率（kW）	105	-	60.80	-	203.07
履带式推土机	功率（kW）	135	-	66.80	-	223.11
履带式单斗液压挖掘机	斗容量（m³）	0.6	-	33.68	-	112.49
履带式单斗液压挖掘机	斗容量（m³）	1	-	63.00	-	210.42
轮胎式装载机	斗容量（m³）	1	-	52.73	-	176.12
轮胎式装载机	斗容量（m³）	1.5	-	58.75	-	196.23
钢轮内燃压路机	工作质量（t）	8	-	19.79	-	66.10
钢轮内燃压路机	工作质量（t）	15	-	42.95	-	143.45
强夯机械	夯击能量（kN·m）	1200	-	32.75	-	109.39
强夯机械	夯击能量（kN·m）	2000	-	42.76	-	142.82
强夯机械	夯击能量（kN·m）	3000	-	55.27	-	184.60
强夯机械	夯击能量（kN·m）	4000	-	58.22	-	194.45
强夯机械	夯击能量（kN·m）	5000	-	81.44	-	272.01
锚杆钻孔机	锚杆直径（mm）	32	-	69.72	-	232.86
履带式柴油打桩机	冲击质量（t）	2.5	-	44.37	-	148.20
履带式柴油打桩机	冲击质量（t）	5	-	53.93	-	180.13
履带式柴油打桩机	冲击质量（t）	7	-	57.40	-	191.72
履带式柴油打桩机	冲击质量（t）	8	-	59.14	-	197.53
步履式柴油打桩机	功率（kW）	60	-	-	336.87	0.00
静力压桩机	压力（kN）	900	-	-	91.81	0.00
履带式旋挖钻机	孔径(mm)	1000	-	146.56	-	489.51
履带式旋挖钻机	孔径(mm)	1500	-	164.32	-	548.83
履带式旋挖钻机	孔径(mm)	2000	-	172.32	-	575.55

图3.3.3-10　Sheet4 常用施工机械台班能源用量及碳排放因子库（部分）

运输方式类别	单位	碳排放因子
轻型汽油货车运输（载重2t）	kg CO₂e/(t·km)	0.334
中型汽油货车运输（载重8t）	kg CO₂e/(t·km)	0.115
重型汽油货车运输（载重10t）	kg CO₂e/(t·km)	0.104
重型汽油货车运输（载重18t）	kg CO₂e/(t·km)	0.104
轻型柴油货车运输（载重2t）	kg CO₂e/(t·km)	0.286
中型柴油货车运输（载重8t）	kg CO₂e/(t·km)	0.179
重型柴油货车运输（载重10t）	kg CO₂e/(t·km)	0.162
重型柴油货车运输（载重18t）	kg CO₂e/(t·km)	0.129
重型柴油货车运输（载重30t）	kg CO₂e/(t·km)	0.078
重型柴油货车运输（载重46t）	kg CO₂e/(t·km)	0.057
电力机车运输	kg CO₂e/(t·km)	0.01
内燃机车运输	kg CO₂e/(t·km)	0.011
铁路运输（中国市场平均）	kg CO₂e/(t·km)	0.01
液货船运输（载重2000t）	kg CO₂e/(t·km)	0.019
干散货船运输（载重2500t）	kg CO₂e/(t·km)	0.015
集装箱船运输（载重200TEU）	kg CO₂e/(t·km)	0.012

图3.3.3-11　Sheet5 各类运输方式的碳排放因子库

等基本信息的确定选择合适的历史基准值：当大型公共空间建筑为大型公共建筑时，取高基准值，反之则选择中基准值。设计方案的全生命周期年平均碳排放量应根据实际按Sheet1计算，当仅考虑运行阶段低碳设计时，可通过占比法估算。应将方案的全生命周期碳排放量与2005年建筑全生命周期碳排放基准进行评测，具体评测界面见图3.3.3-12。

7）Sheet7 基于参照建筑的方案低碳优化评测系统

Sheet7 作为建筑碳排放评测系统之一，是基于参照建筑指标的评测。根据规范标准

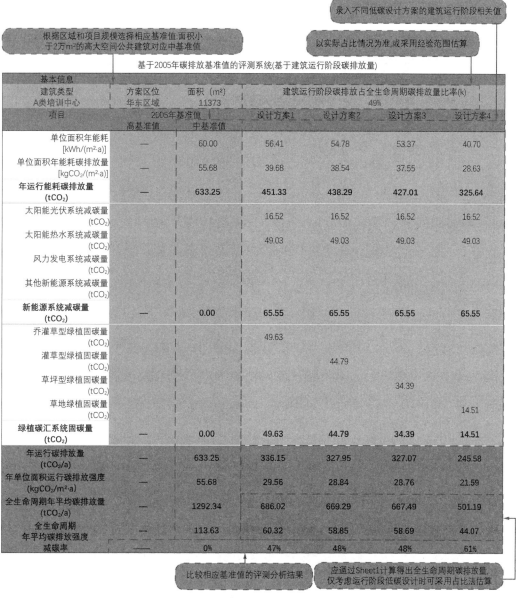

图3.3.3-12　Sheet6 基于2005年碳排放基准值的评测系统

提供的限值或缺省值，建立参照建筑的全生命周期各阶段的碳排放指标，通过不同方案与参照建筑的比较，优化低碳设计。参照建筑和各方案建筑应首先通过Sheet1系统进行全寿命各阶段的碳排放量计算，其中参照建筑的相关数值采用缺省值或标准规范限值进行计算，如建材运输距离、单位年能耗值使用《民用建筑能耗标准》GB/T 51161给出的相关限值计算。参照建筑默认无可再生能源系统和绿植碳汇系统，若设计任务书有要求，可作为参照建筑的相应减碳固碳值进行录入。最终通过各阶段的碳排放量计算，自动生成各方案建筑相对于参照建筑的全生命周期碳排放减碳率，指导各方案设计之间的比较与优化。具体界面见图3.3.3-13。

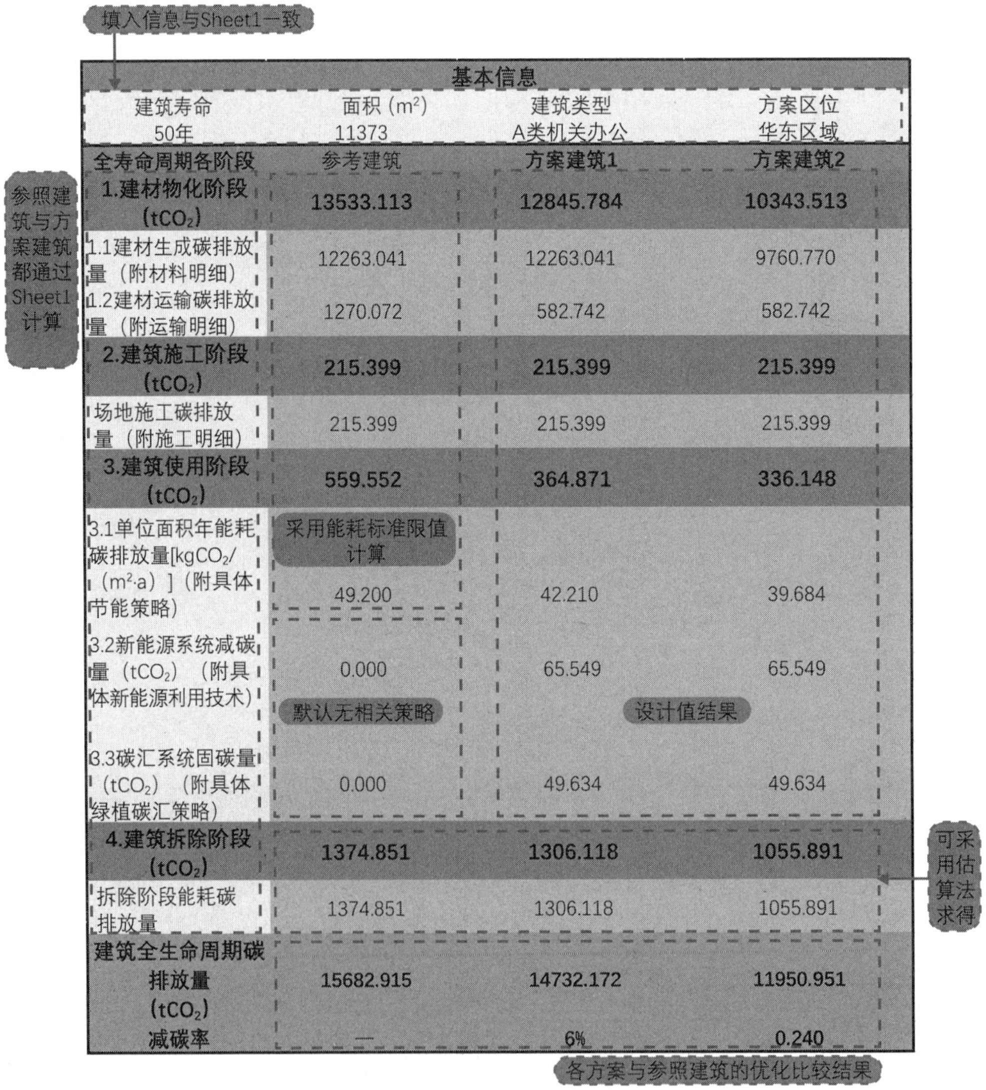

基本信息			
填入信息与Sheet1一致			
建筑寿命 50年	面积（m²） 11373	建筑类型 A类机关办公	方案区位 华东区域
全寿命周期各阶段	参考建筑	方案建筑1	方案建筑2
1.建材物化阶段（tCO₂）	13533.113	12845.784	10343.513
1.1建材生成碳排放量（附材料明细）	12263.041	12263.041	9760.770
1.2建材运输碳排放量（附运输明细）	1270.072	582.742	582.742
2.建筑施工阶段（tCO₂）	215.399	215.399	215.399
场地施工碳排放量（附施工明细）	215.399	215.399	215.399
3.建筑使用阶段（tCO₂）	559.552	364.871	336.148
3.1单位面积年能耗碳排放量[kgCO₂/（m²·a）]（附具体节能策略）	采用能耗标准限值计算 49.200	42.210	39.684
3.2新能源系统减碳量（tCO₂）（附具体新能源利用技术）	0.000	65.549	65.549
3.3碳汇系统固碳量（tCO₂）（附具体绿植碳汇策略）	默认无相关策略 0.000	设计值结果 49.634	49.634
4.建筑拆除阶段（tCO₂）	1374.851	1306.118	1055.891
拆除阶段能耗碳排放量	1374.851	1306.118	1055.891
建筑全生命周期碳排放量（tCO₂）	15682.915	14732.172	11950.951
减碳率	—	6%	0.240

参照建筑与方案建筑都通过Sheet1计算

可采用估算法求得

各方案与参照建筑的优化比较结果

图3.3.3-13 Sheet7 基于参照建筑的方案低碳优化评测系统

134 大型公共空间建筑的低碳设计原理与方法

3. CEQE-PB HSCW优势特点

夏热冬冷地区公共建筑碳排放量化与评测工具（CEQE-PB HSCW）主要有以下优势：

1）易于理解

CEQE-PB HSCW采用全生命周期评价（LCA）方法，将建筑碳排放主要阶段分为建材物化阶段、建筑施工阶段、建筑运行阶段和建筑拆除阶段，符合建筑项目设计流程的各环节思考；主要采用碳排放因子系数法进行量化，运算方式易于理解；同时评测系统的各环节紧扣设计要素，如对建材的统计、施工情况、空间能耗设计值等，符合建筑师在设计阶段对建筑各要素的思考逻辑。

2）操作简便

CEQE-PB HSCW的开发基于Excel平台，Excel是常用的数据统计与分析软件，对于利用电脑办公的设计人员容易上手。CEQE-PB HSCW的操作界面简洁明确。7个Sheet板块中除了基础因子数据库板块，仅有一个量化板块（Sheet1）和两个评测板块（Sheet6和Sheet7），设计人员通常仅需在这三个板块的相应位置录入数据或选择项目即可实现系统结果的自动生成，无需人员花费过多的时间和精力成本。对于在设计阶段无法准确获取的变量，CEQE-PB HSCW也提供了相对合理的估值方法。

3）目标明确

CEQE-PB HSCW是为设计人员提供适用于设计阶段的建筑碳排放量量化与分析评测工具，其根本目的是辅助建筑低碳设计，从设计阶段就能对建筑全寿命各阶段提出行之有效的低碳策略与措施。故对建筑碳排放量的量化和评测是优化低碳设计的手段，相对于提供精确的碳排放量，CEQE-PB HSCW更侧重为设计阶段提供衡量低碳设计效果的指标化准则。通过CEQE-PB HSCW可以帮助设计者对节材、节能、优化能源结构、优化绿植景观方面的低碳设计进行具体措施的考虑。

4）拓展性强

CEQE-PB HSCW是开源的，使用者可根据具体项目情况更新和补充Sheet2～Sheet5的碳排放因子数据库，Sheet1中提供的各模块运算项目也可根据实际方案需要进行增减，设计人员可以基于CEQE-PB HSCW提供的平台生成针对各项目实际的建筑碳排放量化与评测系统。由于本研究是基于夏热冬冷地区大型公共空间建筑提出的CEQE-PB HSCW，针对其他地区的不同建筑类型，CEQE-PB HSCW的运算和分析逻辑同样适用，针对未来的扩充与发展，可以借鉴其他成熟的评价体系（如CASBEE和EEWH）将该工具拓展为体系化的"CEQE家族"，围绕设计阶段的建筑碳排放量化评测，针对不同地区不同建筑类型，开发出有针对性的工具平台（表3.3.3-1）。

拟设想的"CEQE家族"工具平台 　　　表3.3.3-1

	平台名称	含义
CEQE 家族	CEQE-PB HSCW	针对夏热冬冷地区（Hot-Summer and Cold-Winter area，HSCW）公共建筑（Public Building，PB）的量化评测工具
	CEQE-H HSCW	针对夏热冬冷地区（Hot-Summer and Cold-Winter area，HSCW）住宅建筑（Housing，H）的量化评测工具
CEQE 家族	CEQE-PB HSWW	针对夏热冬暖地区（Hot-Summer and Warm-Winter area，HSWW）公共建筑（Public Building，PB）的量化评测工具
	CEQE-H HSWW	针对夏热冬暖地区（Hot-Summer and Warm-Winter area，HSWW）住宅建筑（Housing，H）的量化评测工具
	CEQE-PB M	针对温和地区（Mild area，M）公共建筑（Public Building，PB）的量化评测工具
	CEQE-H M	针对温和地区（Mild area，M）住宅建筑（Housing，H）的量化评测工具
	CEQE-PB SC	针对严寒地区（Severe Cold area，SC）公共建筑（Public Building，PB）的量化评测工具
	CEQE-H SC	针对严寒地区（Severe Cold area，SC）住宅建筑（Housing，H）的量化评测工具
	CEQE-PB C	针对寒冷地区（Cold area，C）公共建筑（Public Building，PB）的量化评测工具
	CEQE-H C	针对寒冷地区（Cold area，C）住宅建筑（Housing，H）的量化评测工具

3.4　本章小结

为真正落实以碳排放指标为效果导向的建筑低碳设计，进行设计阶段的建筑全生命周期碳排放量化与评测分析是前提。本章首先对建筑碳排放量化方法进行研究，确定具体建筑项目的碳排放应主要采用实测法和排放因子系数法进行量化，进而对建材物化阶段、建筑施工阶段、建筑运行阶段和建筑拆除阶段的碳排放量化提出具体的计算公式及注意事项。对于建筑碳排放量的评测方法，需要以确定碳排放量基准值为前提。目前我国还未有统一的建筑碳排放评估准则，针对公共建筑的碳排放评测研究有限。本章通过借鉴建筑能耗基准值的制定经验，初步建立基于参照建筑指标和基于具体历史指标的两种建筑碳排放基准值的确定方法。通过明确建筑各阶段碳排放清单的框架与参数，统一与简化建筑碳排放量化与评测方法，构建适用于建筑设计阶段并易于实用推广的夏热冬冷地区公共建筑碳排放量化评测方法。进而开发了一套易于设计人员理解、操作简便、目标明确及拓展性强的辅助设计应用工具：夏热冬冷地区公共建筑碳排放量化与评测工具（CEQE-PB HSCW），辅助建筑师及相关人员进行建筑低碳设计。

第四章

大型公共空间建筑
低碳设计策略

在提供建筑碳排放量化与评测方法的基础上，需讨论具体建筑低碳设计的落实手段。本章基于夏热冬冷地区气候环境特点，结合大型公共空间相关碳排放特征，从场地与建筑空间本体出发，对大型公共空间建筑的低碳设计策略展开研究。具体从提高场地空间利用效能、降低建筑通风相关能耗、优化建筑采光遮阳策略、提高空间绿植碳汇作用等方面展开研究；尝试从建筑师视角对相关建筑低碳设计策略提供方法指导。

4.1 提高场地空间利用效能

"效能"是指事物所蕴含的有利的作用[1]。空间效能是用来描述空间设计所达到的使用效果的程度[2]。在建筑设计中通过提高空间利用效能，从建筑空间手法实现气候适应性，有利于降低用于营造空间环境的能耗和碳排放。对夏热冬冷地区大型公共空间建筑低碳设计中提高空间利用效能的研究，主要包括两个方面：场地布局和空间体形的优化以及通过空间优化提高建筑隔热保温性能。前者侧重优化建筑空间与功能的本体要素，后者是从空间设计策略上进行建筑气候适应性优化。

4.1.1 场地布局与空间体形优化

1. 场地规划布局合理

建筑碳排放需要将建筑本体与其场地区域进行整体考虑。合理的场地规划布局需兼顾场地与周边环境的联系以及建筑项目对场地特征的适应和自然资源的综合利用，最终形成系统性的低碳网络。具体需考虑场地交通的合理性、资源的协调性、自然通风采光的适应性。

1）场地交通的合理性

建筑场地交通的合理性影响建筑实现低碳目标。主要体现在场地与周边建材供应

---

① 汉典. 效能［EB/OL］. https://www.zdic.net/hans/%E6%95%88%E8%83%BD. 2019-12-09.
② 王婧. 北京公共图书馆建筑空间设计与使用率研究［D］. 北京：北方工业大学，2016：12.

商、拆除物处置点的距离合理，以及周边公共交通站点及充电车位的配套。由建筑全生命周期各阶段的碳排放影响可知，建筑材料的运输环节会产生不可忽略的碳排放，故在建筑施工前期，应考虑用地周边是否有便于运输建材的供应商。相关研究表明[1]，交通是日常能耗和碳排放的主要来源，交通能源消耗具有地理特征，老城区交通能源消耗最低，而新建大型公共空间建筑往往建设在城市新区等远离市中心的地带，在无法改变地块地理位置的情况下，就应在建筑设计之初协调场地设计，完善建筑项目周边的公共交通配套设施。以北京市为例[2]，根据北京市公交车平均承载量与燃料结构综合估计，每个通勤者乘坐公交车每100km的CO_2排放量约为1.3kg。假设通勤者独自一人驾驶私家车通勤，根据目前的平均燃料经济性水平，每行驶100km约排放$18 \sim 22$kg CO_2。而大型公共空间建筑空间功能特性势必会带来人流集中的来往与密集的交通，假设人员都采用私家车到达，则因大型公共空间建筑的使用而带来的交通碳排放会非常严峻。由此可见，完善大型公共空间建筑场地周边便捷的公共交通设施，对降低建筑运营阶段的碳排放有着积极作用。同时，随着国家大力提倡发展新能源汽车，目前电动汽车发展趋向成熟，大型公共空间建筑的场地在满足必要的停车位数量上也应保证电动汽车的充电要求。根据以上分析，关于场地交通的合理性，应考虑场地与周边材料商、废弃物处置点的距离合理，建议场地出入口500m内设有公共交通站点，停车场应具有电动汽车充电设施或具备充电设施的安装条件。

2）公共和社会资源的协调性

公共资源是指自然生成或自然存在的资源，是人类社会经济发展共同所有的基础条件[3]。通过场地协调规划，可以依托场地水网和坡地控制，增加雨水收集的布局优势；顺应太阳辐射的方位错落布置以增加太阳能利用的面积。社会资源的协调主要是通过合理的场地规划，实现场地与周边公共服务设施充分利用，减少因利用率低而产生额外的能耗与碳排放。例如，依托周边相似的业态，分担大型公共空间内部使用率较低的部分，避免相似功能的重叠；合理开放场地内部公共车位，缓解因区域停车的紧张性与不均衡性而带来的额外机动车的碳排放。公共资源与社会资源之间也应协调规划，如降低建筑密度、设置垂直机械停车位，增加场地绿地率和绿化覆盖量；合理分配大型公共空

---

① Z. h. Gu，Q. Sun，and R. Wennersten. Impact of urban residences on energy consumption and carbon emissions：An investigation in Nanjing，China［J］. Sustainable Cites and Society，2013，7：52-61.

② 杨宝路，邹骥，冯相昭. 北京市居民通勤方式研究与低碳化策略分析［J］. 环境与可持续发展，2011，36（2）：32-36.

③ 百度百科. 公共资源［EB/OL］. https://baike.baidu.com/item/%E5%85%AC%E5%85%B1%E8%B5%84%E6%BA%90/2760349?fr=aladdin，2019-12-11.

间建筑周边广场的硬地铺设与绿化覆盖（表4.1.1-1）。

公共和社会资源协调性相关策略说明　　　　　　表4.1.1-1

协调类型	具体措施	图例说明
公共资源的协调	增加建筑场地雨水收集	
	合理布局增加屋顶太阳能资源利用	
社会资源的协调	依托周边公共服务设施分担功能业态	
	合理开放场地停车场，实现利用率最大化	
公共资源与社会资源之间的协调	通过降低建筑密度和设置垂直机械停车位，增加场地绿地率	
	合理分配大型公共空间建筑周边广场的硬地铺设与绿化覆盖率	

3) 场地自然通风与采光适应性

建筑运行阶段的碳排放包括为适应当地气候环境的系统能耗碳排放。在设计初期通过场地空间的自然通风与采光适应性规划，可以为后阶段的建筑低碳设计提供更具优势的环境条件。

在场地规划和总平面设计阶段关于通风适应性应注意充分利用场地地形、周边既有建筑、构筑物和植被绿化的导风作用，优化建筑场地自然通风条件；建筑沿夏季主导风向布置，南侧需留出较开阔的室外空间；空间布局上避免大面积外表面朝向冬季主导风向，通过建筑自遮挡阻挡冬季风的渗透。

夏热冬冷地区的太阳高度角比北方地区要大，太阳高度角是决定建筑楼间距的采光度的主要因素，太阳高度角大的区域，楼间距相对较小。相对于北方地区，夏热冬冷地区楼间距可以设计较小。同时建筑朝向也是在总体布局阶段需考虑的因素，建筑朝向是指建筑物主立面的方位。选择有利的朝向，是降低建筑物冬季采暖和夏季空调能耗的重要设计手段之一[1]。夏热冬冷地区的建筑，南向空间在冬季可以获得最多的太阳辐射热，夏季相对于东西向，其所受的太阳辐射热主要以散射和环境反射辐射为主，能够避免强烈日射。在建筑表面积相等的情况下，南北朝向的面积越大，其节能越明显，因此，将建筑主要空间尽量朝南布置有利于提高建筑采光适应性。表4.1.1-2列出我国夏热

我国夏热冬冷地区部分城市建筑物的朝向选择　　　　表4.1.1-2

热工分区	地区	最佳朝向	适宜朝向	不宜朝向
夏热冬冷	上海	南～南偏东15°	南偏东15°～南偏东30°；南～南偏西30°	北、西北
	南京	南～南偏东15°	南偏东15°～南偏东30°；南～南偏西30°	西、北
	杭州	南～南偏东15°	南偏东15°～南偏东30°	西、北
	武汉	南偏东10°～南偏西10°	南偏东10°～南偏东35°；南偏西10°～南偏西30°	西、西北
	长沙	南～南偏东10°	南～南偏西10°	西、西北
	南昌	南～南偏东15°	南偏东15°～南偏东25°；南～南偏西10°	西、西北
	重庆	南偏东10°～南偏西10°	南偏东10°～南偏东30°；南偏西10°～南偏西20°	西、东
	成都	南偏东10°～南偏西20°	南偏东10°～南偏东30°；南偏西20°～南偏西45°	西、东、北

----

① 徐吉浣，寿炜炜. 公共建筑节能设计指南［M］. 上海：同济大学出版社，2007：5.

冬冷地区部分城市建筑物的朝向选择。

在平面布局中也应考虑建筑自遮阳。大型公共空间由于空间高度高，跨度大，往往带来自身较大的阴影面，可以遮挡强烈的太阳辐射；同时可以通过错落布置空间、在空间中穿插采光中庭，增加自然采光。关于场地规划和总平面设计阶段对自然通风与采光的适应性措施见表4.1.1-3。

场地规划布局阶段对自然通风与采光的适应性措施　　　　表4.1.1-3

适应类型	适应措施	图例说明
自然通风适应性	充分利用场地地形、周边既有建筑、构筑物和植被绿化的导风作用，优化建筑场地自然通风条件	
	建筑沿夏季主导风向布置，南侧需留出较开阔的室外空间	
	空间布局上避免大面积外表面朝向冬季主导风向，通过建筑自遮挡阻挡冬季风的渗透	
自然采光适应性	选择有利的朝向布置，将建筑主要空间尽量朝南布置	
	合理利用大型公共空间自遮阳，降低室内强烈的太阳辐射	
	合理错落布置空间，在大型公共空间之间布置中庭增加自然采光	

2．空间功能布局合理

1）多功能复合空间布局

大型公共空间建筑一般为承载大型事项和人数集聚的场所。除主要功能较为固定的大型公共空间，如博物馆、展览馆等，多数大型公共空间往往将空间复合布局，将各种公共功能集中于一体，增加空间的使用效率。此种复合布局形式多运用于大剧院、会议中心等经常承接各种公众活动的建筑类型中。如上海大剧院，在建筑总面积约70000m²的空间中，复合布置了歌剧厅、戏剧厅、多功能厅等不同功能的大型公共空间（图4.1.1-1）。大型公共空间中的多功能复合布局也体现在对辅助功能空间的集约化整合，从而增加空间利用效率。如苏州火车站候车大厅的餐饮空间与卫生间的垂直利用，提高了候车大厅竖向空间的利用效率（图4.1.1-2）。

2）灵活可变的功能空间

以体育馆建筑类型为主的大型公共空间建筑往往承担赛事期间的体育活动，同时也兼顾非赛事期间的公共活动，如新冠疫情期间将体育馆改为方舱医院。通过灵活可变的功能空间设计，实现赛时赛后体育场馆大型公共空间运行的高效率，降低运行阶段的碳排放。如南沙体育馆设计，针对40m×70m的比赛场地，结合15.8m的净空高度和2600座的电动伸缩式活动看台，使坐席数在6200～8700座间变化，除满足赛事要求外，可在赛后满足绝大部分室内体育项目及公共活动、演出的需求[①]。通过灵活可变的空间布置，

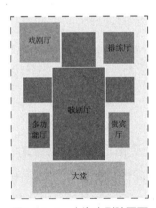

图4.1.1-1　上海大剧院平面
功能复合

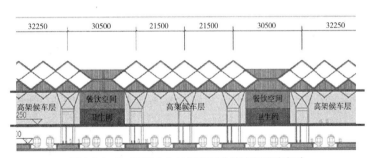

图4.1.1-2　苏州火车站候车层功能空间垂直复合

---

① 孙一民，汪奋强. 基于可持续性的体育建筑设计研究：结合五个奥运、亚运场馆的实践探索［J］. 建筑创作，2012（7）：24-33.

提高空间的功能使用效率与寿命，实现大型公共空间低碳可持续发展。

3. 体块形状控制合理

大型公共空间建筑体形对能耗的影响突出，合理选择建筑体形对实现大型公共空间的节能低碳具有重要意义。从建筑节能角度出发，单位体积对应的外表面积越小，外围护结构的热损失越小，这一特性可用体形系数来描述。体形系数（Shape factor）指建筑物与室外大气接触的外表面积与其所包围的体积的比值[1]。其计算公式如下：

$$S = F_0 \div V_0 \tag{4.1.1-1}$$

式中：S——建筑的体形系数；

　　　F_0——建筑物与室外大气接触的外表面积，m^2；

　　　V_0——外表面积所包围的体积，m^3。

研究表明[2]，体形系数每增大0.01，能耗指标约增加2.5%。我国不同热工地区对建筑体形系数的要求不同，在夏热冬冷地区，建筑室内外温差要小于北方严寒和寒冷地区，体形系数对外围护结构传热损失影响也小于北方地区，但夏热冬冷地区的建筑体形系数对空调和采暖能耗有着不可忽视的影响。本书结合目前大型公共空间较为常见的体块形状，针对夏热冬冷地区进行建筑形体与耗热量的分析研究。通过Energyplus软件模拟体积（V_0）1万m^3，高度（H）大于5m的不同形状大型公共空间，在同一夏热冬冷地区气候参数下，传热能力相同的不同建筑体形与建筑单位面积耗热量的关系见表4.1.1-4。

大型公共空间体形变化与耗热量关系有如下两点：

1）当建筑物高度和底面面积相同（体积相等），体形系数小的大型公共空间单位面积耗热量小，根据体形系数由小到大，其底面形式依次为圆形、正方形、长方形（比较长方体①②③和圆柱体）。

2）当建筑物体积相同，平面形状都为正方形时，高度越高，大型公共空间单位面积耗热量越大（比较正方体、长方体④⑤）。

表4.1.1-5为底面形状与面积相同的大型公共空间，通过高度变化，分析能耗变化。根据数据得出，在底面形状和面积相同的情况下，大型公共空间的体形系数随高度增加而减小，而单位面积耗热量增加，体形系数的变化趋势与单位面积耗热量变化趋势相反。

---

① 中华人民共和国住房和城乡建设部. 严寒和寒冷地区居住建筑节能设计标准：JGJ 26-2018［S］. 北京：中国建筑工业出版社，2018.

② 史立刚，袁一星. 大空间公共建筑低碳化发展［M］. 哈尔滨：黑龙江科学技术出版社，2015：7.

同体积不同体块大型公共空间体形与耗热量的关系　　表4.1.1-4

体块形状	外表面积 F_0（m²）	体形系数 S	高度 H（m）	单位面积耗热量比（%），长方体1为100%
半球体（r=h=16.8399m）	1781.589	0.178	16.840	66.084
正方体（1∶1∶1）	2320.794	0.232	21.544	1033.791
长方体①（底边1∶1，31.6223m，高度10m）	2264.911	0.227	10	100.000
长方体②（底边2∶1，44.7214m，22.3607m）	2341.641	0.234	10	111.305
长方体③（底边3∶1，54.7722m，18.2574m）	2460.594	0.246	10	131.043
长方体④（底边1∶1，25.8199m，高度15m）	2215.860	0.222	15	362.336
长方体⑤（底边1∶1，22.3607m，高度20m）	2288.854	0.230	20	844.909
圆柱体（r=17.8412m，高度10m）	2120.998	0.212	10	81.761

底面形状和面积相同的大型公共空间体块与单位面积能耗变化表　　表4.1.1-5

体块形状	外表面积 F_0（m）	体形系数 S	高度 H （m）	单位面积 耗热量比值（%）， 以正方体为100%
正方体（边长25m）	3125	0.200	25	100.000
长方体（底边25m，高度30m）	3625	0.193	30	198.892
长方体（底边25m，高度35m）	4125	0.189	35	226.428

根据表4.1.1-4和表4.1.1-5的分析结论，在具体进行大型公共空间节能减排设计中，应注意以下几点：

1）大型公共空间底面平面长宽比不宜过大，底边边长之间长短差别应适宜，在底面积相同、高度相同的情况下，优先选择底面圆形平面布置。

2）大型公共空间高度影响单位面积能耗明显，应合理控制大型公共空间高度。

3）建筑物的外形不宜变化过多，应尽可能完整、简洁、平滑，减少凹凸与错落。

4.1.2 建筑空间隔热保温性能优化

夏热冬冷地区既要考虑降低冬季冷空气对室内热环境的干扰，又要考虑降低夏季室内热量。除了通过提高围护结构材料的热工性能，也需从建筑空间角度优化隔热保温。

本节具体从以下几个空间进行具体讨论：门斗空间、屋顶空间、其他过渡空间、覆土空间。

1．门斗空间设计优化

门斗空间是在建筑或厅室的出入口设置的通行空间，有隔热保温作用。门斗在北方地区主要阻挡寒风直接吹入室内；在南方地区，夏热冬冷地区可通过门斗空间阻挡冬季冷风的进入和夏季室外热空气对室内的干扰。

通过实地调研，夏热冬冷地区大型公共空间建筑的门斗空间根据位置可以分为建筑外部门斗空间和建筑内部门斗空间，以矩形门斗为例，根据朝外的立面数量可以分为"三面朝外""两面朝外""一面朝外"（表4.1.2-1）。其中，交通类大型公共空间建

不同类型门斗概况 表4.1.2-1

门斗类型	特点	图例	案例
外部门斗	"三面朝外"	门斗	南京站、苏州站、南京南站
内部门斗1	"两面朝外"	门斗	中国银行总行大厦、南京华海3C数码港
内部门斗2	"一面朝外"	门斗	苏州儿童医院、上海儿童医学中心

图4.1.2-1　南京站外部门斗 　　　　　图4.1.2-2　上海儿童医学中心内部门斗

筑常采用外部型门斗，医疗类大型公共空间建筑常采用"一面朝外"的内部型门斗（图4.1.2-1、图4.1.2-2）。分析原因，高铁站等交通类大型公共空间内部空间多为客流量大的候车厅，必要的检票与安检服务占用出入口位置，门斗往往采用后期加建的方式设置在主体建筑外部以扩大出入口面积，减少拥堵；医疗类大型公共空间，往往考虑病患者及时进入室内，避免外界恶劣环境的影响，且门斗在设计之初就作为建筑整体的一部分进行考虑，故其门斗常设置在建筑空间内部。位于平面转角的"两面朝外"型内部门斗在实例中出现较少，多配合建筑形体布局，实例中多采用布置在平面侧边的"一面朝外"型内部门斗，根据研究，比较两种内部门斗，采用"一面朝外"型，比较有利于降低冬季采暖能耗[1]，从热工经济性看，"一面朝外"型比"两面朝外"型内部门斗要有优势。

门斗空间作为交通过渡空间，提高其密闭性主要通过减少开门次数、门洞开启的时间和面积。通过设置门帘、旋转门、弹簧门、自动门以减少开闭时间；通过缩小门扇面积，减少开门个数以缩小门洞开启面积。

2. 屋顶空间设计优化

屋顶空间是建筑中自然得热最多的部分，本节主要从屋顶空间设计进行建筑保温隔热性能优化的研究，基于构造和材料层面的研究不进行赘述。通过空间优化改善屋顶保温隔热的措施主要是采用双屋面形式、蓄水屋面形式和屋顶绿化形式。

---

① 金虹，邵腾，赵丽华．严寒地区建筑入口空间节能设计对策［J］．建设科技，2014（21）：40-42.

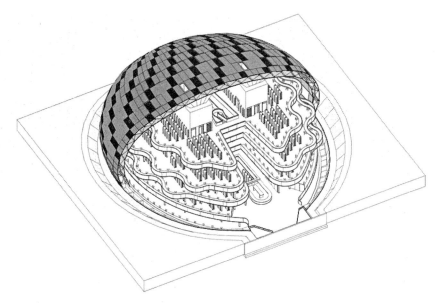

图4.1.2-3　柏林自由大学语言学院图书馆

1）双屋面形式

采用双屋面形式，使屋顶空间产生空气间层，从而实现空气温度的缓冲。柏林自由大学语言学院图书馆，采用了双层屋面结构（图4.1.2-3、图4.1.2-4）。外层屋面采用镀银铝板和遮光玻璃，部分铝板可以开启从而调节室内温度和室内新风；内层以半透明或透明的膜材料进行覆盖；内外层之间产生空气流通层，空气流通层成为该建筑主要的空气吸收与排放系统，根据建筑的不同朝向和使用环境特征，空气流通层按不同方向被分为4组，结合不同的天气条件可以打开或关闭一组或几组。

夏热冬冷地区的传统空间技法也采用屋顶夹层实现隔热保温。苏南地区传统住宅多

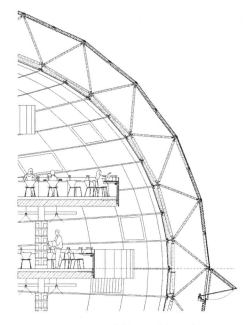

图4.1.2-4　图书馆屋顶空间示意图

为坡屋顶，内部通高较现代楼房室内净高要大，而通过合理布置屋顶空间使室内在缺少空调等温控设备的条件下也能保证一定的室内温度舒适性；传统住宅通常在坡顶内部架设天花吊顶，形成空气间层，并在山墙面开口引入室外气流，从而带走屋顶热量。

2）蓄水屋面形式

图4.1.2-5 苏州大学炳麟图书馆报告厅蓄水屋面

夏热冬冷地区的夏季太阳辐射较强，在屋顶空间设置蓄水池可以大量吸收并利用水分蒸发带走投射在屋面上的热辐射，减少通过屋面进入室内的热流，实现屋面隔热。采用蓄水屋面不需要通过常规设备去主动地降低进入室内的热量，减少常规能源的消耗，是一种节能的屋顶空间隔热措施[①]。由于夏热冬冷地区冬季冰冻期较为罕见，水体结冰问题较北方地区较少，同时该地区区域性气候较北方地区多温暖湿润，雨量充沛，在常温下蓄水屋面依靠降雨即可满足水量的补充，故在夏热冬冷地区较为容易推广蓄水屋面的节能减排措施。大型公共空间建筑多有完整的大面积屋面，故在大型公共空间采用蓄水屋面，其隔热效果更为明显。如苏州大学炳麟图书馆，其300人的学术报告厅就采用蓄水屋面实现大型公共空间的屋顶空间利用效能（图4.1.2-5）。研究表明[②]，当室外气温在38℃时，采用蓄水屋面的室内，在不开空调的情况下，温度为30℃，比相同温度条件下普通混凝土平屋顶的室内温度低3～5℃。

3）屋顶绿化形式

通过屋顶空间种植绿化进行隔热遮阳，利用植物本身的光合效应以及蒸腾作用，切断了太阳能的二次传播[③]，降低热量向周边散发，减少局部热岛效应。以长江三角区为代表的夏热冬冷地区的发达区域，城镇化发展迅速，城市地面可绿化用地少而价高。占城市用地30%以上的建筑屋顶绿化，是对城市建筑破坏自然生态平衡的一种最简便有效的补偿办法[④]。研究表明，轻型屋顶绿化在夏季能有效降低室内温度2℃，绿化屋顶比非绿化屋顶全天节电18.4%，且室外气温越高，节电效果越好[⑤]。根据绿植平面布局，借鉴《上海市屋顶绿化技术规范》AH2117000-2015-002相关内容，可将屋顶绿化类型分为

① 周胤. 双层屋面自然对流空气层隔热性能研究［D］. 杭州：浙江大学，2010.
② 张晓峰. 蓄水屋面隔热构造与节能性能研究——以苏州大学炳麟图书馆为例［J］. 建筑节能，2008，No.203（1）：23-25.
③ 刘加平，罗戴维，刘大龙. 湿热气候区建筑防热研究进展［J］. 西安建筑科技大学学报（自然科学版），2016，48（1）：1-9，17.
④ 闻治江. 夏热冬冷地区屋顶绿化应用研究［D］. 合肥：合肥工业大学，2010.
⑤ 殷文枫，冯小平，贾哲敏，等. 夏热冬冷地区绿化屋顶节能与生态效益研究［J］. 南京林业大学学报（自然科学版），2018，42（6）：159-164.

集中式、分散式和混合式[1]（表4.1.2-2）。上海自然博物馆采用集中式屋顶绿化，绿化面积达100%[2]，在设计阶段通过能耗软件对建筑运行能耗进行量化模拟，得出采用绿化屋面措施可节能240651kWh，节能率为3.17%[3]，减少碳排放169.3tCO_2。上海地铁蒲汇塘路基地绿化种植区面积为26000m²，为上海市目前单体建筑上最大的花园式屋顶绿化，建有园路、景观广场、休闲平台和花架等小品[4]，总绿化覆盖率56%，在室外地面温度达到

三种空间布局的屋顶绿化类型

表4.1.2-2

形式类型	定义及特点	布局图例
集中式	植被集中种植，建议指标：覆土深度10cm以上；绿化种植面积占屋顶绿化总面积的比例不小于90%；园路铺装面积占屋顶绿化总面积的比例不大于10%	
分散式	植被分散种植，建议指标：平均覆土深度30cm以上；绿化种植面积占屋顶绿化总面积的比例不小于80%；园路铺装面积占屋顶绿化总面积的比例不大于20%	
混合式	植被分散与集中种植相结合，建议指标：绿化种植面积占屋顶绿化总面积的比例不低于70%，园路铺装面积占屋顶绿化总面积的比例不大于25%	

① 梁宇成. 中国夏热冬冷地区高密度城区中小学立体绿化设计研究 [D]. 武汉：华中科技大学，2017.
② 汪铮，陈剑秋. 师法自然 回馈自然——上海自然博物馆绿色设计简析 [J]. 新建筑，2010（2）：98-102.
③ 汪铮，车学娅，陈剑秋，等. 绿色技术选择方法初探——以上海自然博物馆绿色建筑设计为例 [J]. 绿色建筑，2010，2（1）：29-34.
④ 张辉，张庆费. 大型花园式屋顶绿化养护技术——以上海地铁蒲汇塘路基地屋顶绿化养护为例 [J]. 园林，2011，No.232（8）：30-34.

40℃时，蒲汇塘路基地车库室内温度可控制在36℃左右，比普通列车停车库室内温度低近9℃。

3. 其他过渡空间设计优化

过渡空间设置在建筑外环境与建筑内部主要使用空间之间，形成一定的温度缓冲区域，从而优化建筑空间的热工性能。有专家将其作为"生物气候缓冲层"的概念范畴[①]，凸显过渡空间对建筑室内外环境性能优化的作用。门斗和屋顶空间可视为常见的建筑过渡空间。其他具有温度缓冲性质的过渡空间的具体形式主要有双层表皮空间、边庭等建筑腔体（层）。

针对过渡空间的设计首先是过渡空间布局的合理性。Thomas. Herzog提出"温度洋葱"的概念[②]，即按照不同的使用频率和温度要求，把不同使用空间由内而外依次布置，通过设置有温度梯度的空间，实现节能与室内舒适性的平衡。"温度洋葱"的功能空间布局概念符合大型公共空间建筑内部空间使用特征：并非所有的空间使用频率都是相同的，往往大型公共空间需长期使用空调系统维持室温的活动区域仅占室内空间的一部分。慕尼黑工业大学（TUM）国际交流中心就通过竖向与横向的立体分布，将展览、公共活动、讲座、接待、会议、餐饮、图书馆和住宿等功能空间按照使用频率和室内温度要求进行"洋葱片式分布"[③]。建筑由南向北依次布置了入口、公共接待、会议室及庭院，设备间和交通空间设置在东西两侧，这种横向布局保证了人员密集空间（会议室）位于建筑核心，公共接待空间作为温度缓冲空间保证主要功能空间的温度恒定，同时提高空调使用效率（图4.1.2-6a）；建筑竖向由下至上分别布置公共空间（入口、接待和会议等）、讲师公寓和顶层完整大空间，用于临时小规模聚会和研讨，这种竖向的"洋葱片布局"符合建筑空间的使用频率和私密性要求，同时保证了核心空间（教师公寓）防止冷风渗透和屋顶热辐射的要求（图4.1.2-6b）。

针对建筑围护部分的过渡空间设计，通过"过渡距离"的大小，可以分为腔层和腔体（表4.1.2-3）。2019年投入使用的江苏省建筑节能与绿色建筑研发楼采用双层表皮腔层设计，外部立面为窗墙比高的表皮，便于获得必要的冬季太阳辐射，内部立面为窗墙

---

① 宋晔皓，栗德祥. 整体生态建筑观、生态系统结构框架和生物气候缓冲层［J］. 建筑学报，1999（3）：4-9, 65.

② Thomas Herzog, Buildings 1978-1992［M］, Stuttgart, 1992.

③ 托马斯·赫尔佐格，张凌云. 奥斯卡·冯·米勒论坛：慕尼黑工业大学国际交流中心，慕尼黑，德国［J］. 世界建筑，2010，No.245（11）：122-129.

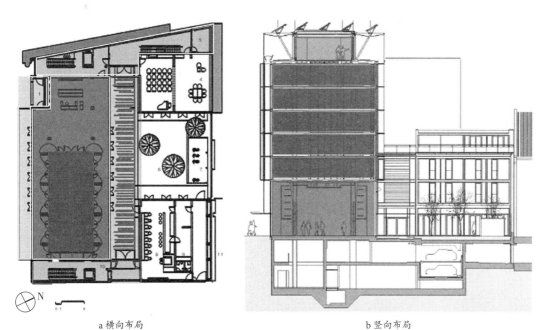

a 横向布局   b 竖向布局

图4.1.2-6　TUM国际交流中心"温度洋葱"布局

其他过渡空间：腔层与腔体   表4.1.2-3

其他过渡空间类型	空间特征	具体形式	代表案例
腔层	进深较窄，功能单一，多为辅助交通空间或必要的维修操作空间	双层表皮间层冷巷空间	江苏省建筑节能与绿色建筑研发楼
腔体	进深较大，提供多功能活动空间	边庭、阳光房	上海中心大厦"空中庭院"

比较小的墙体，在满足自然采光的同时减少太阳直射，狭窄的双层表皮腔层仅作辅助交通和驻足空间，其空间热效能作用更为突出。泰州高港新城商务中心的裙房设计中，通过在建筑西立面设置进深为1.8m的双层集热墙空间，减少了西晒和冬季寒冷气流的渗入（图4.1.2-7）。上海中心双幕墙形式，双幕墙之间设计出一定通高的边庭空间，借鉴当地传统的"弄堂文化"，垂直距离每隔45m设置一个"空中庭院"，所有"空中庭院"都是由存在于外部和内部两层表皮之中的空间构成[①]。在夏季，通过"空中庭院"内外

---

① 夏军. 从上海弄堂到上海中心大厦——一个超级摩天大楼设计方案的诞生［J］. 建筑实践，2018（11）：54-56.

玻璃幕墙的遮阳隔热效果，避免过多热量传入内部办公区（图4.1.2-8a）；在冬季，"空中庭院"提供了有效的保温区，避免室内热量的散失（图4.1.2-8b）。腔体空间在西、南立面往往设计为阳光房的形式（Winter garden），主体采用通透的玻璃材质，增加空间保温隔热的同时将过渡空间作为人们亲近自然的重要场所。

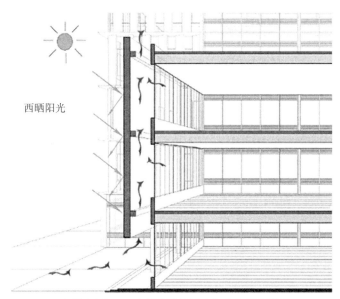

西晒阳光

图4.1.2-7　泰州高港新城商务中心裙房腔层

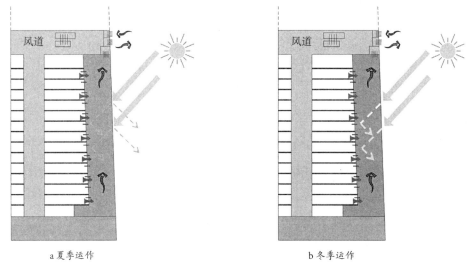

a 夏季运作　　　　　　　　b 冬季运作

图4.1.2-8　上海中心过渡空间腔体运作示意图

4. 覆土空间设计优化

覆土空间是由大面积土壤覆盖的建筑空间，是特定气候、特定地理条件的产物。由于土壤具有良好的热工性能，使得建筑受外界温度波动的影响降低，采暖、制冷费用可以大大节省。采用覆土空间可有效解决能源危机，降低建筑碳排放。覆土空间相较于一般地上空间，占用地上土地资源少，有一定节地优势，且易与周边环境融合适应。在大型公共空间建筑中采用覆土空间，可从节能和节地角度实现减碳目标，同时丰富公共活动场所。例如苏州非物质文化遗产博物馆通过采用覆土空间设计，覆土屋顶形成一个大尺度的公共空间，可作为开放的城市公园，提供户外餐饮区、儿童活动区及小型室外展览平台等功能[1]（图4.1.2-9）。在实地调研中，室外温度为29℃时，覆土空间在不开空调的情况下测得室内温度为21.6℃，春夏体感凉爽，相应减少室内空调能耗。

覆土空间可以实现建筑主体体量的低体形系数。中国普天信息产业上海工业园智能生态科研楼的下部是一个由绿色草坡覆盖的不规则体量（图4.1.2-10），通过一定厚度的

图4.1.2-9　苏州非物质文化遗产博物馆覆土空间及屋顶活动场所

---

① 董功，刘晨，周飓，等. 苏州非物质文化遗产博物馆 [J]. 城市环境设计，2018，No.111（1）：180-191.

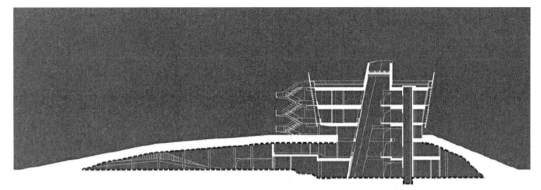

图4.1.2-10　上海普天信息生态科研楼下部覆土半地下空间

覆土和保温层基本隔绝了室内外的热交换，由于采用覆土空间设计，项目外表面积计算只剩下形体集约的上部体量以及下部未被草坡覆盖的局部外墙，最终体形系数计算仅为0.298，远低于上海当地公共建筑节能设计标准的规定值[①]。

4.2　降低建筑通风相关能耗

夏热冬冷地区强调在炎热季节利用通风以降低室内温度，大型公共空间建筑往往由于某些原因不能经常开窗通风，热量主要靠围护结构与设备排出，常增加机械通风能耗从而提高运行碳排放。基于"被动优先，主动优化"的节能减排原则，大型公共空间建筑的通风策略应强调优先充分利用自然通风，优化人工机械通风的效率，从而实现通风措施的能耗节约与碳减排。

4.2.1　利用大型公共空间造型的通风策略

大型公共空间建筑的被动式通风设计首先从尺度高、规模大的空间特性着手。大空间建筑的空间尺度是通风节能策略的前提[②]。通过空间优化措施加强自然通风的利用，从空间造型上的优化，改善室内风压通风和热压通风。风压通风是利用建筑的迎风面和背风面之间的压力差实现空气的流通。根据通风原理可知，增加正压和负压区之间的压

---

① 张彤. 空间调节 中国普天信息产业上海工业园智能生态科研楼的被动式节能建筑设计 [J]. 动感（生态城市与绿色建筑），2010（1）：82-93.
② 李传成. 大空间建筑通风节能策略 [M]. 北京：中国建筑工业出版社，2011：41.

力差可以提高风压通风的效果。大型公共空间建筑周边多设置为开阔场地，垂直遮挡较少，具有较好的风环境。大型公共空间的迎风面受到的一定量的正风压，而建筑背风面由于空气曲绕过程中的流速增加，形成一定的负压，建筑迎风面的正压有助于室外空气进入室内，建筑背风面的负压有助于室内空气的逸出。大型公共空间往往具有较大面积的完整立面，客观上提供了较大的迎风面和背风面，同时大型公共空间的大进深也增加了迎风面和背风面之间距离，较大的风压面积和较长的风压距离增大了正负风压的影响范围和风压差，有利于风压通风效果。但较长的通风路径也对室内通风效果有消极作用。热压通风是利用不同温度下空气密度不同，通过密度差的作用而产生空气流动的自然通风。根据通风原理可知，增加空气间温差和进出风口的高度差有利于提高热压通风的效果。大型公共空间建筑室内通高较一般公共建筑要高，客观上提供了进出风口的垂直距离，提高了热压通风效果。利用大型公共空间造型优化通风策略，具体可从大型公共空间的空间组合模式、通风围护造型和场地热质等方面展开研究。

1. 空间组合模式

大型公共空间组合模式可以分为一体式、并列式、堆叠式和嵌套式（表4.2.1-1）。

1）**一体式**：大型公共空间外围护表皮连续性强，建筑形状整体性强，可以提供完整的大面积迎风面与背风面。室内平面尺度大，较长的通风路径不利于风压通风，室内净高较高的特点使竖向空气温差明显，利于热压通风。此类型大型公共空间多用于体育馆、影剧院、高铁站等建筑中，对室内空气调控相对固定，易进行通风管理。

2）**并列式**：为多个大型公共空间串联或结合周边尺度较小的辅助空间横向连接。相对于一体化的大型公共空间，通过不同大小的空间单元连接，将较长的通风路径进行拆分，有利于室内风压通风的效果，且利于结合不同空间的功能使用，分区进行空调系统的控制。此类型大型公共空间常见于以机场为例的交通建筑和以博览中心为例的会展建筑。

3）**堆叠式**：为两层或两层以上的大型公共空间竖向布置，建筑内部多产生空间之间的竖向连通，可视为具有竖向通风潜力的空间。具体的空间形式有天井、中庭等共享空间。此类型大空间常见于大型文教建筑（如综合性图书馆）。

4）**嵌套式**：主要为多个大型公共空间的横向布局，类似于并列式，不同的是在大型公共空间外部通过一个整体空间进行包裹。在保证内部各大型公共空间通风系统的独立控制的同时，通过外部整体空间实现室内微气候的统一，降低外部不利环境的影响。此类型大型公共空间常见于内部环境要求高，且满足多功能的建筑，如大剧院、艺术中心等公共建筑。

类型	模式特征	图示	代表案例
一体式	空间完整性强，功能较单一，辅助空间集中布置	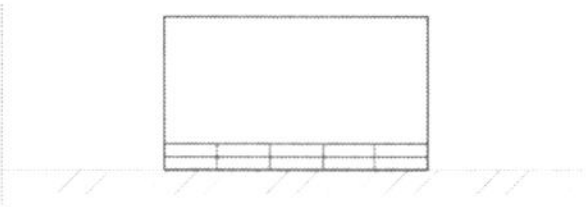	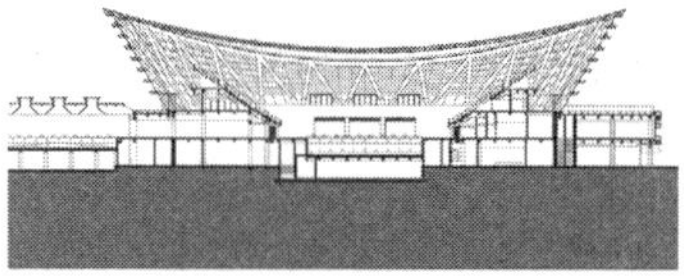 苏州奥体中心游泳馆
并列式	多个大空间串联或由辅助空间连接	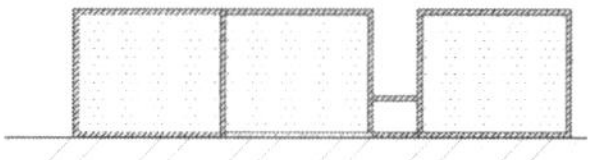	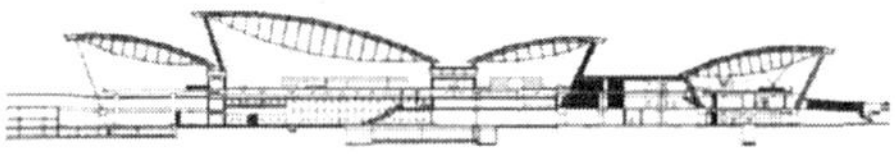 上海浦东机场T1航站楼
堆叠式	多个大空间垂直设置，竖向多形成腔体空间	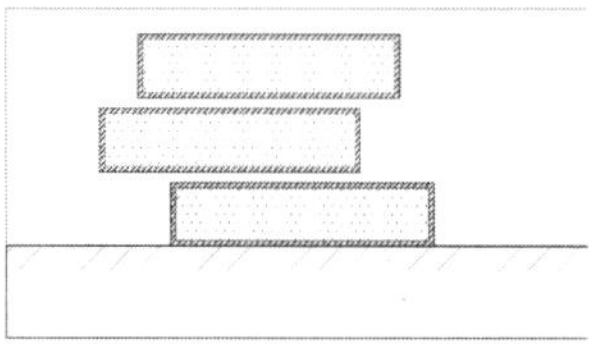	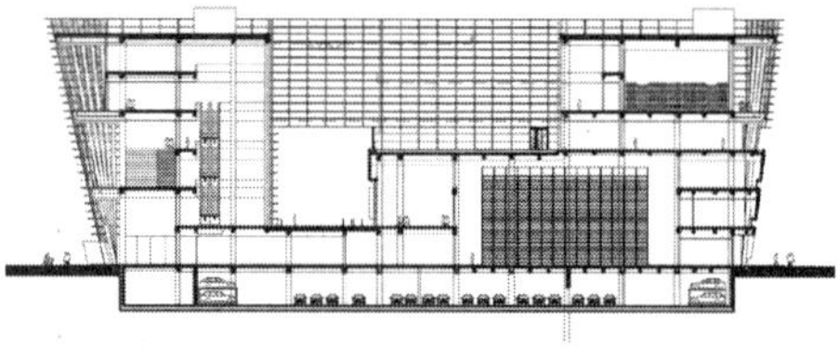 苏州第二图书馆
嵌套式	多个大空间横向布局，外部通过一个整体空间包裹	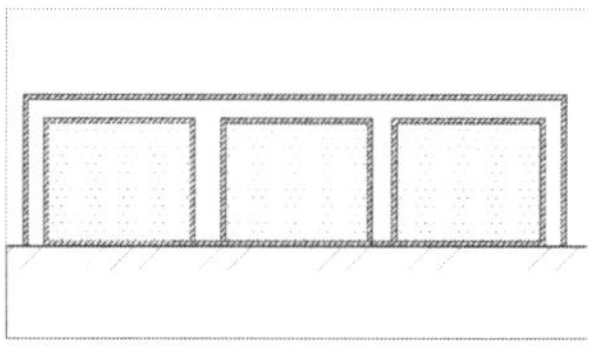	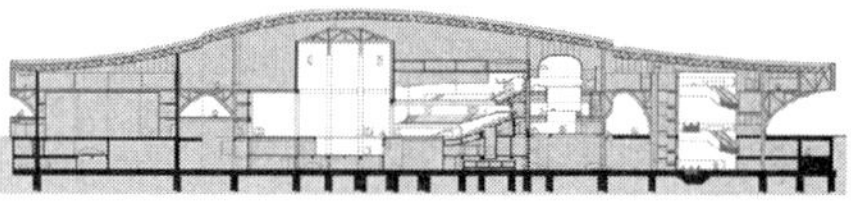 卫武营文化艺术中心

　　基于大型公共空间特性，从空间角度优化自然通风的策略可以分为：空间体形的优化、竖腔单元的置入以及空间组合的优化三类。

　　1）**优化大型公共空间体形**：通过大型公共空间本体，设计合理的形体、屋面以提高室内通风效果。栖包屋（TJIBAOU）文化中心设计中，建筑空间借鉴当地传统的"棚屋形式"，将高耸的木肋向上高挑而又轻挑收分，将大型公共空间形式与古老的建筑外观相统一，其弧度高大的体量面对大海，而低矮的体量朝向内湖，通过此种特殊的空间形体设计，既可以抵御海面袭来的台风，又可控制主导信风，通过空间流线利用风压引导室内空气的对流，改善室内外通风效果（图4.2.1-1）。

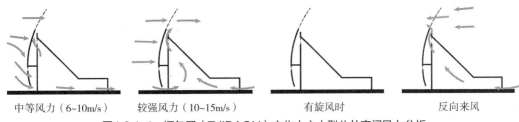

中等风力（6~10m/s）　　　较强风力（10~15m/s）　　　　有旋风时　　　　　　反向来风

图4.2.1-1　栖包屋（TJIBAOU）文化中心大型公共空间风力分析

2）置入竖腔单元：单侧通风的最大进深不宜超过层高的2.5倍，贯流通风最大进深不宜超过层高的5倍[①]。而大型公共空间的进深往往容易突破这些数值，不利于内部获得有效的自然通风。采用在原有大型公共空间中加入竖向腔体，可使各部分功能空间通过周边腔体解决自然通风问题。这一做法借鉴夏热冬冷地区传统街区的肌理布置——在高密度的苏州传统街区中，平面满铺，内部通过均匀布置天井实现自然通风[②]。如今的竖向腔体作为重要的通风竖井，其形式除了天井还有中庭、风塔等。考文垂兰彻斯特图书馆（Lanchester Library）是体量为50m×50m的大进深空间，不利于室内穿堂风的效果。设计者通过将空间平面分成四个主体空间，各空间布置1个送风天井，同时在主体空间周边布置6个排风烟囱，室内污浊空气可以从烟囱和中央天井排出，提高内部空气流通（图4.2.1-2）。西交利物浦大学行政信息楼借鉴苏州当地太湖石内部的组织形态，在大型公共空间中设置若干形状的孔洞，有这些孔洞形成的功能空间联系了行政中心、信息中心、培训中心和活动中心四个主体功能区，同时通过横向与竖向形态如蚁穴的孔洞空

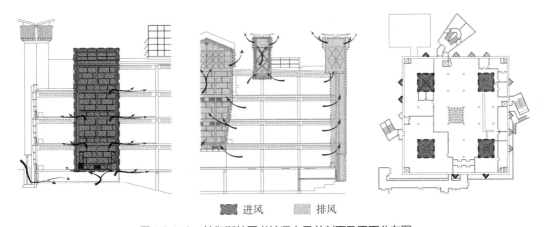

██ 进风　　▓▓ 排风

图4.2.1-2　兰彻斯特图书馆竖向风井剖面及平面分布图

---

① Catherine Slessor. Cooling Towers［J］. Architecture Review，2000（1）：63-65.
② 陈晓扬. 大体量建筑的单元分区自然通风策略［J］. 建筑学报，2009（11）：58-61.

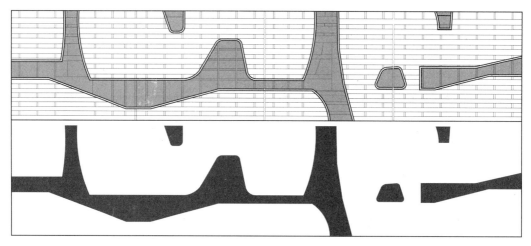

图4.2.1-3　西交利物浦大学行政信息楼蚁穴般的孔洞构造

间，优化了建筑内部的空气流通[1]（图4.2.1-3）。不同高度的孔洞形成景观中庭创造了立体的苏州园林，改善了垂直通风；贯穿东南立面的孔洞，在夏季促进凉爽的自然风进入室内；西北立面设计成实体阻挡了冬季寒风。

3）**优化大型公共空间组合**：主要通过大型公共空间合理的布局和组合方式，结合功能进行单元分区，提高室内通风效果。汉诺威世博会26号展厅就是将长220m、宽116m的大型展览中心并列分为三跨结构的展厅，每跨展厅采用悬挂式起伏屋面，北向抬高，为展厅大部分区域提供足够高度的室内空间从而提高室内热压通风，每个展厅4.7m高处设置进气口，空气会向下流动进而均匀地分布到展区各处（图4.2.1-4）。通过采用自然通风与机械通风相结合的通风形式，该建筑在空调能耗上的运行成本降低了50%[2]。流体力学中的"文丘里效应"表明，等量流体流经狭窄截面的管道时压力下降、流速上升。通过大型公共空间合理的布局，可以改善风道形态以加强"文丘里效应"，改善室内横向通风。新加坡国立大学的Ventus教学楼由5个2～3层高的建筑体量组成[3]，空间组合布局顺应南北主导风向：建筑平面布局南北开口大、中部狭窄，利用侧面树木阻挡可加速主导风的空气流动，喇叭形的风道加强空间的横向通风（图4.2.1-5）。

① 吴春花，温子先. 建筑文化与生态的永恒——访Aedas全球董事温子先［J］. 建筑技艺，2017（2）：100-103.

② Thomas herzog，Hanns jorg schrade，Roland schneider，等. 2000年德国汉诺威世博会26号展厅［J］. 城市环境设计，2016（3）：20-29.

③ 吴国栋，韩冬青. 基于自然通风的空间形态设计——新加坡高等教育建筑六案例分析［J］. 城市建筑，2019，16（34）：92-97.

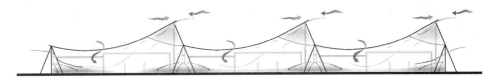

图4.2.1-4　汉诺威世博会26号展览厅自然通风原理示意图

图4.2.1-5　Ventus教学楼喇叭状风道空间

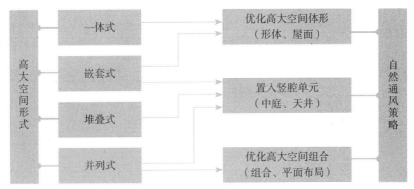

图4.2.1-6　大型公共空间形式与自然通风策略的侧重对应关系

通过对大型公共空间形式和优化自然通风策略的研究，可以总结出空间形式与通风策略之间的对应关系（图4.2.1-6），为不同大型公共空间形式采取的自然通风策略提出侧重性建议：

1）**一体式和嵌套式的大型公共空间适合优先从空间体形的合理设计来提高自然通风效果**。由于一体式空间完整，其功能性对于大型公共空间的整体性依赖较强，不利于在空间内部进行分割，多进行空间外部设计；由于外部通过完整空间包裹，嵌套式大型公共空间内外气流影响界面也较为完整，可以通过对外部形体、开口的合理设置，改善整体室内气流组织，为内部各功能区和人流活动提供舒适性的前提。

2）对于多种功能区复合布置的大型公共空间，置入竖腔单元空间是提高自然通风的有效措施。其包括在大型公共空间内通过"减法"合理布置竖向通风井，打破原有较长的进深，使空间各部分存在相邻的竖腔从而促进自然通风效果；或是利用大型公共空间之间产生的灰空间通过"加法"将灰空间本身赋予竖向风井的作用，增强大型公共空间内部热压通风和各空间之间的对流，同时改善室内外的空气转换。并列式、堆叠式和嵌套式多采用此类措施。

3）并列式大型公共空间宜通过优化空间布局组合以提高自然通风效果。由于缺少外部整体性的围护，并列式大型公共空间的每个内部空间可以视为独立的一体式空间，其空间布置直接影响室内外的气流组织。

2. 通风围护造型

屋顶空间是大型公共空间建筑主要的围护造型，不同造型的屋顶空间对大型公共空间的通风效果影响显著。根据大型公共空间屋顶剖面走势可以分为上凸型、下凹型、水平型和单坡型，具体内容见表4.2.1-2。

大型公共空间建筑常见屋面形式分类　　　　　　表4.2.1-2

屋面类型	类型特征	图示		案例
上凸型	屋面大体为中高侧低的形式	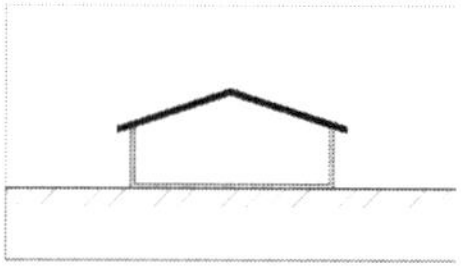	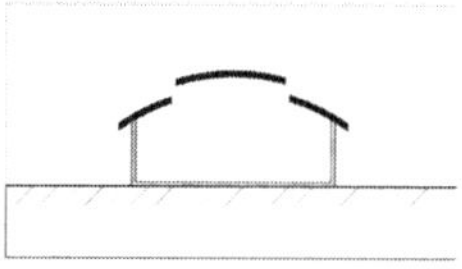	上海南站、杭州东站
下凹型	屋面大体为中低侧高的形式	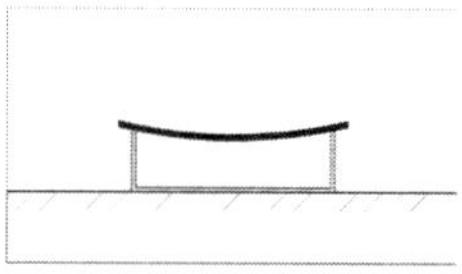	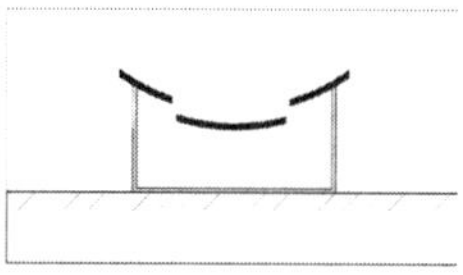	苏州奥体中心游泳馆
水平型	屋面大体走势为水平	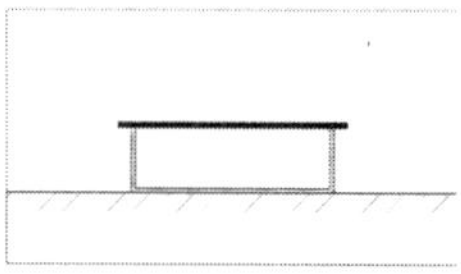	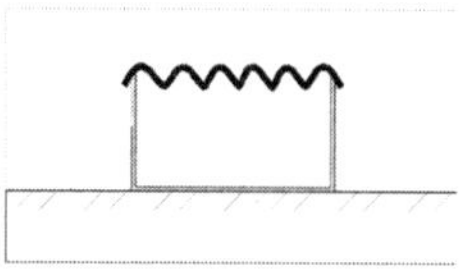	苏州站、南京南站
单坡型	屋面两边一高一低，有坡度，坡度走势沿单一方向延伸	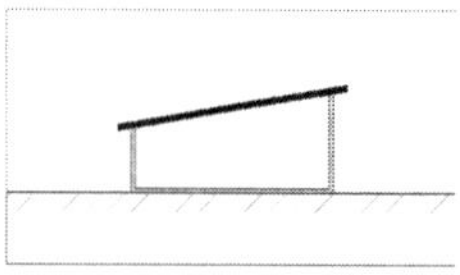	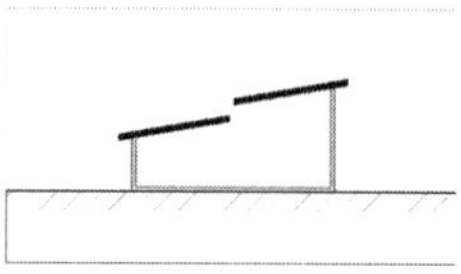	南京国际博览中心、苏州国际博览中心

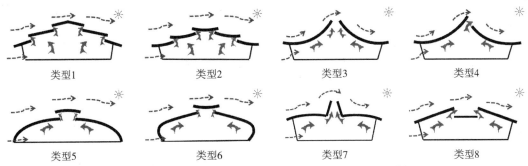

类型1　　　　　　类型2　　　　　　类型3　　　　　　类型4

类型5　　　　　　类型6　　　　　　类型7　　　　　　类型8

图4.2.1-7　基于自然通风的大型公共空间屋顶开口类型演绎

当屋面设置开口时，室内相对静态的空气分层就会受室外气压影响转变为动态的热压通风，室内空气从顶部开口流出，带走室内温度分层顶部聚集的热空气，同时加强屋面通风，有助于屋面散热，减少室内热辐射影响，实现夏季冷负荷的节能。结合不同形式的屋面，大型公共空间常见的屋顶开口通风原理见图4.2.1-7。

大型公共空间建筑内部的空气在垂直方向具有明显的温度差，热气流沿空间垂直坡度向上升，冷气流向下降，造成空气加强对流的现象，产生烟囱效应（Stack Effect）。烟囱效应产生的自然通风量N可用公式（4.2.1-1）[1]计算：

$$N = 0.171 \left[\frac{A_1 A_2}{\left(A_1^2 + A_2^2 \right) 0.5} \right] \left[H(t_i - t_o) \right]^{\frac{1}{2}} \qquad （4.2.1-1）$$

式中：A_1，A_2——进、排风口面积，m^2；

　　　t_i，t_o——室内、室外空气温度，℃；

　　　H——上部出风口与下部进风口的高差，m。

由式（4.2.1-1）可知，提高建筑空间的自然通风量受通风口大小、进风口与排风口之间的温差及高差影响。其中，进风口与排风口之间的高差对于空间围护造型的设计有主要影响。Kevin J. Lomas通过热压通风的原理，结合进气口和出气口的位置不同，总结了4种开口模式[2]，其中有三种开口组合模式适合大进深的平面：（a）边缘进风，中心排风；（b）中心进风，边缘排风；（c）中心进风，中心排风。图4.2.1-8展示了这三种开口组合模式。

此外，还可以在风口处设计构件造型以优化通风效果。从横向空间上看，开口处通过设置翼墙来增大或减小室内通风速度，甚至改变室内流场（图4.2.1-9）。从竖向空间

① 徐吉浣，寿炜炜. 公共建筑节能设计指南［M］. 上海：同济大学出版社，2007：25.
② Lomas KJ. Architectural Design of an Advanced Naturally Ventilated Building Form［J］. Energy and Buildings，2007，39（2）：166-181.

上看，中庭、天井等通风竖井的顶部会通过设置合理造型的风帽、风斗辅助通风，风帽、风斗的造型选择主要基于两方面的考虑：一种是增加引入室内的室外风量，一种是利用室外风压，增强排风口吸风效果以提高室内热压通风效果（图4.2.1-10）。英国诺丁汉大学中央教学楼顶部的金属风斗就是通过可旋转和片状几何的设计，保证室内排出气流总随外部下风向组织，形成最大的负压差，加强排风处的吸风效果（图4.2.1-11）。世界上第一个零碳社区——贝丁顿社区也普遍采用风斗设备增加引流以改善自然通风。

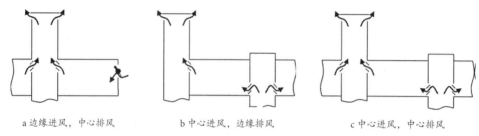

a 边缘进风，中心排风　　　　b 中心进风，边缘排风　　　　c 中心进风，中心排风

图4.2.1-8　适合大进深空间的开口组合模式

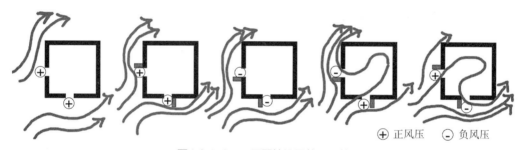

⊕ 正风压　　⊖ 负风压

图4.2.1-9　不同翼墙设置的通风效果

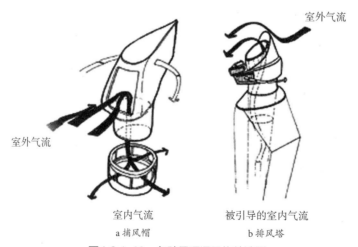

室外气流

室外气流

室内气流

a 捕风帽

被引导的室内气流

b 排风塔

图4.2.1-10　各种屋顶通风构件造型

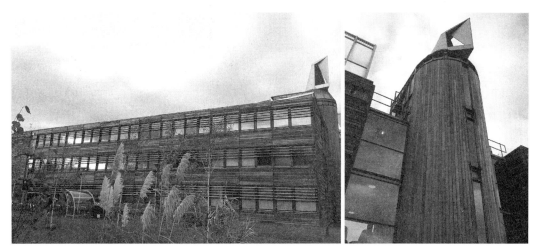

图4.2.1-11 诺丁汉大学中央教学楼大空间及顶部风斗

3. 场地热质与下垫面

建筑通过利用热质在时间上延缓能量传递的特点，为人类在多变的自然条件下提供稳定宜居的庇护场所。热质通常指蓄热能力较强的物质，如土壤和水体等。建筑利用热质吸收日间辐射，将能量吸收，围护材料温度上升缓慢，室内气流通过对流换热的热量相应减少，夜间热量从温度较高的围护材料向温度低的室外环境缓慢散发，如此日夜循环，一定程度上避免室内温度的骤变。自然界中白蚁穴的热适应性就是利用土堆这一热容量高的热质为洞穴内的环境提供了足够的热缓冲，以应对昼夜变化较大的温差[1]（图4.2.1-12）。津巴布韦东门中心（Eastgate）设计就是受白蚁穴热工原理的启发，建筑外墙围护采用蓄热性强的热质材料进行空间建构，使围护空间吸收大量热辐射，而上升温度缓慢，减少对流传递进入室内的热量。建筑整体通过玻璃中庭连接两边楼板空间，白天楼板空间活动的热源产生热羽流，沿管道排入中庭继而从中庭屋顶的烟囱排出，夜晚中庭温度较楼板空间下降较快，通过排气扇将一天中室内浑浊的空气排出，室外冷空气经过混凝土等热质的预热后再进入办公空间，在利用热质对室外空气预冷或预热的作用下，夏季昼夜换气次数分别确定为2次/h和7~10次/h，冬季实现新风的加热，从而使建筑物在改善热舒适和空间使用率之间取得良好平衡[2]（图4.2.1-13）。利用热质优化自然

[1] J. Scott Turner. Rupert Soar. Beyond biomimicry：What termites can tell us about realizing the living building[C]. Loughborough University，2008.
[2] 赵继龙，徐娅琼. 源自白蚁丘的生态智慧——津巴布韦东门中心仿生设计解析[J]. 建筑科学，2010，26（2）：19-23.

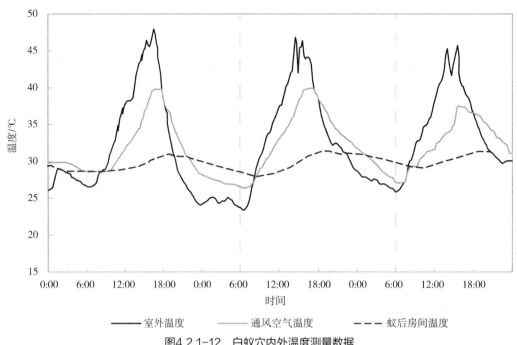

图4.2.1-12　白蚁穴内外温度测量数据

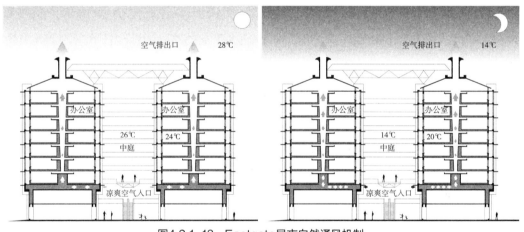

图4.2.1-13　Eastgate昼夜自然通风机制

通风使该建筑的整体空调能耗仅为类似气候条件下建筑能耗的35%[1]，通过全年室内环境温度监测结果（见图4.2.1-14）可知，室内温度波动幅度远小于外界温度波动幅度。

----

[1]　Pearce，M.（n.d.）. CH2—the design process. Retrieved from http://www.halledit.com.au/conferences/sdb2030/presentations/Mick _ Pearce.pdf

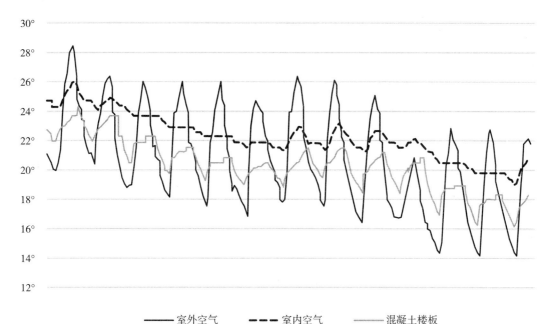

图4.2.1-14 Eastgate室内外温度变化曲线

利用大热质优化自然通风的空间措施主要包括利用场地大热质和改变建筑下垫面。大型公共空间的具体利用形式包括下层土壤、水体和单元辅助用房作为蓄热性强的大热质（表4.2.1-3）。我国夏热冬冷地区传统民居建筑采用地道送风的方式引入凉风，

大型公共空间常见利用大热质的类型   表4.2.1-3

热质类型	利用形式	形式特点	图示
利用土壤	地道风管	通向室内的风管埋于地下，通过土壤的热交换作用，夏季室外热空气进入室内前被动预冷，冬季室外冷空气被动预热	
	地下空间	大型公共空间配套的地下空间（如地下车库）由于土壤覆盖，具有恒温特性，其室内空气温度与大型公共空间空气温度存在温度差，有利于室内热压通风循环	

热质类型	利用形式	形式特点	图示
利用水体	水体风管	通向室内的风管埋于水体内，通过水体的热交换作用，夏季室外热空气进入室内前被动预冷，冬季室外冷空气被动预热	
	开阔水面	大型公共空间周围场地设置开阔水面，通过水面蒸发吸热和高效蓄热调节昼夜室内外通风	
辅助用房	下层布置	在大型公共空间下部设置钢筋混凝土等结构的单元辅助用房，增加下部空间热质蓄热性能，在夏季实现空气的冷却	
	侧向布置	在大型公共空间侧向设置钢筋混凝土等结构的单元辅助用房，增加侧向空间热质蓄热性能，缓解因西晒等情况下气温升高而增加能耗	

也是利用热质蓄热原理实现夏季室内降温（图4.2.1-15）。地道风降温技术现已成熟运用在礼堂、影院等大空间公共建筑中。其原理是利用地层深处土壤全年温度恒定的特点，通过深埋的地埋管道将空气与土壤进行热交换，并由机械送风或诱导式通风将室外新风送入室内，从而改善室内环境状况[1]。大型公

图4.2.1-15 皖南查济传统民居地道送风口

---

① 翁季，王慧芬. 地道风降温技术在夏热冬冷地区农村住宅中的应用研究［J］. 西部人居环境学刊，2013（4）：114-117.

共空间建筑通常占地面积大，建筑场地除建筑本体外，还包括场地中大面积的土壤、水体及地下空间等，这些空间组成都是大面积的热质或被大面积的热质所覆盖，形成了很好的蓄热体。通过利用场地中丰富的蓄热体，可以实现室外空气在夏季实现被动式制冷，在冬季实现被动式预热。

由于水的比热容较大，升高或下降一定温度吸收或放出热量多，开阔水面可以储存大量热量。相同体积的水升高相同的温度时所吸收的热量是同体积混凝土的两倍，这一特征使水面成为冬夏两季空气温湿度的调节器[1]。昌迪加尔行政中心，将大片水域排布在气流的主要方向，并置于具有开口的建筑前方，在炎热干燥季节，风吹过水面之后既能带来凉爽空气，又能保证新鲜空气的湿度，有利于调节室内舒适度（图4.2.1-16）。

夏热冬冷地区由于全年多雨潮湿，在建筑空间和下垫面的关系上也存在底部架空的形式改善通风。建筑空间通过抬高底部楼板，使大型公共空间架空于场地下垫面，下垫面多为土壤、绿植、水体等蓄热性较强的物质，且建筑自遮阳作用使架空层受日照辐射少，便可在建筑底层形成一个温差变化不大的通风带，利于形成穿堂风，夏季风通过架空层进入室内，可带来凉爽新鲜的空气。同时底部架空形式优化自然通风，也符合部分大型公共空间建筑的使用特点，尤其是交通建筑中的高铁站，候车厅空间多设置在二层及以上的高度，下部常设置有面积较大的架空层（图4.2.1-17）。通过采用底部架空设计，既符合目前高铁站使用功能，又提高密集人流疏散效率，集约土地资源，且有防潮防湿改善通风的功能，在过渡季节能降低机械通风能耗从而减少碳排放。

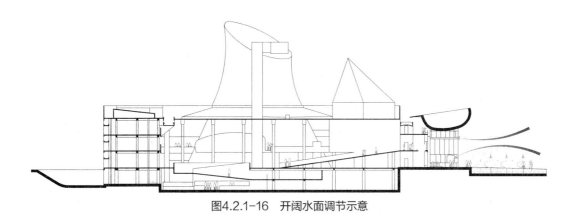

图4.2.1-16　开阔水面调节示意

① 阿尔温德·克里尚，尼克·贝克等著. 建筑节能设计手册——气候与建筑. 刘加平等译. 北京：中国建筑工业出版社，2005.

a 南京南站出站层   b 苏州站出站层

图4.2.1-17　夏热冬冷地区常见高铁站架空层空间

4.2.2　改善温度分层现象的通风策略

　　温度分层现象是一种广泛存在于建筑内部空间的物理现象。自然条件下室内近似不可压缩的空气密度随温度升高而变小，密度小的热空气在上，密度大的冷空气在下，这是热分层形成的根源[①]。由于室内高度高，大型公共空间建筑室内普遍存在明显的温度分层现象，大空间垂直方向上温度变化远大于水平方向上的温度变化[②]。温度分层现象随着空间高度的增加而越发突出。热分层现象为改善室内空气品质、提高舒适性及节能提供了重要途径[③]。大型公共空间显著的温度分层现象有利于抑制空间上部污染物向下部人员活动区的扩散，提高室内人员活动区域的空气品质。在夏季由于冷空气向下移动，下部活动区域降温负荷减小，有利于空调节能；但在冬季由于热空气向上部移动，易浪费部分热量，下部活动区升温缓慢，增加能耗。在对东南大学四牌楼校区图书馆中庭阅览空间的实测中，即使供暖空调出风口设置在空间下部，其高度5m处的室温也要比高度1.5m处的室温高11℃（表4.2.2-1）。在夏季要增强温度分层现象，冬季要缓解温

东南大学四牌楼校区图书馆中庭空间温度分层现象实测情况表　表4.2.2-1

测试日期	测试仪器	空调供热温度（℃）	中庭通高 H（m）	实测点高度 h（m）	实测点温度稳定值（℃）	温度差值（℃）
2019年12月24日	testo405i 温度风速测量仪	22	8.93	$h_2=5$	30.5	11
				$h_1=1.5$	19.5	

---

① 高军. 建筑空间热分层理论及应用研究［D］. 哈尔滨：哈尔滨工业大学，2007.
② 陈龙. 候车大厅不同送风方式的热舒适性数值模拟研究［D］. 武汉：华中科技大学，2011.
③ 李传成. 大空间建筑通风节能策略［M］. 北京：中国建筑工业出版社，2011：83.

度分层现象。本节具体讨论置换通风、地板辐射供冷、太阳能烟囱、空气处理单元四种改善温度分层现象的通风策略，以实现机械通风的节能低碳。

1. 置换通风

目前大型公共空间建筑多采用分层空调系统。分层空调是指仅对大型公共空间的下部空间（空气调节区域）进行空气调节，保持一定的温湿度，而对上部区域不要求空调的空调方式。分层空调出风口位置一般位于建筑室内中下部，回风口位于建筑底部，在空调区域中形成上送下回的气流组织[①]，常见的分层空调气流组织见图4.2.2-1。分层空调同样产生了空间气流温度的分层，但下部工作区仍然是通过混合空气进行温度调节，上送下回的气流扰乱了原有大型公共空间的温度分层现象，同时增加了送风空间，一定程度上增加了通风能耗，产生额外的碳排放。

针对上述问题，可以在大型公共空间中采用置换通风以更好地利用温度分层现象实现节能。置换通风是将新鲜空气以低风速、低紊流度、小温差的方式，送入室内人员活动区下部，以层流运动向上驱逐旧有浑浊空气。常见的置换通风气流组织见图4.2.2-2。

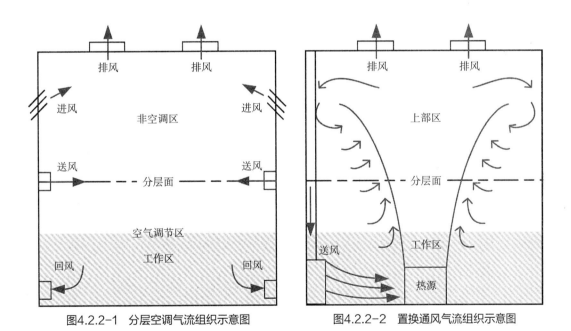

图4.2.2-1 分层空调气流组织示意图　　　图4.2.2-2 置换通风气流组织示意图

---

① Wang Haidong, Zhou Pengzhi, Guo Chunsheng. On the calculation of heat migration in thermally stratified environment of large space building with sidewall nozzle air-supply [J]. Building & Environment, 2019, 147: 221-230.

送风口送入室内的新鲜空气温度通常低于室内上工作区的温度2~4℃。较凉的空气由于密度大而下沉到地表面。置换通风的送风速度约为0.25 m/s左右。送风的动量很低以致对室内主导气流无任何实际的影响。新鲜冷空气由于自身重力在下部扩展形成空气湖，受人员活动区的热源影响产生热羽流，空气进而缓慢上升，空气混合区在空间顶部形成，混合的空气从上部排风口排出。

比较两种气流组织，传统的分层空调以在空间下部混合并稀释原有空气为基础，实现室内降温，其混合空气区域仍聚集在空间下部，其上送下回的气流组织容易扰乱大型公共空间的原有温度分层现象；置换通风以浮力控制为基础，通过新鲜空气置换原有空气，减少与原有空气混合，且空气混合区域多为空间上部。置换通风的特性有利于实现节能与室内舒适性的平衡，具体有如下优点：

1）节约设备能耗

置换通风的气流组织避免了空间上部的灯具照明和屋顶辐射的热对流进入下部空气调节区，下部工作区的制冷效率提高，送风量大大减少，降低相关设备运行能耗。有研究表明，与传统空调系统比较，置换通风空调系统送风量节省55.29%，冷负荷方面节省冷量56.16%[1]，空调系统设计能效比DEER可达到3.65[2]，定风量置换通风系统可节能5%~10%，变风量系统可节能10%~15%[3]。

2）提高空气品质

室内空气品质可以用换气效率、通风效率及污染源的分布特征衡量。置换通风的换气效率通常介于50%~67%，通风效率介于100%~200%[4]，其置换性的气流方式避免新鲜空气与污浊气体在工作活动区域混合堆积，通过加强温度分层现象，避免分层界面低于工作活动区的高度，污染物主要聚集在大型公共空间顶部，从顶部排风口排出。

3）提高人体舒适性

室内人体舒适性可以从吹风感、温度分布和CO_2浓度等方面衡量。置换通风送风速度较为平缓，降低了工作区的吹风感；除靠近热源之外的水平方向统一高度平面上的空气温度基本无差别，空气温度分布较为均衡，"忽冷忽热"的室内体感不明显；采用置

① 王岳人，刘宇钏. 置换通风空调系统的节能性分析［J］. 沈阳建筑大学学报（自然科学版），2007（3）：457-460.
② 周俊杰，吴大农. 深圳国际低碳城会展中心空调系统的设计与评价［J］. 建筑经济，2014（2）：60-62.
③ 于燕玲，由世俊，王荣光. 置换通风的应用及研究进展［J］. 中国建设信息（供热制冷专刊），2005（6）：61-65.
④ Mathis en H. Case studies of displacement ventilation in public halls［J］. ASHARE Transactions 1989，95（2）：1018-1027.

换通风系统无论在热舒适性还是CO_2浓度方面都具有良好的性能，在大型公共空间中有较高的局部CO_2去除效率[①]。

根据送风口空间布置的不同，大型公共空间的置换通风形式主要有落地式、地坪式和架空式。落地式主要将置换通风末端装置放置在近地面以上，通常结合工作区桌椅等家具进行一体化设计（图4.2.2-3），常见于会展类、观演

图4.2.2-3　江苏大剧院座椅置换通风设计

类和体育类大型公共空间建筑。地坪式主要将置换通风的送风末端嵌入地板夹层，新风从地坪开口处送入室内，采用此方式设计需考虑地坪送风口的维护，防止杂物堵塞，常见于博览类、观演类建筑。当工作区域地面布置设备及运输通道等不利于底部布置风口时，可采用架空式置换通风，即送风口架空安装，新风以低流速向下沉降，通过热源的浮力作用实现室内气流组织。

2．地板辐射供冷

地板辐射供冷系统由于其显著的平衡热舒适性和节能效果而得到推广[②]。地板辐射供冷是通过铺设在地板的辐射供冷盘管通过辐射和对流换热的方式与室内空气进行热交换，以辐射方式为主定向均匀供冷，达到夏季舒适的供冷效果。采用地板辐射供冷，室内平均辐射温度和作用温度随围护表面温度的降低而下降，从而降低了暖通工程的设计温度，实现空调能耗的节约[③]。研究表明[④]，地板辐射供冷比常规空调系统节能28%～40%。同时地板辐射供冷的效果随室内太阳辐射量的增高而有自调节功能：当室内太阳辐射使室内围护内表面温度升高时，冷辐地板与房间围护结构其余表面的辐射换热量会大幅提高。在大型公共空间建筑中往往也将地板辐射供冷系统与置换通风系统相结合，提高系统制冷效率，极大地节省空调能耗，降低空调运行产生的碳排放。

① Mateus NM，Da Graca GC. Simulated and Measured Performance of Displacement Ventilation Systems in Large Rooms ［J］. Building and Environment，2017，114：470-482.

② Liu，J.，et al.，A case study of ground source direct cooling system integrated with water storage tank system. Building Simulation ［J］，2016. 9（6）：659-668.

③ 谭柳丹. 夏热冬冷地区大空间公共建筑的自然通风设计研究 ［D］. 长沙：湖南大学，2016：65.

④ 张宁，杨涛. 地板辐射供冷技术的应用分析 ［J］. 应用能源技术，2008（10）：27-30.

3. 太阳能烟囱

太阳能烟囱的工作原理是利用穿透屋面玻璃盖板的太阳辐射增加烟囱内外温差，从而增加热压和室内上部空间浮力，利用烟囱效应的抽吸作用使室外新风从建筑下部进风口进入，热空气从建筑物上部出风口排出，达到增加室内通风量、改善热压通风效果[①]。其主要特征是在大型公共空间烟囱顶端设计由透明面层、空气间层和蓄热体组成的太阳能蓄热空间（图4.2.2-4）。

根据工作原理，太阳能烟囱在空间设计上应尽量朝向南面等日照充足的阳面。同时增加太阳能烟囱长度可以加强室内垂直通风效果，提高烟囱效应的通风效率[②]。通过工程实践研究，提高太阳能烟囱对室内气流的拔风作用，重点是提高进排风口之间的"三差"（即高度差、温度差、压力差）[③]。成功大学的绿色魔法学院设计就通过采用三组太阳能烟囱系统充分发挥室内自然通风效果，减少空调的使用时间，从而减少空调能耗与碳排放。太阳能烟囱的形态符合流体力学的要求，高耸扁平的体量为其服务的大空间提供风场均匀、风速适中的拔风吸力（图4.2.2-5）[④]。

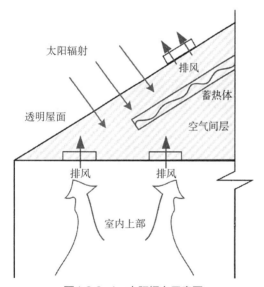

图4.2.2-4 太阳烟囱示意图

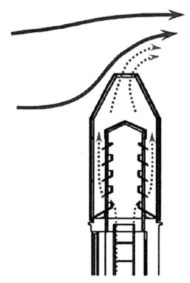

图4.2.2-5 成功大学太阳能烟囱排风口示意图

---

① 苏亚欣，柳仲宝. 太阳能烟囱强化自然通风的研究现状［J］. 科技导报，2011，29（27）：67-72.

② 翟晓强，王如竹. 太阳能强化自然通风理论分析及其在生态建筑中的应用［J］. 工程热物理学报，2004（4）：568-570.

③ Nick B.，Koen S.. Energy and Environment in Architecture［M］. New York：E&FN Spon，2000.

④ 杨倩苗，薛一冰，张晨悦. 太阳能烟囱建筑设计案例分析［J］. 山东建筑大学学报，2015，30（6）：590-595.

4. 空气处理单元

在冬季，大型公共空间的热分层现象会增加室内供热能耗，有研究显示，竖直方向温差每增大1℃，供热能耗增加4.8%[1]。对于冬季供暖，需要通过削弱温度分层现象节约能耗。大型公共空间常见的分层空调系统一定程度上可以打破温度分层现象，但其避免不了送入室内的热空气上升，使下部工作区域得不到有效的供暖。通过对空调末端设置空气处理单元，空气经过分级加压后在换热器中被加热/

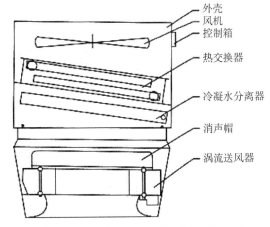

图4.2.2-6 空气处理单元主体结构示意图

外壳
风机
控制箱
热交换器
冷凝水分离器
消声帽
涡流送风器

制冷，经由涡流送风口喷射到人员活动区域，形成集中送风，可有效缓解大型公共空间冬季供暖时热分层现象[2]。空气处理单元的结构如图4.2.2-6，通过设置导流板角度可调的涡流送风器，实现送风的多角度调节。对大型公共空间建筑进行供暖时，大型公共空间空气处理单元相比分层空调系统可降低垂直温差，同一候车厅中，采用空气处理系统时，垂直高度温差约为4℃，而采用分层空调时垂直温差约为6℃（表4.2.2-2），通过采用空气处理单元可减小热负荷，供热时的能耗更低，其热负荷可节能21.3%[3]。

采用两种系统时大型公共空间候车厅温度分布情况　　表4.2.2-2

竖直高度 /m	温度 /℃	
	大型公共空间空气处理单元	分层空调系统
0 ~ 2.0	18.1	18.1
2.0 ~ 5.0	20.7	23.4
5.0 ~ 7.0	20.4	23.2
7.0 ~ 8.5	21.0	23.4

① SAID M N A, MACDONALD R A, DURRANT G C. Measure-ment of thermal stratification in large single-cell buildings [J]. Energy and Building, 1996, 24（2）: 105-115.

② RAHIMI M, TAJBAKHSH K. Reducing temperature stratification using heated air recirculation for thermal energy saving [J]. Energy and Buildings, 2011, 43（10）: 2656-2661.

③ 彭珊, 于靖华, 杨清晨, 等. 高大空间空气处理单元气流组织特性分析 [J]. 制冷与空调, 2020, 20（3）: 40-44.

竖直高度 /m	温度 /℃	
	大型公共空间空气处理单元	分层空调系统
8.5 ~ 10.0	22.0	23.4
10.0 ~ 12.0	22.9	23.5
12.0 ~ 14.0	21.9	23.8
14.0 ~ 16.0	21.9	24.1
16.0 ~ 18.0	22.1	24.1

4.3 优化建筑采光遮阳策略

我国照明能耗占建筑运行总能耗的40% ~ 50%，约占社会总用电量的12%左右[1]，合理利用自然光照明，有助于实现照明的节能低碳。同时，夏热冬冷地区由于过多的太阳辐射进入室内，在炎热季节会加大室内制冷需求的设备能耗，合理优化遮阳系统，在夏热冬冷地区是实现建筑节能减排的重要环节之一。

4.3.1 建筑自然采光优化

自然采光无污染、无能耗，具有先天的节能低碳特征。在大型公共空间建筑中，利用自然采光主要通过顶面采光和侧面采光。顶面采光天窗具有节能、采光效率高、构造简单、布置灵活、易达到室内照度均匀的特点，是大型公共空间重点研究的采光形式；侧面采光往往会造成眩光，并且区域局限性较大[2]，在利用过程中应规避其不利因素。

1. 顶面采光

建筑的顶面采光可通过以下五类方法实现：①屋面设采光天窗；②结合屋面构件采光；③利用结构组合缝隙；④全透射顶棚；⑤导光管系统（表4.3.1-1）。

---

[1] 中国城市科学研究会. 绿色建筑2008［M］. 北京：中国建筑工业出版社，2008：49.
[2] 史立刚，袁一星. 大空间公共建筑低碳化发展［M］. 哈尔滨：黑龙江科学技术出版社，2015：96.

五类屋顶采光   表4.3.1-1

序号	屋面采光种类	特点	案例
1	屋面天窗	在屋面进行天窗布置，不受结构限制	苏州火车站
2	结合屋面构件采光	将采光形式与屋盖结构构件相结合	浦东机场
3	利用结构组合缝隙	由两个或多个结构单元组合的屋顶中利用交界缝隙自然采光	苏南硕放机场
4	全透射顶棚	采用有肌理的半透明材料	上海浦东足球场
5	导光管系统	通过采光罩高效采集自然光线导入系统内重新分配	同济大学嘉定体育馆

1）屋面天窗

天窗的形式可以分为高侧窗、采光顶、锯齿形天窗和水平天窗（图4.3.1-1）。其中，采用高侧窗、采光顶或锯齿形天窗等竖向开窗的天窗既可避免过多直射光进入室内产生眩光，又利于结合室外风压通风提高进风量与排风量，锯齿形天窗多在炎热地区朝北开窗。在夏热冬冷地区，应尽量减少水平天窗的面积。

2）结合屋面构件采光

采光形式与屋盖结构构件相结合，屋盖结构构件的属性对自然采光特征影响较大。巴伦西亚天文馆通过一个透明的拱形罩覆盖实现自然采光，透明罩框架长110m，宽55.5m，框架可部分开启，其建筑空间可以在不同开启下进行室内外空间的变化；浦东国际机场T2航站楼的屋顶采光受Y形柱支承的多跨连续张弦梁的结构体系影响，在顶部结构中设置梭形天窗[①]，不仅增强自然采光和节能效果，同时沿室内进深方向的开合带有很强的指向性与整体性（图4.3.1-2）。

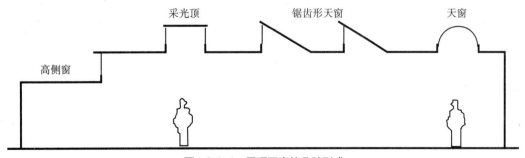

图4.3.1-1 屋顶天窗的几种形式

---

① 郭建祥，高文艳. 上海浦东国际机场新T2航站楼［J］. 时代建筑，2008（3）：126-131.

图4.3.1-2 浦东T2航站楼梭形天窗

图4.3.1-3 硕放机场"睡莲"屋面

3）利用屋面组合缝隙

通过利用屋面之间的交界缝隙，实现自然采光。苏南硕放机场二期航站楼采用四管格构柱作为结构支撑构件，以24m×24m正交正放交叉桁架与四肢钢管柱上为结构单元体[①]，模数化柱网形成轻巧的方形"睡莲"屋面（图4.3.1-3），"睡莲"屋面之间自然形成采光间隙，通过"睡莲"周边带形天窗与内部遮阳膜相结合，使室内自然光在白天充足均匀，达到照明标准，促进照明系统的节能低碳（图4.3.1-4）。

4）全透射顶棚

常见有张拉膜和充气膜等形式，采用有肌理的半透明材料（如膜材料和阳光板）。张拉膜表面高度光滑和光洁，营造

图4.3.1-4 "睡莲"之间的采光带

室内透光效果[②]，充气膜在结构跨度中不需要任何支撑，适用于超大跨度建筑，可做成150m×300m×30m的连续无柱大空间，且充气膜结构具备一定的节能效果，其空调能

---

① 徐平利，李佳音. 睡莲之上，莲花怒放——苏南硕放国际机场一、二期航站楼一体化建筑设计［J］. 建筑技艺，2015（8）：28-35.
② 张其林. 膜结构体系的应用和发展［J］. 世界建筑，2009（10）：36-39.

耗是传统结构体育场馆的近20%～25%[1]。康沃尔郡伊甸园是世界上最大的植物温室[2]，由8个轻型蜂巢式穹顶构成，每个穹顶由六角形天窗组成，顶棚铺设半透明的四氯乙烯薄膜材料，提供了最大化的透光表面积。上海浦东足球场，其约3.5万个观众席上的整体屋盖，由46榀径向梁承托，其上部靠近足球场内场的屋顶部分由半透明材料包裹，使更多阳光透射进球场内部，保证草皮能够接受充足的日照[3]。

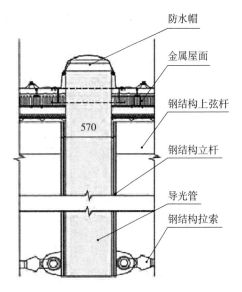

图4.3.1-5　嘉定体育馆导光管安装节点

5）导光管系统

自然光线往往有眩光、照度不稳定且受天气影响大等局限性，满足不了部分大型公共空间建筑严格的光照要求，自然采光的体育馆通常不能举办正式比赛[4]。通过采用导光管系统可以改善自然采光的局限性。自然光通过导光装置高效传输并通过漫反射均匀散射至室内，避免了眩光问题，并可通过可调节遮光片控制光线的进入量。同时导光管系统的使用寿命超过25年，几乎没有维护成本，往往将导光管系统与建筑结构进行一体化设计，作为建筑采光重要的组成部分。同济大学嘉定体育馆将导光管采光技术和钢结构进行一体化设计[5]（图4.3.1-5），经计算，通过屋顶安装的76个导光管，照度约100lx，满足体育训练的照度要求，节约了照明能耗，降低了人工照明的碳排放。

2. 侧面采光

大型公共空间建筑中通过侧面采光，需要着重考虑把更多自然光线引入室内较深处，同时尽量使室内照度均匀，保证相关光照要求。现代大型公共空间建筑的立面多采用大面积的玻璃幕墙，其本身提供了有利的侧面采光条件。以航站楼、高铁站为例的交

① 刘晓静，吴晓威. 浅谈充气膜结构在校园体育场馆中的应用［J］. 建设科技，2018（1）：66-67.
② 百度百科. 康沃尔郡伊甸园［EB/OL］. https://baike.baidu.com/item/%E5%BA%B7%E6%B2%83%E5%B0%94%E9%83%A1%E4%BC%8A%E7%94%B8%E5%9B%AD/6854819?fr=aladdin，2020-04-28.
③ 上海发布. 上海浦东足球场设计方案获批，计划2021年完工［EB/OL］. https://www.thepaper.cn/newsDetail_forward_2000439，2020-04-28.
④ 汤朔宁，程东伟. 体育建筑领域技术集成应用与研究［J］. 城市建筑，2018（8）：15-17.
⑤ 程东伟，罗宇. 导光管与钢结构的一体化设计——以同济大学嘉定校区体育馆为例［J］. 建筑技艺，2015（10）：122-123.

通类大型公共空间，其不间断运营的工况，照明系统的运行时间长、能耗大，优化大型公共空间的侧面采光有利于节约照明能耗和营造良好的室内光环境。大型公共空间的侧面采光先天优劣条件见表4.3.1-2。利用大型公共空间的侧面自然采光，应做到"取长补短"的使用原则。

<table>
<tr><th colspan="2">大型公共空间的侧面自然采光先天优劣条件　　　　表4.3.1-2</th></tr>
<tr><th>优势</th><th>劣势</th></tr>
<tr><td>大型公共空间侧面采光面积大，围护结构普遍采用玻璃幕墙等采光性强的表皮</td><td>大型公共空间多为大进深，侧面采光影响范围有限，距窗较远区域照度明显不够，整体空间照度分布不均匀，平均采光系数低</td></tr>
</table>

我国夏热冬冷地区太阳辐射多从南部照射，南向能获得最多的阳光，是最佳的侧面采光朝向。而北向开窗可以保证入射光线具有稳定的强度，避免眩光问题，大型公共空间的北向侧面采光条件比较理想。东、西向的侧面采光由于日出日落的轨迹，往往有严重的眩光现象，且采光时间短，一天之内的采光强度不稳定，应避免。

通过加设反光板、棱镜玻璃或导光管系统，可改善进深较大区域的采光。反光板是比较传统的自然采光构件，通常是安装在立面窗口内侧或者外侧的，在眼睛高度以上的水平或倾斜的挡板[1]（图4.3.1-6）。不同于反光板采用光线反射原理，棱镜玻璃采用改变光线透射方向实现对侧向采光效果的改善。棱镜玻璃是指在双层玻璃的内腔中加入透明聚丙烯材料制成的薄而平（锯齿形）的薄膜，用于改变光的投射方向或折射自然光[2]。由于棱镜玻璃作为建筑构件内部的加工，其可按正常立面表皮进行安装，满足不同的安装位置。根据不同的导光性能要求，调整棱镜角度将入射光变更传导至需要的室内传播范围内，再通过与室内顶棚的二次反射配合，使太阳光照射到房间更深处（图4.3.1-7）。导光管系统不仅常用于屋顶采光，同时也广泛应用于改善侧面采光：通过采集罩高效收集侧向自然

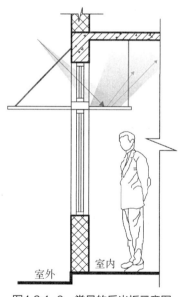

图4.3.1-6　常见的反光板示意图

① 戴立飞，高辉，谢贤文. 反光板在建筑自然采光中的应用［J］. 工业建筑，2007（12）：54-57.
② 江苏省住房和城乡建设厅科技发展中心. 江苏省绿色建筑应用技术指南［M］. 南京：江苏科学技术出版社，2013：307.

光线，通过系统导入空间内部重新分配，再经过光导纤维传输和强化后，由系统底部漫射装置将自然光高效均匀地照射到需要照明的内部空间[1]。

图4.3.1-7　棱镜玻璃室内侧面采光导光示意图

通过在大型公共空间内穿插采光中庭，增加中庭周围的侧向采光，也可缓解大进深带来的自然采光问题。有中庭的空间具有较大的曝光角，更容易利用自然光[2]。利用中庭改善侧面采光的效果与中庭顶部的透光性、中庭墙壁的反射率和中庭的空间几何比例等因素有关。在中庭围护结构和材料特性相同的情况下，采光中庭的口底比（中庭顶面负形周长与中庭底面负形周长的比值）对建筑室内照度均匀度的效果有影响，照度大小和均匀度，口底比为1：3的室内空间自然光环境最优[3]。匈牙利布达佩斯中欧大学的改建设计中，建筑师采用不同几何比例形状的中庭改善自然通风和自然采光，其中，相邻于阅读空间的中庭，为发挥其自然采光的效果，采用合理的口底比例与斜向玻璃覆盖，为室内阅读空间带来照度、均匀度优良的自然光线（图4.3.1-8、图4.3.1-9）。

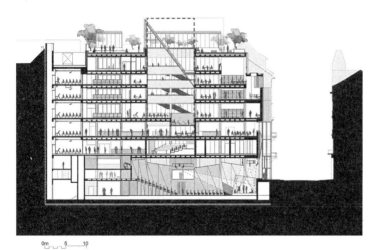

0m　5　10

图4.3.1-8　中欧大学阅读区采光中庭剖面

图4.3.1-9　中欧大学阅读区中庭采光

---

① 江苏省住房和城乡建设厅科技发展中心. 江苏省绿色建筑应用技术指南［M］. 南京：江苏科学技术出版社，2013：305.
② 徐吉浣，寿炜炜. 公共建筑节能设计指南［M］. 上海：同济大学出版社，2007：30.
③ 肖葳. 适应性体形绿色建筑设计空间调节的体形策略研究［D］. 南京：东南大学，2018.

4.3.2 建筑遮阳设计优化

在夏热冬冷地区，设计合理的遮阳是减少夏季太阳辐射得热量的重要手段，根据大型公共空间建筑大体量的特征，首先从空间形体上优化遮阳效果，其次结合相应遮阳构件进行讨论。

1. 形体自遮阳

针对夏热冬冷地区的公共建筑，其空间形体的节能低碳设计以减少空间冷负荷为主，即节约制冷能耗是首要目标。相对于空间自得热，该地区建筑形体侧重考虑夏季自遮阳。建筑形体的自遮阳效果与建筑热倾斜角和太阳辐射强度有关。热倾斜角指建筑立面与垂直方向或建筑屋面与水平方向所成的夹角。按主要热倾斜角所处部位可分为横向型、竖向型和混合型三类（表4.3.2-1）。建筑的形体自遮阳可以是建筑整体空间的形态变化，也可以是局部空间的错落与凹凸（如阳台的自遮阳）。太阳辐射强度与太阳高度角有关，太阳高度角愈大，则太阳辐射强度愈大。不同纬度的太阳高度角不同，夏热冬

常见大型公共空间自遮阳类型 　　　　　表4.3.2-1

自遮阳类型	特征	图例	
横向型	主要通过空间造型的高度差实现横向自遮阳，顶部空间变化效果为主，主要考虑屋面热倾斜角		
竖向型	主要通过空间造型的横向外挑与内退实现竖向自遮阳，立面空间变化效果为主，主要考虑立面热倾斜角		
混合型	兼顾横向型和竖向型，顶部与立面都考虑热倾斜角设计		

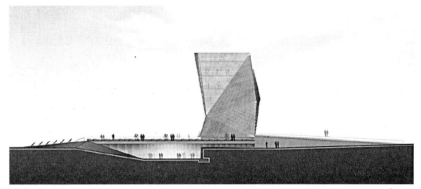

图4.3.2-1　宁波诺丁汉大学可持续能源技术中心大楼东立面图

冷地区的范围大致为陇海线以南，南岭以北[1]，其纬度范围大致为35°N～25°N，相对于北方地区，该地区可获得较大的太阳高度角（55°～65°），夏季太阳辐射从建筑顶部获取较多，对于竖向型自遮阳形式采用较多。

宁波诺丁汉大学可持续能源技术中心大楼设计为倾斜、扭转的形态，目的是兼顾各季节的得热与遮阳措施[2]。通过南向立面下部向内12°的遮阳倾斜角，使南向在过渡季节保证满窗日照，在夏季和一天的下午由于自遮阳避免了过热的产生[3]（图4.3.2-1）。

2. 围护构件遮阳

1）开窗策略

在建筑外窗（包括透明幕墙）、墙体、屋面三大围护部件中，窗（包括透明幕墙）的热工性能最差，是影响室内热环境质量和建筑能耗最主要的因素之一[4]。因此首先通过开窗策略优化建筑的遮阳。开窗策略主要包括开窗面积和开窗朝向。

目前大型公共空间建筑多采用大面积的透光幕墙。采用玻璃幕墙等窗墙比较大的侧面采光时，在满足进光量的同时也要兼顾光照强度和热负荷能耗的平衡。侧面采光的窗墙比对能耗的影响具有气候差异性[5]。对于夏热冬冷地区的公共建筑，其各单一立面窗

---

① 中国建筑科学研究院. 夏热冬冷地区居住建筑节能设计标准：JGJ134—2010.［S］. 北京：中国建筑工业出版社，2010.

② MCA. Architectural report for 'THE KO LEE INSTITUTE OF SUSTAINABLE ENVIRONMENTS' Building Ningbo，China［C］，2006.11.

③ 吴韬，郭晓晖，邢晓春，等. 能源自给自足的绿色办公楼——宁波诺丁汉大学可持续能源技术研究中心［J］. 建筑学报，2008（10）：84-87.

④ 徐吉浣，寿炜炜. 公共建筑节能设计指南［M］. 上海：同济大学出版社，2007：16.

⑤ 于沈尉，王金奎. 不同热工分区下窗墙比对住宅能耗差异性分析［J］. 建筑节能，2019，47（10）：146-150.

墙面积比（包括透光幕墙）均不宜大于0.70。根据单一立面外窗（包括透光幕墙）的窗墙比，夏热冬冷地区大型公共空间建筑围护结构热工性能限值见表4.3.2-2[①]。

夏热冬冷地区大型公共空间建筑围护立面外窗热工性能限值　　　表4.3.2-2

围护结构部位		传热系数 K [W/(m²·K)]	太阳得热系数 SHGC （东、南、西向/北向）
单一立面外窗（包括透光幕墙）	窗墙面积比≤0.20	≤3.5	—
	0.20<窗墙面积比≤0.30	≤3.0	≤0.44/0.48
	0.30<窗墙面积比≤0.40	≤2.6	≤0.40/0.44
	0.40<窗墙面积比≤0.50	≤2.4	≤0.35/0.40
	0.50<窗墙面积比≤0.60	≤2.2	≤0.35/0.40
	0.60<窗墙面积比≤0.70	≤2.2	≤0.30/0.35
	0.70<窗墙面积比≤0.80	≤2.0	≤0.26/0.35
	窗墙面积比>0.80	≤1.8	≤0.24/0.30

窗的朝向不仅考虑自然采光，也要兼顾防止夏季多余的热辐射进入。图4.3.2-2显示在夏热冬冷地区42°N处，晴朗天气状况下的各朝向窗户在一年中一天的太阳辐射变化情况：在立面开窗朝向上，由于夏热冬冷地区南向窗户在夏季有较高的太阳高度角，夏季得热

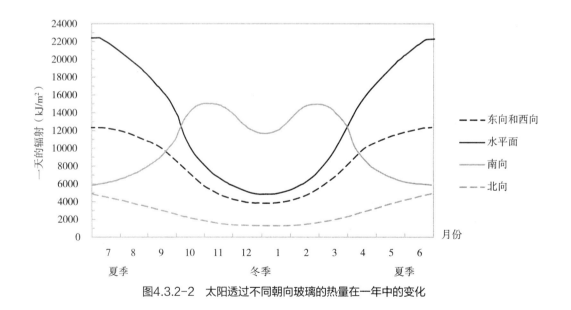

图4.3.2-2　太阳透过不同朝向玻璃的热量在一年中的变化

---

① 相关数据摘自《公共建筑节能设计标准》GB50189—2015。

不多，而冬季比其余朝向的窗户更能获得较多的太阳辐射，故南向为最适合开窗面；由于"西晒"现象，西向开窗常会设置遮阳构件阻挡阳光。由于屋顶采光在大型公共空间利用率较大，而在夏季通过天窗进入室内的太阳辐射最多（是南窗太阳辐射的4倍），因此对屋顶朝向的开窗需权衡考虑。对于夏热冬冷地区的公共建筑，其屋顶透明部分面积应小于等于屋顶总面积的20%，且屋顶透明部分传热系数K不应大于2.6［W/（$m^2 \cdot K$）］，太阳得热系数SHGC不应大于0.3[①]。

  2）遮阳方式

  根据空间内外可分为外部遮阳、内部遮阳和中部遮阳（图4.3.2-3）。外部遮阳是将遮阳构件安装在建筑室外，太阳照射时，一部分热量被外遮阳构件吸收阻挡，另一部分被流动空气带走，实现进入室内的热量减少，同时阻止太阳直射入室，由于安装在室外，受外部环境因素影响大，且影响建筑外观。中部遮阳是将遮阳百叶和遮阳材料安装在围护部件内部，作为建筑构件一体化产品使用，通过围护部件的遮阳效果升级实现阻挡太阳辐射，改善室内的光环境，由于其遮阳构件在围护部件内部，维修难度增加，易增加围护部件的升温。内部遮阳是将遮阳构件安装在室内，由于太阳辐射已经通过围护部件进入室内，其隔热效果不及外遮阳和中部遮阳，其遮阳效果更倾向防止眩光和保障内部私密。夏热冬冷地区的遮阳目的是防止眩光和过多太阳辐射进入室内，应优先选择遮阳效果最优的外部遮阳，提倡多种遮阳形式的配合使用。

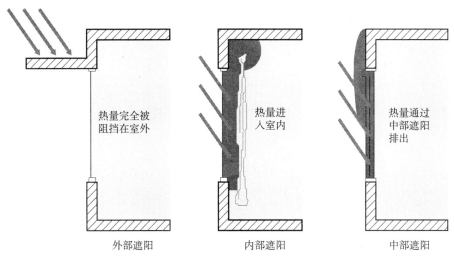

图4.3.2-3　外部遮阳、内部遮阳和中部遮阳三种形式示意图

① 中华人民共和国住房和城乡建设部. 公共建筑节能设计标准：GB50189—2015［S］. 北京：中国建筑工业出版社，2015：11.

屋顶遮阳构件往往结合多种用途综合考虑，常见的屋顶外遮阳方式有：光电板遮阳系统、绿植屋架和双层屋面等形式。光电板遮阳系统在满足减少屋顶入射热量的同时通过将太阳能转化为可利用的电热能，实现建筑清洁能源的利用，减少碳排放；绿植屋架通过植被的透光率，减少眩光和入室热量，同时提升屋顶美化效果，提高建筑的绿植碳汇作用；双层屋面是通过在透光屋面的外部或内部设置具有遮阳效果的屋面层，通过设置固定位置或采用可调节的方式控制入射太阳光，降低眩光和热辐射。

关于立面遮阳，结合夏热冬冷地区遮阳目的，本书具体研究外遮阳的相关形式（表4.3.2-3），外遮阳又可分为固定式和活动式。固定式由于遮阳装置的不可调节，在安装设计时需不影响冬季自然采光，应根据高温结束时太阳的高度角A来确定"充分遮阳线"[1]。活动式可通过灵活调节以适应季节变化的太阳热辐射的阻挡与利用，但需兼顾视野质量与维护成本。

常见外遮阳形式介绍　　　　　　　　表4.3.2-3

类型	遮阳形式	适用朝向	特点	图例
固定式	挑檐（水平板）	南、东、西	阻挡热空气流动、承载风雪	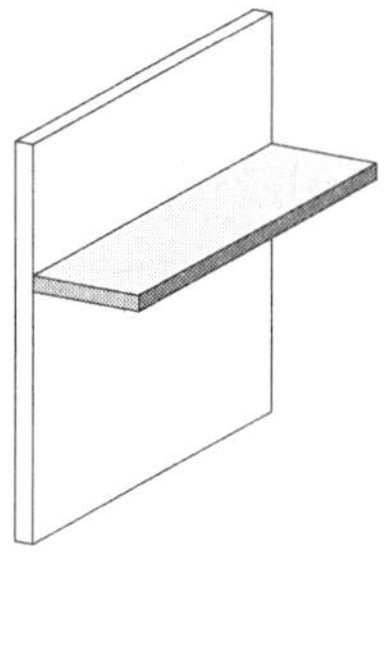
	挑檐（水平百叶）	南、东、西	利于空气流通，不利于风雪承载，尺度小，利于安装	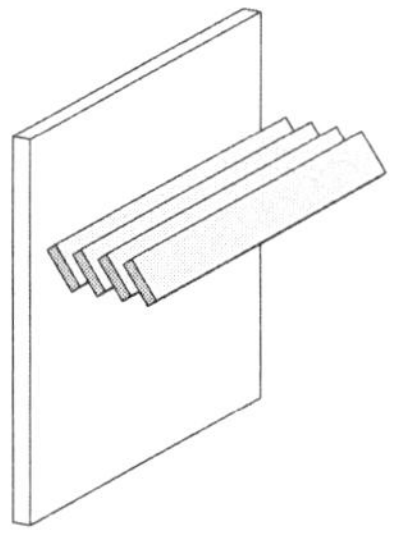

---

① 徐吉浣，寿炜炜. 公共建筑节能设计指南［M］. 上海：同济大学出版社，2007：19.

类型	遮阳形式	适用朝向	特点	图例
固定式	挑檐 （竖直的水平百叶）	南、东、西	减小了挑檐长度，视野相对受限	
	竖直板	南、东、西	空气自由流通，无雪载，视野受限	
	竖直鳍板	北、东、西	常用于炎热地区，多安装在北立面，视野受限	
	倾斜的竖直鳍板	东、西	一般向北倾斜，视野受限较大	

类型	遮阳形式	适用朝向	特点	图例
固定式	花格格栅	东、西	用于非常炎热地区，视野受限很大，阻挡热空气流动	
	花格格栅（带倾斜的竖直鳍板）	东、西	一般向北倾斜，用于非常炎热地区，视野受限很大，阻挡热空气流动	
活动式	挑檐（遮阳蓬）	南、东、西	普遍适用、成本低，适应全天气状况，阻挡热空气流动，有较好视野	
	挑檐（可调节水平百叶板）	南、东、西	阻挡部分视野和冬季阳光	

类型	遮阳形式	适用朝向	特点	图例
活动式	可调节鳍板	东、西	遮阳效果优于固定遮阳装置，且相对固定鳍板视野影响少	
	花格格栅 （水平可调节百叶）	东、西	适用于非常炎热地区，竖向和横向都采取遮阳，影响视野，优于固定花格格栅视野	
	室外遮阳卷帘	东、西、东南、西南	可上下调节遮阳面积，实现灵活的全开全关，使用卷帘时视野受限	
	落叶木、藤本植物	东、西、东南、西南	通过室外植被实现遮阳，结合落叶树生长规律，夏季树叶茂盛遮挡热量，冬季树叶稀少增加入室热辐射	

4.4 提高空间绿植碳汇作用

通过前文研究已知,实现建筑运行阶段的低碳效果,不仅需控制碳排放活动量(如节能和节材),同时也要考虑增加碳减排活动量。其中,空间绿植的种植与生长情况对建筑碳减排有积极的作用。据测定,1kg的叶绿素每年可以固定215kg碳,当城市的绿化覆盖率达到50%时,可使空气中CO_2浓度保持在320umol/mol[①]。提高空间绿植的碳汇作用可从增加空间绿植量和提高绿植固碳效率两个方面入手。

4.4.1 增加空间绿植量

1. 通过土地资源增加绿植量

增加场地的绿植量首先应尽可能保留原有场地土壤资源与植被资源。具体地,通过控制建筑占地面积,提高绿地率可以较为科学地增加场地绿植面积。在保护原有场地植被的基础上,也可通过土地置换增加种植面积。慕尼黑奥林匹克体育中心在原有的场地基础上,把从地下铁和人工湖工程中挖出的土方堆成小山,在85万m²的土地上铺设了草皮,种了18万棵灌木和3000棵乔木,形成绿植丰富的公园环境[②](图4.4.1-1)。

图4.4.1-1 慕尼黑奥林匹克体育中心丰富的绿植碳汇资源

---

① 夏冰,陈易. 建筑形态创作与低碳设计策略[M]. 北京:中国建筑工业出版社,2016:88.
② 史立刚,袁一星. 大空间公共建筑低碳化发展[M]. 哈尔滨:黑龙江科学技术出版社,2015:90.

2. 通过立体绿化增加绿植量

结合大型公共空间建筑体量，可以通过立体绿化设计将绿化种植与建筑空间结合，增加绿植种植面积与位置，常见的形式有屋顶种植和垂直种植。

屋顶绿化可按种植方式具体分为攀架式、土栽式、盆栽式及无土草坪（表4.4.1-1）。

四种类型的屋顶绿化种植方式 表4.4.1-1

类型名称	定义	优势	劣势
攀架式	在屋顶建造攀缘植物生长所需的结构性框架，在框架下种植藤本植物，利用植物生长形成框架上的绿化覆盖	单位重量低、空间利用率灵活、方便通风、植被与建筑接触面小、屋顶改造量小、无需特殊的防水排水处理	影响下部空间光照与视线、种植类型多为藤蔓植物，较为单一、易受强风影响
土栽式	结合建筑承重结构根植于屋顶覆土层的植被	保水能力好、生态效益高、有固碳释氧作用、植被种类丰富	对建筑结构和防水要求高、植被受覆土层厚度影响大、成本较高
盆栽式	利用花盆种植植被，将植物生长与建筑屋顶相分隔	绿化效果好、布局灵活、建造成本低	不适宜成规模成片使用，植被类型较为局限
无土草坪	采用无土种植的多年生草本植物	草坪整齐、无需土壤、重量轻、铺设方便	保水能力差、生态效益差、固碳释氧效果低

垂直种植可分为附壁式、网架式、悬蔓式和贴墙式四种方式[1]，结合研究，总结出五种方式（表4.4.1-2）。

常见的垂直绿化种植方式 表4.4.1-2

类型	定义	优势	劣势	图例
附壁式	植被直接依附建筑墙面，多在紧邻建筑的场地种植攀缘植物，南方常见常春藤、凌霄、爬山虎等	最为常见、成本低、阻止过多太阳热辐射	植被生长随意性大，影响开窗采光，易引蚊虫	

---

[1] 夏冰，陈易. 建筑形态创作与低碳设计策略［M］. 北京：中国建筑工业出版社，2016：92.

类型	定义	优势	劣势	图例
挑台式	利用建筑立面出挑构件或夹层空间种植绿化，常见为绿化种植阳台，或在高层空气夹层种植绿化	根据挑出空间大小可种植丰富类型的绿植，不仅限于藤本植物，绿化空间大，具备一定生态效益	成本较高，植物种植受覆土层厚度影响大，影响建筑负荷	
悬蔓式	利用悬挂或放置的种植容器种植藤蔓或软枝植物，使其悬挂空中	所占空间小，成本低、利于修剪	有坠落隐患，需重视构件维护，影响视野	
网架式	在外表皮及阳台护栏外专门设置网架支架供植物攀爬生长	施工速度快、植物存活率高、经济性好	需一定生长周期以实现较高绿化率，绿化种类较单一，形式缺乏多变	
贴墙式	将外立面墙体本身作为绿植的"土壤"，在墙壁上附一层培养基，采用耐候性好的景天类植物进行绿化	布置方式多样，包括模块式、铺贴式、布袋式等，便于工业化生产，适用范围广	需要额外工程量，影响立面开窗，需要频繁维护，有坠落隐患，易藏污纳垢	

土层的厚度决定立体绿化可种植和存活的植被种类。在屋顶绿化中，除土栽式，其他形式的绿化种植都由于有限的覆土厚度或无土壤栽培，致使绿化品种较为单一；垂直绿化中，附壁式和网架式的绿化可视为落地栽培，其他形式的垂直绿化需考虑土壤量或培养基以决定合适的植被。不同类型的植被，其土壤厚度的限定值见表4.4.1-3。

绿化栽植土壤有效土层厚度　　　　　　表4.4.1-3

项次	项目	植被类型		土层厚度（cm）	检验方法
1	一般栽植	乔木	胸径≥20cm	≥180	挖样洞，观察或尺量检查
			胸径＜20cm	≥150（深根）	
				≥100（浅根）	
		灌木	大、中灌木，大藤本	≥90	
			小灌木，宿根花卉，小藤本	≥40	
		棕榈类		≥90	
		竹类	大径	≥80	
			中、小径	≥50	
		草坪、花卉、草本地被		≥30	
2	设施顶面绿化	乔木		≥80	
		灌木		≥45	
		草坪、花卉、草本地被		≥15	

4.4.2 提高绿植固碳效率

1. 植物固碳的原理及影响因素

在保证场地绿植"量"的同时，也要提高绿植吸收CO_2的"质"。植被的固碳原理主要是通过光合作用，叶片中的叶绿素吸收CO_2和水分产生碳水化合物并释放氧气。相对于植物呼吸作用产生的CO_2，植物光合作用吸收的CO_2量更多，植物整体表现为固碳释氧。植物的光合速率和呼吸速率由于同时受到生理和生态环境的影响，全天各时段速率值都在变化，因此采用植物净日同化量作为评价的基础数据较为准确。植物净日同化量指昼净光合量与夜间暗呼吸量的差值[1]。根据一般植物的暗呼吸消耗量是白天同化量

---

[1] 郭新想，吴珍珍，何华. 居住区绿化种植方式的固碳能力研究［C］//第六届国际绿色建筑与建筑节能大会论文集，2010：256-258.

的20%[①]，单位叶面积净日固碳量可按公式（4.4.2-1）计算：

$$W_{CO_2}=P\times(1-20\%)\times\frac{44}{1000} \tag{4.4.2-1}$$

式中：W_{CO_2}——单位叶面积净日固碳量，g/（$m^2 \cdot d$）；

   P——单位叶面积的净日同化量，mmol；

   44——CO_2的摩尔质量，单位g/mol。

在获取单位叶面积净日固碳量的基础上，需引入叶面积指数（LAI）作为衡量各类植被的绿量。绿量是指单位面积上绿色植物的总量，通过绿量可体现绿化的固碳释氧等生态效益。植物单位绿地面积上的固碳能力可按公式（4.4.2-2）计算：

$$Q_{CO_2}=W_{CO_2}\times LAI \tag{4.4.2-2}$$

式中：Q_{CO_2}——单位绿地面积固碳量，g/m^2；

   LAI——叶面积指数，m^2/m^2。

由式（4.4.2-2）可知，影响单位绿地面积固碳量的因素主要是单位叶面积净日固碳量和叶面积指数。这两项因素直接与植被种类有关，在绿化种植上，应结合不同植被的固碳属性与生存适应性合理进行品种的选取。

2. 合理的种植方式

植被种类的不同，其固碳能力也不同。将常见植被分为乔木、灌木和草坪，从单株来看，乔木的固碳能力最强，其次是灌木，草坪单株的固碳能力最弱。以乔木灌木为主的树木在不同生长阶段，其单位面积的固碳能力也有所差异，处于初期生长阶段的树木，其单位叶面积的固碳能力持续增强；处于生长旺盛期的树木其单位叶面积固碳能力最强；处于近熟阶段的树木，其单位叶面积固碳能力持续减弱；完全成熟的树木其单位叶面积的固碳能力降至最低。故在选种树木时，也应综合树龄区间和单株绿量，有计划地分树龄进行种植，而非全部种植树苗或老龄树。为便于估算和辅助设计，往往忽略植被生长和环境变化的影响误差。根据不同类型植物的配置比例，可以将绿化类型分为乔灌草型、灌草型、草坪型和草地。采用复层绿化栽植方式可以大大提高绿化对CO_2固定量。不同绿化类型的单位面积净日固碳量由大到小依次为：乔灌草型、灌草型、草坪型和草地。根据常见的景观园林树种的固碳释氧能力（表4.4.2-1）可知，固碳量高的植

---

① 王丽勉，秦俊，高凯，等. 室内植物的固碳放氧研究［C］// 2007年中国园艺学会观赏园艺专业委员会年会论文集. 2007.

物，其释氧量也相对较高，如垂柳和黄葛树；刺槐的固碳释氧表现最好；灌木中的红檵木固碳释氧表现也较为靠前；而木犀科的植物在固碳释氧表现上普遍不佳（如桂花和女贞）。对于场地景观绿化的设计，在综合其他条件的情况下，可以多选择固碳效果高的植被进行种植，提高场地绿化系统的碳汇作用。

常见的景观园林树种的固碳释氧能力（$g/m^2 \cdot d$）　　表4.4.2-1

中文名	拉丁名	单位地面面积固碳量	单位叶面积固碳量	单位地面面积释氧量	单位叶面积释氧量
银杏	*Ginkgo biloba*	29.48	6.38	21.45	4.64
香樟	*Cinnamomum camphora*	35.16	11.69	25.57	8.50
广玉兰	*Magnolia Gradiflora*	57.79	14.06	42.03	10.23
垂柳	*Salix babylonica*	65.20	11.18	47.41	8.13
女贞	*Ligustrum lucidum*	13.32	—	9.70	—
小叶榕	*Ficus microcarpa*	44.36	7.46	32.26	5.55
刺槐	*Robinia pseudoacacia*	102.10	22.39	74.25	16.28
紫叶李	*Prunus Cerasifera*	28.63	7.23	16.28	7.23
紫薇	*Lagerstroemia indica*	19.97	—	14.52	—
桂花	*Osmanthus fragrans*	10.58	—	7.70	—
黄葛树	*Ficus virens*	67.20	13.63	48.88	9.91
白玉兰	*Magnolia denudata*	29.40	9.05	21.40	6.58
夹竹桃	*Nerium oleander*	46.90	17.05	34.10	12.40
蒲葵	*Livistona chinensis*	20.64	5.50	15.01	4.00
腊梅	*Chimonanthus praecox*	36.35	12.20	26.43	8.87
枇杷	*Eriobotrya Japonica*	44.03	11.88	32.01	8.64
二乔玉兰	*Magnolia soulangeana Soul*	18.12	6.00	13.18	4.36
红檵木	*Loropetalum chinense*	63.12	14.48	45.91	10.53
海桐	*Pittosporum tobira*	28.53	8.22	20.75	5.98

4.5　本章小结

本章重点从场地与建筑空间的设计策略角度研究大型公共空间建筑的低碳设计。包括提高场地空间利用效能、降低建筑通风相关能耗、优化建筑采光遮阳策略和提高空间绿植碳汇作用。提高场地空间利用效能可提高建筑运行效率，从而节约运行能耗以降低建筑运行阶段的碳排放量。具体通过优化场地布局与空间形体、优化空间隔热保温性能，从功能利用与环境适应性两方面提高空间利用效能。基于夏热冬冷地区的气候特点，建筑的环境适应性应以"隔热优先，兼顾保温"为原则，建筑的低碳设计应强调通风与采光遮阳策略。夏热冬冷地区的全年气候变化大，建筑通风策略需要自然通风和机械通风共同作用，其中机械通风是产生能耗和碳排放的主要环节。基于"被动优先，主动优化"的低碳设计原则，通风策略应结合大型公共空间体量造型和温度分层等特点通过被动式设计提高自然通风的效果，优化机械通风的效率，降低通风相关能耗与碳排放。被动式的自然通风设计策略具体从空间组合模式、围护造型和场地热质与下垫面等方面展开，主动式的机械通风设计具体提供置换通风、地板辐射供冷、太阳能烟囱和空气处理单元等策略。合理利用自然采光有助于实现照明的节能低碳，优化建筑的自然采光主要涉及顶面采光和侧面采光。结合大型公共空间特点，顶面采光相较于侧面采光更能为室内提供均匀的照度，是大型公共空间重点研究的采光形式；大型公共空间的侧面采光有着突出的优劣条件，在实际利用中应做到"取长补短"。设计合理的遮阳是减少夏热冬冷地区夏季太阳辐射得热量的重要手段，根据大型公共空间大体量的特征，首先从空间形体上优化自遮阳效果，其次结合相应遮阳构件进行讨论。优化通风和采光遮阳策略都是从节能角度控制建筑运行阶段的碳排放活动量，提高空间绿植碳汇作用则从增加碳减排活动量角度进行建筑低碳设计。提高空间绿植碳汇主要从增加空间绿植量和提高绿植固碳效率两方面入手，通过保留原有场地绿植空间以及立体绿化设计保证绿植面积，通过选择固碳释氧效果高的植被以及采用复层绿化栽植方式可以有效提高绿植的固碳量。

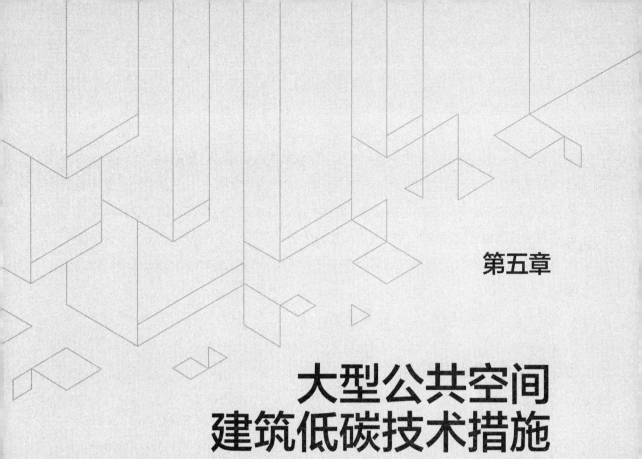

第五章

大型公共空间
建筑低碳技术措施

实现建筑的低碳化除了从场地与建筑空间本体进行低碳设计策略研究，同时也需合理应用相关低碳技术措施。本章结合大型公共空间相关碳排放特征，从低碳建筑的相关技术措施出发，对夏热冬冷地区大型公共空间建筑的低碳设计展开研究。具体从可再生能源利用、结构选材和建筑管理使用的优化等方面展开，为传统建筑设计人员提供更为全面的设计因素考虑和相关低碳技术支撑，培养策略与技术相结合的建筑低碳设计思维。

5.1 可再生能源利用

为应对气候变暖和缓解濒临承受极限的环境和资源问题，我国政府提出了到2020年非化石能源占一次能源消费总量15%的目标[①]。根据BP石油预测（BP Energy Outlook），自2015年开始中国非化石能源消费快速上升（图5.1-1）。在能源结构优化的过程中优先布局清洁能源，在电力电量平衡时，首先平衡水电、风电、光伏和核电。2018年中国

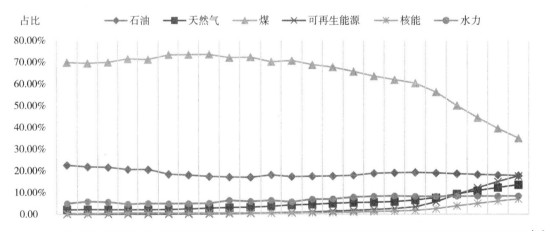

图5.1-1　中国一次能源消费占比趋势图

---

① 2016年11月国家能源局发布《电力发展"十三五"规划》，增加此关键性原则。

的可再生电力已经占到了总发电量的30%左右①。可再生能源作为清洁能源的重要组成部分，对建筑低碳化发展的贡献突出。随着低碳经济的深入发展以及国家政策和市场氛围的完善，规模化利用可再生能源必将成为低碳建筑发展的重要方式②。

可再生能源是指风能、太阳能、水能、生物质能、地热能、海洋能等非化石能源③。由于可再生能源大多直接或间接来自太阳，对环境不产生或很少产生碳排放，可再生能源使用可以替代常规的化石能源，有碳减缓（Carbon Mitigation）的作用④。目前已提高通过可再生能源供电的占比实现建筑的绿色低碳发展。本书研究的大型公共空间建筑普遍采用的可再生能源主要有：太阳能⑤、风能、地热能等。

5.1.1　太阳能系统

太阳能主要指太阳热辐射能，经光电、光热转换，这些能量可以被转换为电能和热能，从而可以代替一部分的火力发电与发热，减少CO_2等温室气体排放。因其洁净无污染、用之无偿的特点，太阳能被认为是最好的可再生能源。我国将太阳能系统技术利用在建筑项目的前景广阔，主要有以下两方面：一方面，我国各地太阳年辐射总量为3340 ~ 8400MJ/m²，与同纬度的其他国家相比，绝大多数地区太阳能资源相当丰富⑥。另一方面，建筑业是国民经济重要发展行业之一，同时也是能耗最大的行业之一，各地区电网供电能力不均衡，采用太阳能系统有利于缓解电网负荷。建筑常用的太阳能系统有太阳能光伏系统和太阳能热水系统。影响太阳能系统性能的因素有以下三点：

1）安装朝向与角度

影响太阳能系统工作性能的最大因素是安装的角度和朝向⑦。我国夏热冬冷地区位于北回归线以北，主要的光照是从南部获取，这就要求太阳能集热器和光伏板无论安装

---

① 根据国家统计局数据，全国2018年的发电结构中，火电49231亿kWh，水电12329亿kWh，核电2944亿kWh，风电3660亿kWh，太阳能发电1775亿kWh。

② 史立刚，袁一星. 大空间公共建筑低碳化发展 [M]. 哈尔滨：黑龙江科学技术出版社，2015：8.

③ 可再生能源的定义来源于《中华人民共和国可再生能源法》。

④ 叶祖达，王静懿. 中国绿色生态城区规划建设：碳排放评估方法、数据、评价指南 [M]. 北京：中国建筑工业出版社，2015：222.

⑤ 此处的太阳能主要指太阳的热辐射，由于地球上主要能源都直接或间接来自于太阳照射的能量，广义上的太阳能包括地球上的风能、水能、地热能和生物质能等，包括的范围非常大，需明确和区分。

⑥ 经研究，除四川盆地外，我国绝大多数地区太阳能资源比同纬度其他国家地区丰富，与美国相当。

⑦ 夏冰. 建筑形态设计过程中的低碳策略研究——以长三角地区办公建筑为例 [D]. 上海：同济大学，2016：106.

在屋顶还是立面，都应优先考虑朝南获取最大太阳辐射量。同时，不同纬度和当地气候变化的不同，获取太阳能的效率也不尽相同。根据研究，太阳能集热器和光伏板的倾角及方位的影响可根据太阳直射辐射估算，当集热器的方位为正南方向，倾角$S=0.9\phi$时得到的年辐射量最大[①]。一般来说，当太阳能集热器朝正南方，倾角近似等于当地纬度时，理论上可获得最大太阳辐射量。表5.1.1-1为部分夏热冬冷地区城市太阳能集热器安装最佳角度及平均日照时间表[②]。

夏热冬冷地区部分城市太阳能集热器安装最佳角度及平均日照时间表　　表5.1.1-1

城市	纬度	最佳倾角	平均日照时间（h）	城市	纬度	最佳倾角	平均日照时间（h）
上海	31.17	纬度+3	3.80	南京	32.00	纬度+5	3.94
合肥	31.85	纬度+9	3.69	海口	20.03	纬度+12	3.84
杭州	30.23	纬度+3	3.43	福州	26.08	纬度+4	3.45

2）遮挡

遮挡是造成太阳能系统能效降低的重要因素之一。在实际工程中，太阳能热水系统和光伏系统会受到各种物体的遮挡，如植被、云朵、周围建筑物等（图5.1.1-1）。针对建筑物的相互遮挡和建筑形体的自遮挡，应根据当地日照变化规律进行设计研究；对于植被遮挡，应在设计之初合理考虑间距并在建筑使用阶段注意植被的修剪；针对自身构件遮挡，应在设计之初综合考虑太阳能集热器和光伏板的布局与安装。

雾霾、空气质量引起的遮挡也是现今城市建筑普遍遇到的降低太阳能系统能效的因素之一。如果雾霾天气频繁出现，光伏电池表面的颗粒物不断积累，在组件表面会形成难以清洗的积尘遮挡，造成电池组件表面的污染[③]。为了减少灰尘降低组件效率，光伏板安装应设置一定倾斜角度，利于雨水冲刷，同时提倡使用清洁能源，从降低雾霾现象的源头出发，这也体现提倡低碳发展的原因与实现低碳目标的内在统一。

3）温度

光伏组件的运行温度影响系统效率。光伏组件的标称功率为气温25℃时的输出功

---

① 刘鹏. 深圳市太阳能热水系统与建筑集成设计的研究［D］. 重庆：重庆大学，2006：28.
② 数据来源：［EB/OL］.http://www.haotong-china.com/news/tyn/solar-installation-sunshine-time.html，2019-8-18.
③ 倪春花，李弘毅，吴在军. 雾霾对光伏发电量的影响分析［J］. 江苏电机工程，2015，34（6）：82-86.

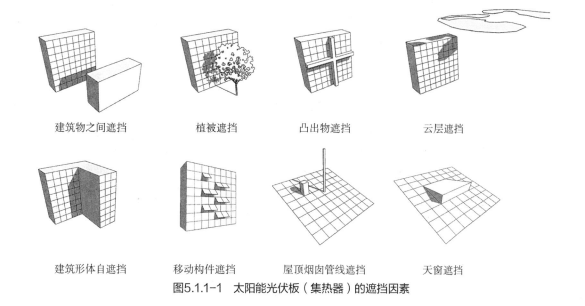

| 建筑物之间遮挡 | 植被遮挡 | 凸出物遮挡 | 云层遮挡 |

| 建筑形体自遮挡 | 移动构件遮挡 | 屋顶烟囱管线遮挡 | 天窗遮挡 |

图5.1.1-1　太阳能光伏板（集热器）的遮挡因素

率，光伏组件的温度高于该温度时，输出功率便会下降。一般情况下，晶硅电池的温度系数一般是-0.35%/℃～-0.45%/℃，非晶硅电池的温度系数一般是-0.2%/℃左右[1]。在具体建筑设计阶段，应合理布置光伏板的位置，预留通风间隙，通过通风或其他冷却技术带走设备废热。

环境温度影响太阳能热水器得热效率。同一台太阳能热水系统在平均温差20℃条件下，平均日有用得热量指标变化值约在±0.15MJ/m²范围内[2]。在不同季节应考虑太阳能热水器的转换效率，冬季低温状况下，合理控制辅助用能配合太阳能热水系统保证室内热水的正常供应。

1. 太阳能光伏系统

到21世纪中叶，太阳能发电量将占世界总发电量的20%～25%，成为世界基本能源之一[3]。许多发达国家已大力发展太阳能光伏产业，日本于1992年启动"新阳光计划"，到2003年，日本光伏组件生产占世界的50%；德国的可再生能源法规定了光伏发电上网

① 杨娜. 国电内蒙古察右前旗光伏电站的出力预测研究［D］. 北京：华北电力大学，2016.
② 黄祝连，张昕宇，邓昰，等. 环境温度对太阳能热水器日有用得热量测试的影响［J］. 建筑科学2011（S2）：141-143.
③ 窦志，赵敏. 办公建筑生态技术策略［M］. 天津：天津大学出版社，2010.

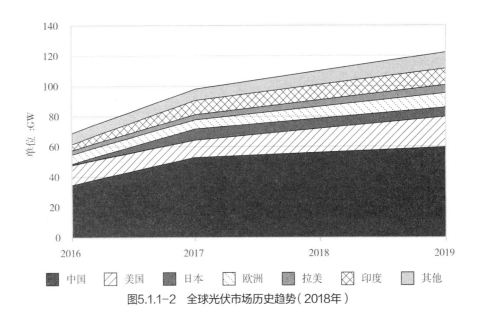

图5.1.1-2　全球光伏市场历史趋势（2018年）

电价，大大推动其国内光伏市场的发展[1]。随着技术的成熟，光伏系统的成本降低，中国的光伏市场从21世纪初开始飞速发展，前景广阔。2015年，国家发布《关于促进先进光伏技术产品应用和产业升级的意见》，开始实施"光伏领跑者计划"。2016年，我国光伏装机规模达到34.5GW，成为全球最大的光伏市场（图5.1.1-2）[2]。

太阳能光伏系统是利用半导体界面的光生伏特效应将光能直接转为电能。其主要组成部分包括太阳电池板组件、控制器和逆变器。常见的太阳能电池主要分单晶硅太阳能电池、多晶硅太阳能电池和非晶硅（薄膜）太阳能电池三种（表5.1.1-2）。目前市场上使用率高的是晶硅太阳能电池，薄膜太阳能电池拥有十分广阔的发展前景。

不同材质的太阳能电池板，其转换效率有所不同，转换效率和效率衰减率是影响光伏板转换太阳能效果的两个主要设备因素。2018年，工信部下发最新版《光伏制造行业规范条件》要求，多晶硅电池组件和单晶硅电池组件的最低光电转换效率分别不低于16%和16.8%。光伏系统通过太阳能产生一定发电量，代替火力发电产生的电量，从而减少化石能源的使用以降低CO_2排放。光伏系统的发电量决定其碳减排效果。光伏发电系统在光电转换和输配过程中存在能量的损失，光电系统损失效率一般可取25%。由

---

① 清华大学建筑节能研究中心. 中国建筑节能年度发展研究报告2008［M］. 北京：中国建筑工业出版社，2008：190.

② 资料来源：2018年中国光伏行业发展现状及发展前景分析. http://www.chyxx.com/industry/201806/649552.html。

三种太阳能电池板列表　　　　　　　　表5.1.1-2

种类	单晶硅（组件）	多晶硅（组件）	非晶硅（组件）
图例			
特性	原料纯度高，转换效率高，产量大，颜色常为黑色，有固定单元形状	原料纯度要求低，技术要求和成本都低于单晶硅，颜色常为蓝色，结构清晰，尺寸可变，无固定单元形状	受外界温度影响小，具有良好的弱光效应，具有薄膜特性，连续性强，可以调节外观颜色和透光率
缺点	材料制造工艺复杂，成本较高，整体组件颜色、外观不连续	转换效率普遍低于单晶硅	转换效率衰减大，转换效率最低，随着透光度增加，效率下降，机械强度不如晶硅组件
转换效率	15%～20%	12%～17.8%	5%～14%
案例	协鑫苏州"未来能源馆"	苏州移动总部大厦	汉能总部办公楼

于光伏组件转换效率会随时间衰减，光伏设备寿命一般比建筑寿命短，需要在使用期间进行维修和更换，一般以首年光伏系统节电量为基础计算太阳能光伏系统节能低碳效果。

光伏系统发电量计算参考公式（3.1.2-20）和（3.1.2-21），光伏系统年CO_2减排量见公式（5.1.1-1）：

$$C_{pv}=F_{E,\text{电}} \times E_{pv} \qquad\qquad (5.1.1-1)$$

式中：C_{pv}——太阳能光伏系统年CO_2减排量，kg；

E_{pv}——光伏系统的年发电量，kWh；

$F_{E,\text{电}}$——年区域电网单位供电平均CO_2排放系数，kg/kWh。

太阳能光伏建筑集成技术（BIPV）是为实现太阳能光伏发电低成本、规模化发展而提出的技术解决方案。具体是指在建筑围护结构外表面铺设光伏组件，或直接取代外围护结构，将投射到建筑表面的太阳能转化为电能，以增加建筑供电渠道、减少建筑用电负荷的新型建筑节能措施。常见的光伏建筑集成系统主要有光伏屋顶、光伏幕墙、光伏遮阳板、光伏天窗等，其中光伏屋顶系统的应用最为广泛，光伏幕墙、光伏遮阳板的发展也非常迅速。BIPV具有诸多优点：可以充分利用建筑围护结构表面，无需新增用地，有利于节省土地资源；光伏电池与建筑饰面材料结合，可使建筑外观更具魅力，同时可降低光伏系统的应用成本；可实现原地发电、原地使用，节省传统电力输送过程的电力损失；光伏组件处于围护结构外表面，吸收并转化了部分太阳能，有利于减少建筑室内的热量、降低空调负荷；作为一种清洁能源，光伏发电过程中不会产生污染，有利于保护环境。同时BIPV也有缺点，如：光伏电池的制造成本较高，发电系统初期投资过大，回收周期长；光伏电池与建筑围护结构相结合，夏季有利于建筑物的遮阳隔热，但冬季则不利于采光采暖。

武汉火车站采用光伏并网发电。其光伏组件选用单晶硅，布置在车站顶棚的一个主翼和八个副翼上，发电容量为2.2MW，是湖北省目前最大的铁路客站光伏电站项目。根据现场试运行阶段数据换算显示，工程投运后年上网发电量为204.8万kWh，每年可以减少CO_2排放量2041.856t。

2. 太阳能热水系统

太阳能热水系统自20世纪80年代在国内开始发展并普及，目前已经作为一个成熟的新能源技术产品运用于建筑项目中。太阳能热水系统主要是在建筑围护结构外表面设置太阳能集热器或直接取代建筑外围护结构，将吸收的太阳能转化为热能并传递给工作流体，向用户提供生活热水。根据水循环运行方式，可分为自然循环热水系统、强制循环热水系统和直流循环热水系统。系统主要部件包括太阳能集热器、贮水箱、循环水泵、辅助热源、控制系统和热交换器等[1]（图5.1.1-3）。太阳能集热器为系统最重要的组件之一，目前主要有平板型和真空管型两种常用的产品类型（表5.1.1-3）。

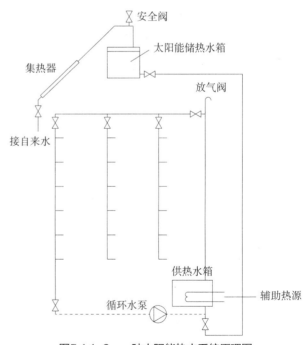

图5.1.1-3 一种太阳能热水系统原理图

---

① 郑瑞澄. 民用建筑太阳能热水系统工程技术手册［M］. 北京：化学工业出版社，2011.

类型	平板型集热器	真空管集热器
图例		
特征	外部为深色涂层，热效率高，寿命长，运行可靠，安装灵活；表面平整易与建筑结合；抗冻防垢能力强，有融雪化霜功能；成本低、安全、承压、实用性强	环境运行温度区间宽泛、耐热冲击，热管集热器承压能力强，耐热冲击、耐冰冻、系统稳定
缺点	存在热损失偏高的问题，散热快，保温效果差；抗台风能力差，玻璃平面受外来冲击力大；相对于真空管集热器，适用范围较为局限	结构特性决定表面不平整，影响外观造型；真空集热管局部管件破损，整个系统都需停止；热管集热器寿命短、造价高、易藏污纳垢

采用太阳能热水系统获得使用热水可以降低化石燃料的使用，从而减少CO_2排放，目前通过直接系统的年节约量进行估算，太阳能热水系统节能计算见公式（3.1.2-19），太阳能热水系统年CO_2减排量见公式（5.1.1-2）：

$$C_s = F_{E,电} \times E_S \qquad (5.1.1-2)$$

式中：C_s——太阳能热水系统年CO_2减排量，kg；

E_S——太阳能热水系统节电量，kWh；

$F_{E,电}$——年区域电网单位供电平均CO_2排放系数，kg/kWh。

太阳能热水系统运用在建筑上，需考虑太阳能集热器的安装位置适应系统效率和建筑外观。图5.1.1-4展示了几种常见的太阳能集热板安装方式。

3. 夏热冬冷地区大型公共空间建筑太阳能系统发展潜力分析

夏热冬冷地区大型公共空间建筑发展太阳能系统主要优势有如下几点：

1）太阳能资源较丰富

我国属太阳能资源丰富的国家之一，全国总面积2/3以上地区年日照时数大于2000h，年辐射量在1400kWh/m²以上。据统计资料分析，中国陆地面积每年接收的太阳

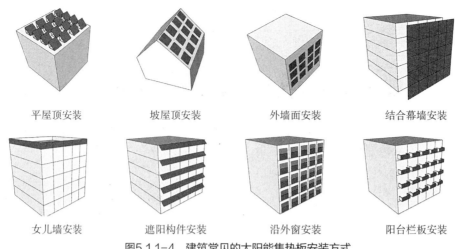

| 平屋顶安装 | 坡屋顶安装 | 外墙面安装 | 结合幕墙安装 |

| 女儿墙安装 | 遮阳构件安装 | 沿外窗安装 | 阳台栏板安装 |

图5.1.1-4　建筑常见的太阳能集热板安装方式

辐射总量为$3.3 \times 103 \sim 8.4 \times 103MJ/m^2$，相当于$2.4 \times 104$亿吨标准煤[①]。全国各地太阳能辐射强度不同，可以分成五类地区（见附表H），夏热冬冷地区多分布于第三类和第四类地区，属于太阳能较丰富和可利用地区，年日照时间在$1400 \sim 3000h$，年平均日照峰值时间在$1132 \sim 1624h$。

2）地区发展水平的支撑

长江三角洲地区是我国经济最发达的夏热冬冷地区。太阳能系统市场在此地区发展迅速。我国有名的光伏企业多依托地区经济、教育和人才等社会优势资源，将总部设立于此（图5.1.1-5）。

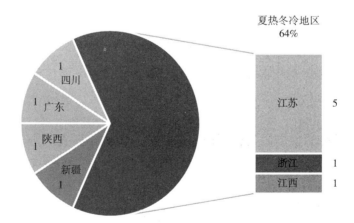

图5.1.1-5　2019中国民营企业500强相关光伏企业省域占比图

---

① 智研咨询发布的《2017-2022年中国光伏发电市场行情动态及发展前景预测报告》显示。

目前我国多地已实施建筑强制安装太阳能热水系统的规定，主要省域位于东南沿海及中部地区。其中长三角地区各省市相继出台促进建筑应用太阳能热水系统的政策：江苏省自2008年起规定城镇区域内新建12层及以下住宅和新建、改建和扩建的宾馆、酒店、商住楼等有热水需求的公共建筑，应统一设计和安装太阳能热水系统[①]。上海市规定新建有热水系统设计要求的公共建筑或者六层以下住宅，建设单位应当统一设计并安装符合相关标准的太阳能热水系统，鼓励七层以上住宅设计并安装太阳能热水系统[②]。

图5.1.1-6　屋面与场地的太阳能系统

3）大型公共空间利用太阳能系统的先天优势

大型公共空间建筑的体块多具有整体性与集中性，表面积大，屋顶和立面利于集中布置太阳能光伏板或集热器。无论是太阳能热水系统还是光伏系统，接收太阳辐射量的有效面积越大，太阳能系统的效率就越高；同时大型公共空间建筑往往和周边建筑物距离较远，有利于降低建筑的遮挡面积从而增加太阳辐射量和照射时间；大型公共空间周围一般有较大的开阔场地，往往太阳能系统也与场地景观进行有机结合，解决地区性的用能需求（图5.1.1-6）；大型公共空间建筑的能耗强度是一般公共建筑的6倍左右，通过使用太阳能系统替代原有消耗化石能源的能源优化措施，其节能低碳的效益更为显著。

5.1.2　清洁风能

风能因其资源无尽、分布广泛、清洁无污染的优势，运用前景广阔。风能的大小与风的速度、方向、密度以及时间长短有关。目前利用风能主要有以下几个方式：风力提水、风力发电、风帆助航和风力制热等[③]。其中风能发电是风能利用中最受推崇的主力之一，目前风能发电是我国第三大发电形式，具体发电模式有大型风电场和小型风电场。

---

① 江苏省建设厅，《关于加强太阳能热水系统推广应用和管理的通知》苏政办发［2008］17号。
②《上海市建筑节能条例》第十一条规定要求。
③ 牛盛楠，赵炳蘭，杨现国. 风能与建筑一体化设计［J］. 建筑技艺，2009（6）：98-101.

1. 风力发电技术简介

风能发电是利用风力带动风车叶片的旋转，风轮通过主轴连接齿轮箱，经过齿轮箱增速后带动发电机发电[①]。风力发电机一般由风轮、发电机组件、调向器（尾翼）、塔架、限速安全机构和储能装置等构件组成。由于风力发电效率与风速有关，而风速的大小是随机变化的，因此风力发电机的输出功率是不稳定的，往往发电机参数中会有发电机随风速变化的输出功率曲线。关于风力发电机还有以下几个重要的参数：

1）启动风速（切入风速）：指能带动风力发电机开始转动的风速，m/s。

2）额定风速（稳定风速）：指风力发电机额定输出功率时的风速，m/s。

3）安全风速（停止风速）：指风力发电机设计上能承受的最大风速，m/s。为保证发电机在风速过大的情况下不被损坏，制动装置需以此风速值为极值，迫使机组停止转动。

4）额定功率：是指风力发电机在额定风速以上"稳定"输出的功率，是风力发电机能达到的最大输出功率，W或kW。

计算风力发电机组年发电量可参考公式（3.1.2-22），根据场地的风能资料和风力发电机的功率输出曲线，可以对风力发电机的年产量进行估算[②]，公式如下：

$$E_{wt} = \sum_{v_0}^{v_i} P_v T_v \qquad (5.1.2-1)$$

式中：E_{wt}——风力发电机的年发电量，kWh；

P_v——在风速v下，风力发电机的输出功率，kW；

T_v——场地风速v的年累计小时数，h；

v_0——风力发电机的启动速度，m/s；

v_i——风力发电机的停止风速，m/s。

其中，T_v可根据场地的风速资料进行计算；P_v需要根据风力发电机的输出功率曲线，对不同工作风速下的输出功率进行计算；有效的工作风速范围在v_0和v_i之间。

不同地区的风能资源，通过有效风能密度和有效风速进行划分。有效风能密度指：当风速在3～20m/s内时，单位时间内通过单位面积的空气流所具有的动能。风力发电机的年发电量也可通过安装地区的有效风能密度进行估算[③]，公式如下：

---

① 臧效罡，张伟. 绿色建筑中的可再生能源发电［J］. 资源节约与环保，2014（6）：83，106.
② 蔡滨. 风力发电与建筑一体化设计研究［D］. 哈尔滨：哈尔滨工业大学，2009：18.
③ 夏冰. 建筑形态设计过程中的低碳策略研究-以长三角地区办公建筑为例［D］. 上海：同济大学，2016：119.

$$E_{wt}=\rho_{有效} \times T_{有效} \times S_{截面} \qquad (5.1.2\text{-}2)$$

式中：$\rho_{有效}$——有效风能密度，W/m^2；

$\quad\quad T_{有效}$——风能年可用时数，h；

$\quad\quad S_{截面}$——风流经的截面面积，m^2。

根据风力发电机的年发电量，可以获得通过风电系统减少的CO_2排放量：

$$C_{wt}=F_{E,电} \times E_{wt} \qquad (5.1.2\text{-}3)$$

式中：C_{wt}——风力发电系统年CO_2减排量，kg；

$\quad\quad E_{wt}$——风力发电机的年发电量，kWh；

$\quad\quad F_{E,电}$——年区域电网单位供电平均CO_2排放系数，kg/kWh。

根据空气动力学原理可将风力发电机分为水平轴和垂直轴两种类型。水平轴风机通过风力带动叶轮在水平轴进行旋转，叶轮一般垂直安装在水平轴上，根据设备与风向的相对位置，水平轴风机又可分为顺风式与逆风式。垂直轴风机通过风力带动风轮在垂直轴上进行旋转，不需要调向装备，根据做功方式的不同可以分为S型风轮机与Darrieus型风力机[①]。表5.1.2-1为常见的风力发电机种类信息对比表。

常见风力发电机种类信息对比表　　　　　　表5.1.2-1

种类	水平轴风力发电机		垂直轴风力发电机	
	顺风式	逆风式	S 型	Darrieus 型
特征	风轮安装在塔架的下风处，有调向尾翼根据风向变化自动调整风轮方向	风轮在塔架的前面围绕水平轴迎风旋转，一般无调向尾翼	利用空气阻力做功，由两个轴线错开的半圆形叶片组成，形如"S"	利用产生的空气升力做功，叶片分直叶片和弯叶片两种
优势	产电效率高，容易广泛应用		接收任何方向的风能	外界风向变化影响小
劣势	部分气流先经过塔架，后吹向发电机，塔架会干扰流向叶片的空气，降低风力发电机性能	需要调向器机械调整风轮的方向与主风向对应	运行时风轮会产生不对称气流而产生侧推力影响组件正常运行，难以用于大型的发电设备	传动机构和控制系统需安装在利于维护更换的近地面
图例				

---

① 袁行飞，张玉. 建筑环境中的风能利用研究进展［J］. 自然资源学报，2011（5）：169-176，16.

图5.1.2-1　EWICON 风力发电机

目前常见的风力发电机形式都是通过风能带动风轮轴从而实现机械能带动发电机旋转发电。由于风轮轴在运行过程中不可避免会带来风动噪声和机械噪声，目前也出现一种无叶片风力发电机形式——EWICON 风力发电机（图5.1.2-1）。这种风力发电机采用EWICON（Electrostatic Wind Energy Converter）技术，通过风能让携带正电的静态粒子向正极移动继而又因同极相斥而改变运动方向，最终形成环形电流实现电力生产[①]。通过粒子运动代替传统风轮机械移动，可以解决风力发电机的噪声问题与组件震颤问题，同时提高风力发电的使用效率与操作便利性。

2. 风力发电在城市建筑空间的应用

目前建筑上应用风力发电系统主要是发展风力发电与建筑一体化项目（BIWE）。风力发电与建筑一体化设计强调在建筑设计阶段就考虑将风力发电作为维持建筑运行的重要能源之一。在风力发电与建筑一体化设计中，需对建筑风环境与建筑风力集中器进行研究。建筑风环境是影响风能效率的外在条件，风力集中器是提升风力发电系统的内在优化设计措施。

---

① Djairam D，Morshuis P，Smit J. A novel method of wind energy generation-the electrostatic wind energy converter［J］. IEEE Electrical Insulation Magazine，2014，30（4）：8-20.

风力发电在城市建筑中使用应注意以下几个风环境特点：

1）城市环境加剧风场紊流，风速削弱

研究表明[1]，建筑高度50m处的风速，在空旷条件下是5m/s，在郊区是4.1m/s，在城市中心是3m/s，相对空旷地区分别降低18%和40%。风力发电机的设计需考虑提高风力的强化和集中，从而提高风力发电效率。

2）风速随垂直高度的升高而增加

城市建筑空间大多分布在大气近地层内，大气近地层中的风受下垫面情况和温度影响较大，气流受到涡流、黏性和地面摩擦等因素的影响，靠近地面的风速较低，离地面越高风速越大。在布置建筑风力发电机时，需考虑垂直高度的影响。

3）建筑楼群风对地区风环境的影响

城市中建筑布局集中，建筑之间往往产生楼群风等城市风灾害。楼群风是指风受到高楼的阻挡，除了大部分向上和穿过两侧，还有一股顺墙向下带到地面，又被分向左右两侧，形成侧面的角流风；另外一股加入了低矮建筑背面风区，形成涡旋风[2]。一般行人能感受到的楼群风包括角流风、旋涡风和穿堂风等。楼群风往往风速大，由于建筑集结作用，风力集中，如合理安装建筑的风力集中器，可以利用楼群风带来的风能，变害为宝。目前对于风力集中器的研究，多基于三种基本空气动力学集中器模型：Diffuser型、Flat Plate型和Bluff Body型[3]（图5.1.2-2）。Diffuser型也称扩散型，其特征是风力涡轮

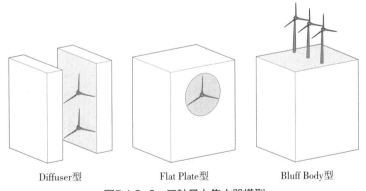

Diffuser型　　　　Flat Plate型　　　　Bluff Body型

图5.1.2-2　三种风力集中器模型

① Sander. Performance of an H-Darrieus in the skewed flow on a roof [J]. Journal of Solar Energy Engineering.2013，125：433-440.
② 潘雷，陈宝明，王奎之. 城市楼群风及其风能利用的探讨 [C]//山东省暖通空调制冷2007年会学术年会论文集，2007：608.
③ Sander Mertens. Wind energy in urban areas：Concentrator effects for wind turbines close to buildings [J]. Refocus，2002，3（2）：22-24.

机安装在建筑物之间的风道中，利用建筑物之间的风道聚集的风能进行风力发电；Flat Plate型也称平板型，其特征是通过风力涡轮机安装在建筑物立面风洞中，利用风洞聚集风量，提高风速，驱动风力发电机运行；Bluff Body型也称非流线型，其特征是风力涡轮机安装在屋顶上，利用屋顶风速大的现象进行风力发电。三种风力集中器中，Diffuser型集中器利用风能的效果最好[①]。

BIWE中发电机的安装位置与运行方式不仅需考虑能源的经济性，同时需注意建筑美学效果、结构负荷合理和风力发电机之间的气流干扰以及防雷安全等[②]。目前风力发电机在建筑空间的设计有如下几种：

1）设置在建筑屋面

由于风速随着高度增加而加大，风力发电机普遍布置在建筑屋面。在风力资源充足情况下，为了获取更多的电能，一般将水平轴风力发电机成组布置。高度大于24m的大型公共空间建筑，其室外屋顶处经常会出现较大的风速区，即"屋顶小急流"[③]。可将风力集中器设置在屋面处。考虑风力发电机组的设备形态对建筑外观的影响，屋顶风力发电机可以分为可见风力发电机和不可见风力发电机的两种形式（表5.1.2-2）。可见形式的屋顶风力发电机由于安装简便，运用较为广泛，风轮伸向高空，发电机组是立于屋顶结构之上的装置。有的屋顶风力发电机与屋顶形式相结合，通过在屋面上设计室外双屋面夹层空间，将风力发电机嵌入夹层区域，通过增加屋面倾斜角或采用弧形屋面，增加屋顶风速，提高屋顶风能利用效率。通过改变屋面形态，风速在屋脊处会被加强25%[④]。风电墙是一种垂直轴的风力发电机，根据垂直轴风力发电机的特性，其可在任何风向情况下发电，同时在湍流剧烈的情况下继续工作，不会损坏发电机，风电产量不受影响，倾斜屋顶和平屋顶都可安装。不可见的屋顶风力发电，发电机与建筑内部风道结合：风从屋檐吹进室内，经过斜屋面的拔气作用，从屋顶流向室外，风力发电机安装在屋顶空间的风道口处，由于建筑形体的作用，流经屋顶出风口的风速确实比吹过建筑的自然风风速要大，通过这一体形设计可以提高屋顶风力发电的效率（图5.1.2-3）[⑤]。

① 陈宝明，张涛. 风力集中式建筑物风能密度分布的数值模拟［J］. 能源技术，2007（4）：38-41.
② 蔡滨. 风力发电与建筑一体化设计研究［D］. 哈尔滨：哈尔滨工业大学，2009：33.
③ 袁行飞，张玉. 建筑环境中的风能利用研究进展［J］. 自然资源学报，2011（5）：169-176.
④ C. A. Short，K. J. Lomas，A. Woods. Design Strategy for Low Energy Ventilation and Cooling within an Urban Heat Island［J］. Building Research and Information. 2004.
⑤ K. J. Lomas. Strategic Consideration in the Architectural Design of an Evolving Advanced Naturally Ventilation Building Form［J］. Building Research and Information. 2006.

几种常见的风力发电一体化建筑屋顶形式   表5.1.2-2

形式 类型	风力发电机可见			风力发电机不可见
	塔架型设计	双层屋顶设计	风电墙	结合建筑内部风道
图例				
案例	中国"生态大厦"	英国Strata SE1大楼	荷兰海牙轻轨办公楼	中国上海中心

2）设置在建筑立面

建筑立面的受风面往往最大，有充足的风力资源。目前设计在建筑立面的风力发电方式主要包括建筑风洞风力发电和立面风力发电构件两种形式。建筑风洞风力发电采用Flat Plate型集中器的概念，当风穿过洞口时，风向和风速都会产生变化，形成局部强风。建筑的正反立面的风压不同，气流在迎风面处于短暂积压状态，此时同一高度的建筑正

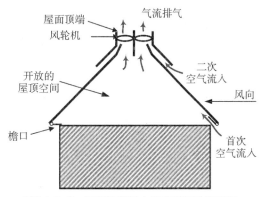

图5.1.2-3　屋顶内部风力发电机设计原理图

立面（迎风面）风压比背立面风压高，当建筑立面存在空洞时，气流就会从空洞穿过，穿过空洞的风速瞬间加大，利于进行风力发电。珠江大厦就是采用立面风洞设计风力发电。独特的曲线形外观是基于本地风环境特点形成的，曲线外观将立面气流引向建筑两个不同高度的风洞口，提高敛风效率，敛聚更多的气流，增加洞口的风力，提高洞口风机的发电效率。立面风力发电构件同样是利用立面受风面丰富的风力资源，通过在建筑立面结构以外架设水平轴或垂直轴风力发电机，实现建筑立面的风力发电。一般建筑立面的角边区域除了有自由通过的风，还有被建筑形体引导过来的风，此处可以安装小型风力机组。

图5.1.2-4　巴林世贸大厦　　　　　　　　　图5.1.2-5　风力发电照明路灯

3）设置在建筑物之间

这种设计形式对应扩散型的风力集中器原理。城市中建筑物密集，建筑物之间的风力集中，是城市风环境中特有的风力资源。相对于利用建筑立面的风洞，将风力发电机安装在两座建筑物之间，可以获得敛风效率更高的运行效果[①]。巴林世贸大厦（图5.1.2-4）在其双塔之间的61m处、97m处和133m处分别安装了直径达29m的水平轴风力发电机，竖向排列[②]。根据年发电量1100~1300MWh[③]进行估算，年CO_2减排量可达970~1147t。

4）与建筑场地结合

城市建筑物周围的狭窄场地常见有穿堂风现象，风能富足的空旷场地往往适合集中布置风力发电机。风力发电机被安装在建筑入口处的场地中，不仅解决了场地建筑能耗，同时形成独特的标志性构筑物。风力发电系统可以结合场地形态和景观小品进行自给自足的风力发电，常见的场地风力发电系统有道路照明系统（图5.1.2-5）。

3. 夏热冬冷地区大型公共空间建筑清洁风能发展潜力分析

1）风力资源丰富

根据有效风力出现时间百分率以及不小于3m/s和不小于6m/s的全年累计小时数可将我国风能密度等级划分为四个等级：风能丰富区、风能较丰富区、风能可利用区和风

---

① 潘雷，陈宝民，张涛. 建筑环境中的风能利用［J］. 可再生能源，2006（6）：87-89.

② 赵华，高辉，李纪伟. 城市中风力发电与建筑一体化设计［J］. 新建筑，2011（3）：47-50.

③ Shaun Killa BAS，Barch，Richard Smith MSc. C.Eng. Harnessing Energy in Tall Buildings：Bahrain World Trade Center and Beyond［C］. CTBU 8th World Congress Dubai：Council on Tall Buildings and Urban Habitat，2008：2-7.

能贫乏区。其中，东南沿海的夏热冬冷地区多为风能丰富区和较丰富区，风能密度在150W/m² 以上。

2）夏热冬冷地区适宜结合建筑发展小型风力发电

目前风力发电主要以在偏远地区建立大型风力发电厂为主，所发的电能经由国家电网输送到城市中，在输送过程中会损失部分电能。夏热冬冷地区城市密集，建筑用电需求量大，多依赖国家电网的远程电力输送，造成一定资源浪费。由于该地区城市建筑数量庞大，建筑物楼顶、建筑物地面空间、高层建筑物之间可产生高质量的丰富风能，可以发展小型风力发电。

3）大型公共空间的建筑空间特性适合开展风力发电

大型公共空间建筑具有尺度大、高度高的空间特性，部分高层建筑属于大型公共空间建筑范畴内。高层建筑具有风力资源优势，在适宜的条件下，安装风力发电系统具有投资成本低、传输距离短、工作效率高等优点[1]。相对于建筑尺度较小和结构承载性不强的建筑，大型公共空间建筑对于风力发电机种类的可选择性较大。大型公共空间建筑中常设计有通风作用的中庭，这是适合安装风力发电机的理想位置，此处的风力发电对外部地区的风力资源依赖度会相对降低，更倾向于通过建筑内部风能资源[2]，中庭通风口区域的风力较强，风力发电机安装在此处可以充分利用风力资源。大型公共空间建筑能耗强度大，通过风力发电供建筑自身使用，不仅有显著的节能低碳效益，同时可缓解国家电网的供电压力。

5.1.3 热泵技术

热泵作为电制热最有效的方式，将成为供热领域实现碳中和的可靠路径。[3]相比于直接燃烧化石能源获取热量，热泵技术可以降低能源消耗，减少CO_2排放。目前较为常用的热泵技术是空气源热泵技术和地源热泵技术。

1. 地源热泵技术简介

《可再生能源法》中规定地热能属于可再生能源。地源热泵系统是以岩土体、地下

---

① 艾志刚. 形式随风——高层建筑与风力发电一体化设计策略 [J]. 建筑学报，2009（5）：79-81.

② 蔡滨. 风力发电与建筑一体化设计研究 [D]. 哈尔滨：哈尔滨工业大学，2009：36.

③ 倪龙，董世豪，郑渊博，等. 热泵技术在中低温热能生产中的减碳效益 [J/OL]. 暖通空调：1-19 [2022-05-19]. http://kns.cnki.net/kcms/detail/11.2832.TU.20220217.1309.002.html.

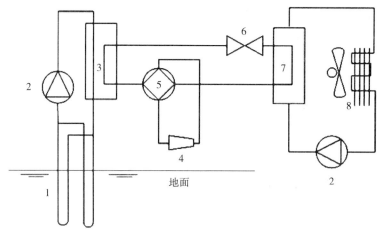

1—地下埋管；2—循环水泵；3—冷凝器；4—压缩机；5—换向阀；
6—节流阀；7—蒸发器；8—风机盘管

图5.1.3-1 地源热泵原理图

水或地表水为低温热源，由水源热泵机组、地热能交换系统、建筑物内系统组成的供热空调系统[①]。地源热泵与其他热泵的基本工作原理类似，根据冷热源交换形式的不同，地源热泵系统可分为地下水地源热泵系统、地表水地源热泵和地埋管地源热泵系统。图5.1.3-1展示了地埋管地源热泵的原理。

地源热泵系统的节能原理在于系统只需要消耗1kW的能量，用户即可获得4kW以上的热量或冷量，减少化石能源的消耗，节能低碳效果显著[②]。地源热泵的节能优势主要体现在较高且稳定的节能系数上，节能系数指的是能量与热量之间的转化比例，又称能效比（COP）。因为消耗的电能和转化出的热能除了有数量上的不同之外，在能量的"质量"上也有很大差别。为了体现出这种差别，还需要引入一次能源利用率参数（PER）。PER是将热泵消耗的电能按发电系统效率 η_e 折合成一次能量后，热泵供出能量与消耗能量的比值。在具体项目中PER可以视为固定常数，对节能低碳的结果分析影响不大，可酌情忽略。

量化地源热泵技术的节能低碳效果，基础前提是得到制冷期和制热期的耗电量，基于1:4的能量转换比率，估算出理论节电量，从而得出相应的CO_2减排量。地源热泵系统理论年节电量及碳减排量可按下列公式计算：

$$C_{GSHP}=F_{E,电} \times E_{GSHP} \qquad (5.1.3-1)$$

① 中华人民共和国住房和城乡建设部. 地源热泵系统工程技术规范：GB 50366—2009［S］. 北京：中国建筑工业出版社.
② 刘冰. 地源热泵系统环保效益分析［J］. 环境保护与循环经济，2013（9）：44-45.

$$E_{GSHP}=E_{sc}+E_{sh} \tag{5.1.3-2}$$

$$E_{sc}=(COP_c-1)\times E_c \tag{5.1.3-3}$$

$$E_c=T_c\times P_c\times n' \tag{5.1.3-4}$$

$$E_{sh}=(COP_h-1)\times E_h \tag{5.1.3-5}$$

$$E_h=T_h\times P_h\times n' \tag{5.1.3-6}$$

式中：C_{GSHP}——地源热泵系统年CO_2减排量，kg；

$\quad\quad E_{GSHP}$——地源热泵系统节电量，kWh；

$\quad\quad E_{sc}$——地源热泵制冷期节电量，kWh；

$\quad\quad E_{sh}$——地源热泵制热期节电量，kWh；

$\quad\quad E_c$——制冷期耗电量，kWh；

$\quad\quad COP_c$——地源热泵制冷节能系数，即制冷能效比，无量纲；

$\quad\quad T_c$——制冷期供冷小时数，h；

$\quad\quad P_c$——设备制冷功率，kW；

$\quad\quad E_h$——制热期耗电量，kWh；

$\quad\quad COP_h$——地源热泵制热节能系数，即制冷能效比，无量纲；

$\quad\quad T_h$——制热期供冷小时数，h；

$\quad\quad P_h$——设备制热功率，kW。

$\quad\quad n'$——地源热泵设备系统数量。

在实际设计中，对于采用地源热泵系统的节能量，已经在暖通空调系统设计中考虑，故不应再单独计算其节能量而产生的减排量。此处CO_2排放量计算目的是求得在空调能耗中采用地源热泵技术相对常规能耗能减少的CO_2排放量。

2. 夏热冬冷地区大型公共空间建筑热泵发展潜力分析

依靠热泵技术，住宅和一般性公共建筑的采暖空调能耗可以控制在18kWh/（$m^2\cdot a$）之内[1]。研究表明[2]，在夏热冬冷地区通过更换溴化锂机组为热泵机组，其节能量可达到30～110kgce/kW，将锅炉更换为热泵机组，其节能量最高可达120kgce/kW。2020年两会期间提出的《关于加快发展我国南方百城供暖市场的建议》中强调地表江河水源、

---

① 清华大学建筑节能研究中心．中国建筑节能年度发展研究报告2007［M］．北京：中国建筑工业出版社，2007：11.

② 张文宇．夏热冬冷地区公共建筑节能改造技术分析及能效评价［J/OL］.暖通空调：1-4［2020-05-09］.http://kns.cnki.net/kcms/detail/11.2832.tu.20200420.1452.008.html.

浅层地热能等可作为清洁能源用于南方清洁供暖。其中,"南方百城"是指淮河以南到长江沿线的夏热冬冷地区[①]。针对夏热冬冷地区的清洁热泵发展,已从国家政策上予以关注。

大型公共空间建筑资本投入量大,往往采用中央空调系统。采用地源热泵中央空调系统虽然初期投资费用高,比传统中央空调的费用增加约20%,但对于长周期的运行特点,其节能回报率也快,投资回收期仅需4年左右,具有显著的经济效益[②]。

5.1.4 建筑可再生能源技术的综合利用

通过以上研究可知,不同的可再生能源在夏热冬冷地区大型公共空间建筑上都有利用和发展的优势条件,在具体建筑项目中,往往不会单独使用一种可再生能源技术。下面通过具体建筑案例的数值结果,探究综合利用可再生能源技术的低碳效果。

1)伦敦西门子crystal中心

该项目是西门子公司打造的一座专门为城市可持续发展建造的展示中心(图5.1.4-1)。其大型公共空间功能主要是展馆和会议中心。项目采用了太阳能系统和热泵技术:屋顶67%的面积铺设了太阳能板,通过利用太阳能发电,节约了20%的常规发电能耗;通过埋入地下150m的管道连接地源热泵系统,可满足大厦内全部的供暖需求、约2/3的热水需求和2/3的空调用能需求。通过综合利用新能源技术,crystal中心的能源耗用量降低近50%,CO_2排放量减少65%左右[③]。

图5.1.4-1 西门子 crystal 中心

① 供热信息网. 全国人大代表:建议加快发展南方供暖市场［EB/OL］. http://www.china-heating.com/news/2020/54744.html,2020-05-15.
② 谢静,陈睿智. 地源热泵空调节能减排的经济效益［J］. 科技创新导报,2012(28):49-50.
③ 楚杰. 伦敦"水晶大厦"解密城市未来［N］. 建筑时报. 2013-11-4.

2）国网客服中心南方项目一期工程

国网客服中心南方项目一期工程位于南京江宁滨江经济开发区（图5.1.4-2）。项目建筑总面积49.46万m²，共计4栋公共建筑，5栋配套值班建筑。项目综合采用了太阳能光电、太阳能光热、风力发电、地源热泵等多种可再生能源利用措施[①]（图5.1.4-3）。

图5.1.4-2　国网客服中心南方项目一期工程鸟瞰图

a 太阳能光电系统　　　　　　　　b 太阳能光热系统

c 风力发电　　　　　　　　d 地源热泵系统

图5.1.4-3　综合采用的可再生能源技术

---

① 江苏省住房和城乡建设厅科技发展中心. 江苏省绿色建筑运行标识案例集［R］：7.南京：江苏省住房和城乡建设厅科技发展中心，P7.

2017年项目总用电量为1793万kWh，其中可再生能源及能源微网提供92.92万kWh，若以华东区域电网平均CO_2排放因子计算，则采用可再生能源及能源微网可减少CO_2排放65.37万kg。

5.2　结构选材优化

建筑碳排放量包括建筑固有的碳排放量和标准运行工况下的碳排放量。其中，建筑固有的碳排放量主要包括建造阶段使用建材锁定的碳排放量[1]。随着绿色清洁能源的发展，设备耗能产生的碳排放量会进一步压缩，固定在建筑材料之中的碳排放量对建筑全生命周期的碳排放影响越来越大[2]。实现建筑的低碳目标，不仅在设计阶段需要考虑建筑运行过程中的能耗情况，而且需对建筑的结构选材进行低碳化的考虑。建材的碳排放是近零碳排放示范行动中重要的控制环节之一[3]。在诸多材料类型中，主体结构和围护结构的建材使用情况对建筑固有碳排放量有主要影响。

据估计，我国每年为生产建筑材料要消耗各种矿产资源70多亿吨，其中大部分是不可再生类资源，全国人均年消耗量达5.3吨[4]。中国单位建筑面积耗材量高于发达国家，单位建筑面积用钢量高10%~25%，每立方米混凝土多用水泥80kg。同时，我国对既有建筑再生利用不够，新建建筑平均寿命普遍较短：中国每年既有建筑拆除率占新建建筑面积的40%左右，普通建筑规定的合理使用年限是50年，而实际中国建筑平均寿命不到30年，欧洲建筑的平均寿命周期则超过80年。短命的建筑被拆掉重建就意味着新的资源能源的再一次大量投入，产生巨大的碳排放。我国夏热冬冷地区包括多个都市圈，以长江三角洲为例，包括上海都市圈、杭州都市圈、宁波都市圈、苏锡常都市圈、南京都市圈等，都市圈的密集发展带来大规模的大型公共空间建筑建设，由此引发突出的碳排放问题。针对大型公共空间建筑常用的建材，需通过研究总结出相应的低碳使用原则和方法，指导建材的低碳可持续性发展。

---

[1] 曲建升，王莉，邱巨龙. 中国居民住房建筑固定碳排放的区域分析 [J]. 兰州大学学报（自然科学版），2014，50（2）：200-207.

[2] Ibn-Mohammed T，Greenough R，Taylor S，et al. Operatonal vs. embodied emissions in buildings—A review of current trends [J]. Energy and Buildings，2013，66：232-245.

[3] 国家发展改革委，国家能源局. 能源生产和消费革命战略（2016-2030）[EB/OL]. https://www.ndrc.gov.cn/fggz/fzzlgh/gjjzxgh/201705/W020191104624231623312.pdf，2019-12-02：34.

[4] 中国城市科学研究会. 绿色建筑 [M]. 北京：中国建筑工业出版社，2008：20.

5.2.1 建筑材料的低碳使用原则

借鉴循环经济的"3R"原则，做到减量化（Reducing）、再使用（Reusing）、可循环再生（Recycling），同时结合建材碳排放内涵，兼顾就地取材（Location）与利用新型绿色低碳建材（Innovation），最终提出建筑材料"3R+L+I"的低碳使用原则。

1. 减少建材的使用（Reducing）

减少建材的使用是从源头上减少投入生产和消费过程的物质流量，坚持生产和资源节约并重，实现资源和碳排放的源消减。通过增加建筑的耐久性，在保证建筑使用安全的同时，可以减少维护更新的耗材量。由第二章的研究可知，各国家和地区的建筑相关低碳评价体系中，都对建筑的耐久性有所要求。我国《绿色建筑评价标准》GBT 50378—2019中专门对建筑的耐久措施提出相应要求和分值评价，如采取提升建筑适变性的措施，采取提升建筑部品部件耐久性的措施和提高建筑结构材料的耐久性等措施。针对大型公共空间建筑的多功能性、长期使用性等特点，可以借鉴SAR理论和SI住宅建筑的相关经验，兼顾大型公共空间的多用途与使用的长寿命，减少由于空间结构的局限性而造成大建大拆、维护更新频繁等方面的建材消耗，从而控制建材物化与使用的碳排放量。SAR理论（Stiching Architecten Research）即"骨架支撑体"理论[1]，提出将住宅设计和建筑设计分为两部分——支撑体和可分体。按照SAR理论，住宅的支撑体（即骨架）也称不变体，期间可容纳面宽和面积各不相同的套型单元，并在相邻单元之间的支撑墙上适当位置预留洞口，作为调整空间的手段。填充体为隔墙、设备、装修、按模数设计的通用构件和部件，均可拆装[2]。20世纪90年代，日本吸收SAR理论方法，首先提出了SI住宅，S是住宅的结构体部分，包括承重结构中的柱、梁、楼板及承重墙，共用的生活管线，共用的设备，共用楼梯等；I指住宅里面的填充体，包括设备管线和户内装修等[3]（图5.2.1-1）。SI住宅体系是针对住宅产品进行的建造手段的改变，用系统的方法统筹全生命周期的规划设计、部品制造、施工建造、维护更新和再生改建，延长住宅使用寿命，保证建筑质量，体现着可持续建设理念[4]。我国在住宅上发展了CSI建筑体系，

---

① N J Habraken. Support：An Alternative to Mass Housing［M］. London：Architectural Press，1972.
② 朱倡廉. 住宅建筑设计原理［M］. 北京：中国建筑工业出版社，2011.
③ 柴成荣，吕爱民. SI住宅体系下的建筑设计［J］. 住宅科技，2011，31（1）：39-42.
④ 项秋银，李忠富. 基于建筑产业发展方式的SI住宅与可持续建筑研究［J］. 建筑学报，2020（2）：62-67.

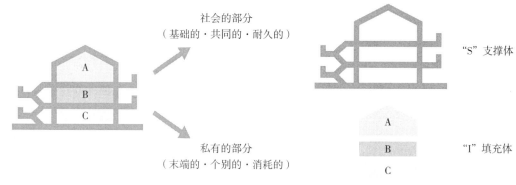

図5.2.1-1 SI住宅体系

力求提高住宅支撑体的物理耐久性，延长建筑的生命周期，降低维护成本和资源消费的作用与意义[1]，CSI建筑体系也可适应于公共建筑的低碳设计中以减少建材的浪费，增加建筑的使用寿命。

通过推动建筑产业化，可以提高建材的使用效率，减少建材浪费，降低建材使用的碳排放量。建筑产业化是指通过工业机械化的手段，实现构件制造的工业化、建筑产品设计的标准化以及现场施工的装配化，通过将技术、经济和市场进行集成化的模式运营，实现低额成本的高额回报，降低对自然环境的影响，满足节能减排要求。英国1851年世界博览会的水晶宫会场是建筑产业化的雏形，该建筑将钢架和玻璃通过预制组装，采用花房式框架结构，仅用8个月就现场装配完成了长563m、宽124m、最大跨度22m、最高顶棚33m的大型公共空间会展建筑。目前，预制装配式建筑已然成为工业化建筑多元化的一种载体[2]，预制装配式建筑不仅大大提高了建筑效率，还推动节材低碳的可持续发展。若提高构配件标准化水平和构件厂钢模板周转次数，可有效降低预制装配式建筑钢材消耗量，提高构件预制率会更大幅度地节省建材[3]。

2. 建材的再利用（Reusing）

建材的再利用是使用过程中的低碳控制，目的是提高建材的利用效率。建材多以初始形式多次使用，用于升级维修与替换。SAR理论中强调在改变内部空间和功能的同时，保留主体支撑结构，其本身就是对结构建材再利用的体现。通过推动建筑工业化、

---

① 刘东卫，李景峰. CSI住宅——长寿化住宅引领住宅发展的未来［J］. 住宅产业，2010，125（11）：59-60.
② 王宏伟. 预制装配式建筑发展趋势探讨［J］. 建材与装饰，2020（12）：121-122.
③ 谭新城. 预制装配式建筑的经济性分析及发展前景［J］. 建材与装饰，2018（41）：169-170.

标准化、装配化，可增加建材及构件产品的循环利用率。再利用废弃物作为建材，也可实现节约建材，降低碳排放。游牧博物馆[1]由152个废弃的钢制集装箱构成5200m²的博物馆空间主体，节约建材的同时营造了独特的大型公共空间。Rijnstraat 8大楼在翻新和改造的过程中，新材料的使用量被降至最低：建筑共拆毁了整体的20%，其中99.7%的材料得到了重新利用[2]。王澍通过回收当地旧砖旧瓦，借鉴传统工艺结合计算机模拟等现代技术，开发出一种从瓦爿墙衬墙附加出来的托梁结构体系[3]（图5.2.1-2），最终形成宁波博物馆1.3万m²的"瓦爿墙"大空间风格（图5.2.1-3）。

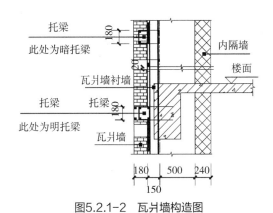

图5.2.1-2 瓦爿墙构造图

图5.2.1-3 宁波博物馆瓦爿墙

3. 利用可循环再生材料（Recycling）

材料的循环可再生是将生产和消费过程中产生的废物，再加工为可重新使用的原材料或产品，使其重新返回到生产和消费领域。在建筑行业中，有些建材本身就是可再生的原材料，如木材与竹材。在对建筑原材料的制备上，常通过可再生的废弃物和骨料进行生产，减少资源开采，降低开采和制备阶段的能耗与碳排放。如将废弃的混凝土块经过破碎、清洗、分级后按一定比例与水泥、水等混合成新的混凝土。玻璃纤维增强水泥（GRC）属于可再生材料，其原料多采用粉煤灰及废旧砖等再生骨料，且原材料不含放射性核元素，具有可塑性强、质量轻、强度高、厚度薄、尺度大等优势特征，常见于外观独特、具有地标性质的大型公共空间建筑中，如南京国际青年文化中心（图5.2.1-4）。

① Mchael Webb. Container art ［J］. Architectural Review，2006（5）：48-53.
② 谷德设计. Rijnstraat 8办公大楼，荷兰海牙 / OMA ［EB/OL］. https://www.gooood.cn/rijnstraat-8-the-hague-by-oma.htm 2017-11-03.
③ 韩玉德，吴庆兵，陈海燕. 宁波博物馆瓦爿墙施工技术［J］. 施工技术，2010，39（7）：93-95.

并不是所有材料都适合循环再生利用，在材料循环利用的过程中往往需要消耗大量能量[1]，判断材料是否适合循环利用，主要看该材料通过循环再利用过程比生产新料可节能减排的程度。例如，铝材的生产能耗量大，而循环再利用可节省高达95%的能耗；而玻璃比铝材在生产成本上要更低，其循环利用仅节能5%[2]，由此可见，铝材循环利用更具有节能减排的意义。我国回收钢材重新加工使用的CO_2排放量是钢材原始生产CO_2排放量的20%~50%；回收铝材

图5.2.1-4　利用可再生GRC材料的南京国际青年文化中心

的加工循环使用的CO_2排放量是铝材原始生产CO_2排放量的5%~8%。由此可见，即使循环再利用的过程中也有CO_2排放，但显然其排放量远低于新生产的同种建材的CO_2排放量。

4. 就地取材（Location）

由前文可知，建材在运输过程中会产生一定的碳排放，为减少材料运输及其对全球变暖的影响，同时促进当地经济发展，应提倡就地取材。根据中国台湾地区LCBA的碳排放资料，进口的钢坯在原料开采中碳排放为235.28kgCO$_2$/t，而原料运输和成品运输分别为453.32kgCO$_2$/t和55.16kgCO$_2$/t，海外运输碳排放占钢材总碳排放量的26%[3]，远程运输的碳排放量巨大。就地取材应重点关注如钢材、木材、水泥、砌体材料等重质建材[4]。《住房和城乡建设部绿色施工科技示范工程技术指标》中针对建材的就地取材指标有明确的规定：施工现场500km以内生产的建筑材料用量占建筑材料总重量的70%及以上为合格标准，超过合格标准10%为良，超过合格标准20%为优。中国美院象山校区设

① 杨昌鸣，张娟. 建筑材料资源的可循环利用［J］. 哈尔滨工业大学学报（社会科学版），2007（6）：27-32.
② Richard C. Green product evaluation necessitates making trade-offs［J］. Architectural Record. 2004（9）：197-200.
③ 林宪德. 设计导向的建筑碳足迹评估系统——中国台湾的BCF法［EB/OL］. http://www.chinagb.net/gbmeeting/igc14/ppt/No32/20180419/120350.shtml，2018-04-19.
④ 聂梅生，秦佑国，江亿. 中国绿色低碳住区技术评估手册［M］. 北京：中国建筑工业出版社，2011.

图5.2.1-5　中国美院象山校区图书馆

计以扎根于本土为选材原则，以选材推论结构与构造[①]，普遍采用当地的青砖、屋瓦和石材（图5.2.1-5）。当地天然建材常具有本地环境适应性，利于建筑低碳运行。

就地取材也有一定适用前提：选用的当地建材来源，其生产成本及碳排放量应总体优于远程运输的同类建材量。如中国台湾地区的铝材生产，由于在当地提炼每吨铝锭需耗电17000kWh，而进口铝材每吨铝锭耗电12500kWh[②]，按同样的电耗碳排放系数换算，无论是生产成本还是碳排放量，采用当地铝材都处于劣势。

5. 利用新型绿色低碳建材（Innovation）

在1988年第一届国际材料会议上首次提出绿色材料的概念，并被确定为21世纪人类要实现的目标材料之一。在碳减排的背景下，建筑中的绿色材料也逐渐探索低碳化发展，绿色低碳建材得到创新发展。绿色低碳建材是指以降低建筑碳排放为目标的绿色建材。新型绿色低碳建材目前发展的种类很多，如采用纳米技术在保温建材领域的新应用和多功能复合建材。针对主体结构和围护结构的建材创新，以超低碳贝氏体钢（ULCB）和薄膜太阳能发电材料为典型代表。

1）超低碳贝氏体钢

超低碳贝氏体钢（Ultra-low Carbon Bainit，ULCB）具有高强度、高韧性，焊接性

---

① 王澍，陆文宇. 中国美术学院象山校区［J］. 建筑学报，2008（9）：50-59.
② 张又升. 建筑物生命周期二氧化碳减量评估［D］. 台湾成功大学，2002：40.

能优良等特点，被国际上公认为21世纪最有前景的新一代绿色环保钢种[①]。由于钢的强度不再依靠碳含量，而是在钢种中加入锰、钼、镍、铌、钛、铜、硼等合金元素，消除碳元素对贝氏体组织韧性的不利影响，其含碳量比常规钢材含碳量低得多，低碳贝氏体钢的含碳量多控制在0.08%以下，而超低碳贝氏体钢含碳量仅为0.01%～0.05%。超低碳贝氏体钢的超低碳与微合金化设计，使其在强度、韧性、耐腐蚀和焊接性上都具有优势，增加了建材的耐久性，同时降低了生产和使用过程中的碳排放，适合在大型公共空间建筑的低碳设计建造中进行推广。

2）薄膜太阳能发电材料

薄膜太阳能发电材料是利用太阳能的光电转换实现围护结构材料的"自发电"，缓解建筑能耗对于传统化石能源的依赖，减少碳排放。目前建筑上主要利用晶体硅材质的太阳能电池板，由于晶体硅成本的增加和本身太阳能板的韧性差，可塑性较为局限等原因，建筑对于太阳能发电的利用也考虑通过采用非晶硅薄膜材料实现围护结构的低碳产能。薄膜太阳能发电材料多由玻璃和多种气体（如硅烷、硼烷等）组成，使用少于1um厚度的非晶硅吸收阳光，降低材料成本的同时具有较高的可塑性和延展性[②]；其耐高温、耐潮湿的稳定性适合在炎热多雨的夏热冬冷地区使用。由于不受安装角度的限制和较强的可塑性，其可在建筑不同方向的表皮上进行美学艺术与低碳环保的融合。嘉兴光伏科技展示馆通过在建筑的各立面及屋顶上设置了大面积碲化镉薄膜光伏材料，结合异形的建筑形态，呈现了具有科幻色彩的低碳展示大空间。

5.2.2　大型公共空间建筑中相关建材的低碳优化

建筑三材指水泥、钢材、木材，节约"三材"是自我国工业化起步阶段就制定的建筑业普遍遵循的政策约束条件[③]，三材的使用在我国建筑行业的普及性与高用量已根深蒂固。混凝土和玻璃在现代大型公共空间建筑中已成为常见的基础建材，往往用量占比较大。本节具体探讨通过以上建材实现大型公共空间建筑的碳减排，同时对其他用在大型公共空间建筑的建材进行案例研究，为低碳化选材提供借鉴。

---

① 李继红，徐蔼彦，李露露，等. ULCB钢的研究开发现状与发展前景探讨［J］. 热加工工艺，2015，44（16）：12-14，18.

② 鲍健强，叶瑞克等. 低碳建筑论［M］. 北京：中国环境出版社，2015：112.

③ 夏珩，夏振康，饶小军，等. "三材"约束下的低技建造：中国早期工业建筑遗产拱壳砖建构研究［J］. 建筑学报，2020（9）：104-110.

1. 水泥

中国目前水泥和混凝土用量占世界总用量的60%左右，资源消耗量巨大。以2009年数据为例，水泥生产能耗约1.8亿吨煤，占当年全国总能耗的6.6%，CO_2排放总量约13.8亿吨，占当年全国CO_2总排放量的26.1%。水泥的主要化学成分是CaO、SiO_2、Fe_2O_3、Al_2O_3等，其中CaO约占水泥成分65%[1]，水泥的CO_2排放主要来源于石灰石开采煅烧成CaO的过程。图5.2.2-1以常见的波特兰水泥生产为例展示了水泥的生产流程。要降低水泥的CO_2排放，需采用更为低碳的生产技术，并控制水泥用量。生产技术上，水泥行业生产商通过提升能源效率和废料回收用作燃料等措施，已经将每吨水泥生产的碳排放量降低了18%[2]；通过采用高炉废渣作为水泥原料，在生产过程中，能降低60%~80%的CO_2排放量[3]；通过水泥窑处置城市废弃物，焚烧的残渣可以替代熟料生产所需的硅质、铝质原料[4]；采用电解槽代替高温锻造对石灰石等熟料进行加工可使普通旧水泥更加环保[5]；

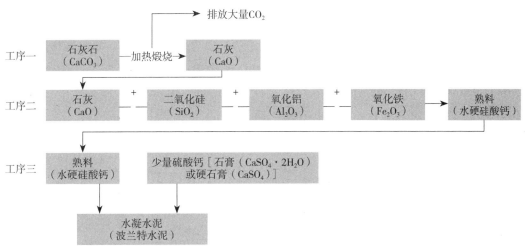

图5.2.2-1 波特兰水泥生产流程及CO_2排放

---

① 石铁矛，王梓通，李沛颖．基于水泥碳汇的建筑碳汇研究进展［J］．沈阳建筑大学学报（自然科学版），2017，33（1）：7-15.

② 碳交易网．水泥行业如何一步步成为碳排放巨头，未来又将被如何取代？［EB/OL］．http://www.tanpaifang.com/jienenjianpai/2018/1224/62665_2.html，2018-11-24.

③ 中国水泥网．日本：竹中工务以用高炉废渣创低碳混凝土为目标［EB/OL］．http://www.ccement.com/news/content/1249177.html，2020-05-19.

④ 蔡林芬．水泥窑协同处置固体废弃物技术在苏州东吴水泥有限公司的应用［J］．江苏建材，2019（4）：3-5.

⑤ 中国水泥网．水泥行业碳排放迎来新技术［EB/OL］．http://www.ccement.com/news/content/687091386608901013.html，2019-09-17.

通过微生物的生化反应代替传统高能耗的生产工艺，制造出水泥砖[1]。在控制水泥用量阶段，通过在设计阶段控制工程量预算，减少水泥源头的浪费；同时使用更为低碳的水泥及替代物，如尝试在结晶盐和矿物质中提取出于波特兰水泥等效的物质，研发一种低环境影响的替代性建材[2]。水泥本身也具有一定的碳汇作用。在水泥的使用过程中，其16.1%的碳排放量在使用寿命期间已被自身吸收，中国地区水泥碳汇总吸收量约为14亿吨碳[3]。水泥在使用过程中会逐渐吸收空气中的CO_2发生碳化反应，可通过提高水泥材料的固碳能力减少建筑使用阶段的碳排放。

我国以C_2S为主要矿物成分的低碳水泥（如高贝利特水泥）取得了良好的应用。1kg的C_2S仅排放约512g的CO_2，而传统水泥（以C_3S为主）在生产过程中CO_2排放量可达579g，采用C_2S低碳水泥可使CO_2排放量每年减少约1900万吨，低碳效果可观[4]。如三峡大坝工程大量采用高贝利特水泥，在满足项目对高强度、高抗裂的要求同时，实现项目的低碳发展。目前除高贝利特水泥，国际上低碳水泥品种还有Porsol水泥、Alinit水泥、Celitement水泥、日本生态水泥、Aether水泥、BCT水泥等。

2. 混凝土

混凝土运用在大型公共空间的历史悠久，古罗马人在2100多年前就用混凝土建造了跨度达到43.6m的万神庙。现代建筑以钢筋混凝土结构为主，混凝土用量巨大。我国每年近30亿m^3的混凝土用于基本设施建设和国家重点工程，其中较多为大型公共空间项目。混凝土本身的碳排放量主要来自相关材料的制备和运输等过程（图5.2.2-2）。相比于原材料开采和运输环节，"熟料"制作环节的碳排放占整个混凝土CO_2排放量的90%[5]。针对减少熟料制作环节的碳排放，主要可从开发应用替代原、燃料技术、研究高性能熟料及减少水泥用量等方面进行考虑。例如，利用废轮胎、废油泥、废塑料等可燃废弃物替代燃料[6]；以粉煤灰等废弃资源代替部分水泥，大体积粉煤灰高性能混凝土（HVFA），

① Stephen Lokier, Ginger Krieg Dosier. A quantitative analysis of microbially-induced calcite precipitation employing artificial and naturally-occurring sediments [J]. Egu General Assembly, 2013, 15.

② Archdaily. 2020威尼斯双年展阿联酋馆 [EB/OL]. https://www.archdaily.cn/cn/935121/2020wei-ni-si-shuang-nian-zhan-a-lian-qiu-guan-xun-zhao-bo-te-lan-shui-ni-de-huan-bao-ti-dai?ad_source=search&ad_medium=search_result_all, 2020-03-19.

③ Xi F, Davis SJ, Ciais P, et al. Substantial Global Carbon Uptake By Cement Carbonation [J]. Nature Geoscience, 2016, 9（12）: 880-883.

④ 吴伟伟，周琨. 以C_2S为主要矿物组成的低碳水泥初探 [J]. 四川水泥, 2015（9）: 6.

⑤ ArchDaily. 盘点建筑原材的碳成本 [EB/OL]. https://www.archdaily.cn/cn/933877/pan-dian-jian-zhu-yuan-cai-de-tan-cheng-ben?ad_source=search&ad_medium=search_result_all, 2020-05-19.

⑥ 姚燕. 低碳经济时代水泥混凝土行业发展方向 [R]. 商品混凝土. 2010（4）: 1-3.

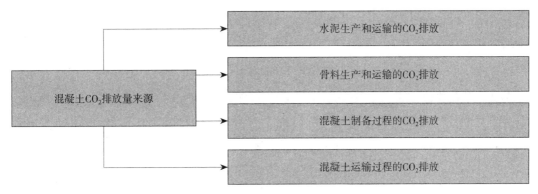

图5.2.2-2　混凝土CO$_2$碳排放量来源

在保证良好的强度、收缩性、耐久性的同时，可将粉煤灰含量提高到50%～60%[①]；利用再生混凝土技术部分或全部代替砂石等天然集料，碳减排潜力巨大。

低碳混凝土是在生产、使用过程中，能够直接或间接降低CO$_2$排放的混凝土。相对于传统混凝土，其材料本身的全生命周期碳排放量有显著的降低。降低混凝土的CO$_2$排放量主要通过三个途径[②]：①使用大掺量的各类矿物掺合料，减少和控制水泥用量；②使用可再生废弃物和再生骨料，减少对不可再生天然骨料的开采和使用；③提高混凝土的性能以增加其使用寿命，降低维修和重建的需求。

清水混凝土在使用上一次浇筑成型，不做任何外装饰，直接采用现浇混凝土的自然表面效果作为饰面，是较为常用的绿色环保混凝土[③]。由于其结构一次成型，省去多余的外装饰，避免了涂料、瓷砖等其他化工产品的使用，一定程度上减少了CO$_2$排放。具体使用中，清水混凝土对施工工艺要求高，在完工后通过在表面做一层透明保护剂，可增加清水混凝土的使用寿命。由于其独特的结构与装饰的美学效果和"一劳永逸"的低碳环保特性，清水混凝土在大型公共空间建筑上得到广泛应用。如金贝尔美术馆和杭州良渚文化中心。

超高性能混凝土（Ultra-high Performance Concrete，UHPC）是过去30年中最具创新性的高科技水泥基建筑材料。其"超高"体现在超高的耐久性、超高的抗压抗拉性能以及超高韧性，可保证项目实现"百年建筑"的长寿命，降低了维护、拆除、重建环节的材料消耗与碳排放。UHPC属于最低碳的水泥基材料，其水泥或胶凝材料的利用率最

① P.Kummar Mehta. Greening of the Concrete Industry for Sustainable Development [J]. Concrete international.2002（7）：23-27.

② 宋少民，刘娟红. 废弃资源与低碳混凝土[M]. 北京：中国电力出版社，2016：2.

③ 刘华江，朱小斌. 设计师的材料清单（建筑篇）[M]. 上海：同济大学出版社，2017：50.

高。采用UHPC的钢筋混凝土结构相对于传统钢筋混凝土结构可减少59%的CO_2排放[①]。相同承载力作用下，UHPC的等效体积最小，同时可减少辅助配筋，具有明显的节材和减排优势（表5.2.2-1）。UHPC通常为预制构件，由于其可作为自承重构件，可大大减轻龙骨体系的负荷，在大型公共空间建筑中广泛使用。

同等承载力条件下不同混凝土参数对比　　　　表5.2.2-1

材料品种	C30 混凝土	C60HPC	UHPC200
等效体积，m^3	126	100	33
水泥用量，t	44	40	23
CO_2排放量，t	44	40	23
集料用量，t	230	170	60

建筑师也可通过使用预制混凝土产品，如预制混凝土板和预制混凝土砌块等实现混凝土的低碳化使用。不同于混凝土的现场浇筑，预制混凝土产品在工厂实现量产，配合现场装配与标准化养护，在达到堪比正常混凝土结构的耐久性同时，有利于建材量的控制，具有良好的机械性能和加工性能，减少建材的浪费和碳排放。

3. 钢材

钢材是现代大型公共空间建筑普遍使用的主料之一，其生产使用过程产生大量CO_2。钢材生产过程的碳排放占化石燃料直接排放量的7%～9%，平均每吨钢材产生1.83吨CO_2。中国是粗钢生产和消费最大的国家，根据世界钢材协会的数据，2018年中国钢材消费量占全球45%，钢材出口量占49%。单从结构材料的生命周期评价结果来看，钢结构建筑相对于混凝土结构建筑有着较大的优越性，尽管能耗只比混凝土结构建筑少8.6%，但是全球变暖潜力比混凝土结构建筑少41.4%，对城市大气环境影响比混凝土结构建筑小51.6%[②]。

针对钢材的低碳化，主要从钢材的生产与使用两个方面进行分析。在生产上，可使用废料或碳以外的物质作为还原剂，或者使用管道末端技术，将生产过程中的碳进行封存使用，减少CO_2排放。在使用上，可通过使用高性能的低碳钢代替普通钢材，如前文所介绍的超低碳贝氏体钢；亦可通过优化钢结构设计以降低钢材用量。

① 李玲，明阳，陈平，等. 超高性能混凝土国内外研究与应用进展［J］. 水泥工程，2020（2）：85-90.
② 史立刚，袁一星. 大空间公共建筑低碳化发展［M］. 哈尔滨：黑龙江科学技术出版社，2015.

苏州第二工人文化宫采用装配式钢结构，错综复杂的坡形屋面化繁为简。通过选用开孔实腹钢梁、平面桁架、立体桁架、空间正交桁架、转换桁架、双向斜交变截面钢梁等多样化的钢结构体系实现了大跨度"新苏式"的坡屋面。作为整个建筑设计最大亮点的"云廊"空间，通过采用高强度吊杆悬挂在中庭屋面的桁架体系，实现了中庭连廊下方超长的无柱大空间与上方的天桥空间（图5.2.2-3）。轻型钢结构常用于预制装配式建筑中，利于实现建筑可变与适应设计，延长建筑使用寿命，同时可实现建筑施工的安全、快速、可靠、低碳的建造[1]。UCU钢架预制停车场[2]通过预制钢结构的模数化网格组装，在短时间内建造出了比常规停车场更为宽敞的3346m²大空间。蓬皮杜艺术中心采用巨型开放式钢框架结构形式，铸钢作为结构设计的核心材料[3]，通过创造性地发明格贝尔悬臂梁（gerberette），以短支撑悬臂梁的方法支起桁架主梁，在宽度达56.8m的空间内不用结构柱支撑（图5.2.2-4），满足了展馆空间的动态变化，实现了结构构件的强耐久，空间功能的长寿命。

图5.2.2-3　苏州第二文化宫"云廊"中庭无柱大空间

① 张宏，罗申，唐松，等. 面向未来的概念房——基于C-House建造、性能、人文与设计的建筑学拓展研究［J］. 建筑学报，2018（12）：97-101.
② Archdaily. UCU 钢架预制停车楼／MAPA［EB／OL］. http://www.archdaily.cn/cn/939330/ucu-gang-jia-yu-zhi-ting-che-lou-mapa?ad_source=search&ad_medium=search_result_all，2020-05-25.
③ 卢永毅，袁园，郑露荞. 结构工程师——蓬皮杜艺术中心——建筑的文化想象［J］. 建筑师，2015（2）：33-42.

图5.2.2-4　采用格贝尔悬臂梁的蓬皮杜艺术中心

4. 木材

木材是可再生的原材料。树木在生长过程中有固碳释氧作用，木材提取和回收所需的能耗较少，使用过程中产生废物少，可进行重复利用。采用木材建造的建筑，其在建材使用中，可视为零碳排放，低碳成本的优势是木材大规模使用的动力。中国自古以来就积累了利用木材建造大型公共空间建筑的经验：中国木结构常采用"梁柱式"的木框架结构，以立柱四根，上施梁枋，以斗栱为结构的关键，斗栱的功用在以伸出之栱承受上部结构之荷载，转纳于下部之立柱上，故为大建筑物所必用[1]。中国建筑科学研究院对国内7个项目进行综合分析，发现木结构建筑除在运行能效提升上具有比较大的优势外，在建材生产阶段体现出更大的减排优势：根据替代钢材和混凝土等传统建材的比例不同，使用木结构可以使建材生产阶段的碳排放降低48.9%～94.7%，木结构建筑物全生命周期减排幅度可达8.6%～13.7%[2]。木结构在物化阶段消耗的水和能源较钢结构、混凝土结构少。同一建筑，如果用木结构代替钢结构，将节省27.75%的能源和39.2%的水；代替混凝土结构则将节省45.24%的能源和46.17%的水[3]。采用木构件替换部分或者全部原为钢结构或者混凝土结构的构件，不仅在物化阶段减少能耗和碳排放，还可促进森林的可持续管理，从而使得木材的生长量高于采伐量，将更多的CO_2转化为碳水

① 梁思成. 中国建筑史［M］. 北京：生活·读书·新知三联书店，2017：3.
② 加拿大木业.《现代木结构建筑全寿命期碳排放计算研究报告》权威出炉［EB/OL］. https://www.prnasia.com/story/251777-1.shtml，2019-07-12.
③ 史立刚，袁一星. 大空间公共建筑低碳化发展［M］. 哈尔滨：黑龙江科学技术出版社，2015.

化合物长时间固定。

综上所述，木材作为低碳建材，其材料物化阶段的CO_2排放量占比小，主要的CO_2排放集中在建筑运行阶段，可增加建筑的耐久性和空间使用的寿命，有利于降低建筑使用阶段的建材CO_2排放量。木结构建筑多采用工厂预制+现场装配方式进行生产和装配[①]，提高木材构件的标准化率有利于降低模具生产、劳动力投入、更正错误率、材料浪费等成本。如江苏省园艺博览会主展馆采用木结构，其现场安装受施工场地影响小，机械吊装方便快捷，实现主展馆木结构仅用一个月即完成安装，相比传统结构，建造周期缩短了一半[②]。

胶合木（Glulam）也称集成材，是常用的木结构建材，由于其产量丰富、强度高、利于工业化加工、可制作成大跨度弯曲梁，广泛适用于大型公共空间建筑中。苏州第二工人文化宫内部游泳馆屋盖采用双向交叉张弦胶合木梁结构，该结构是一种自平衡体系，受力性能好，并采用钢木混合节点，保证连接可靠（图5.2.2-5）。2020年东京奥运会有明体操馆整体以木材为主要建筑材料，通过复合式木质张弦梁结构实现90m大跨度

图5.2.2-5 苏州第二工人文化宫游泳馆木结构

① 王海宁，张宏，张军军，等. 基于装配式木结构的构件标准化率定量计算方法研究［J］. 建筑技术，2019，50（4）：409-411.

② 江苏省住房和城乡建设厅，江苏省住房和城乡建设厅科技发展中心. 江苏省绿色建筑发展报告（2018）［M］. 北京：中国建筑工业出版社，2019：85.

无柱空间，通过采用裸露的木屋顶结构减轻重量，可有效实现桩基础结构的合理化[1]，在赛事结束后易于拆除回收，建筑空间便于改造作为展览空间继续使用。大馆树海体育馆是一座高达52m、主轴横跨178m、次轴横跨157m的钢木结构建筑，采用当地日式香柏木作为集成材木质结构的材料，通过现代技术将25000片层压木板条粘合在一起，最终成为拱顶的施工材料[2]。

5. 玻璃

我国大部分玻璃生产以重油和煤等化石燃料为主，会产生大量CO_2及NO_X、SO_2等[3]。玻璃产业能耗高，我国平板玻璃单位能耗高于世界先进水平68%[4]，玻璃被大量用于现代建筑中，在大型公共空间建筑中常见大面积的玻璃幕墙。通过采用全氧燃烧技术，提高熔窑熔化能力，利用碎玻璃、尾矿、废石等材料的回收再利用，改善燃料配比与燃烧状况，循环利用玻璃，与重新生产玻璃相比可减少32%能耗[5]，实现生产阶段的碳减排。通过采用玻璃制品实现大型公共空间建筑的碳减排主要有以下三种途径：采用隔热保温性能好的玻璃，在玻璃幕墙表面覆盖节能涂料，通过玻璃与光伏等可再生能源系统结合。

真空玻璃和中空玻璃都是基于保温瓶原理研发的玻璃建材，有较好的隔热保温性能。真空玻璃是两片或两片以上平板玻璃以支撑物隔开，周边密封，在玻璃间形成真空层的玻璃制品。中空玻璃是两片或多片玻璃以有效支撑均匀隔开并周边粘接密封，使玻璃层间形成有干燥气体空间的玻璃制品。真空玻璃的结构与中空玻璃相似，不同之处在于真空玻璃空腔内的气体非常稀薄，几乎接近真空[6]。由于其真空特性，传热系数在0.6W/（$m^2 \cdot K$）以下，可低至0.3W/（$m^2 \cdot K$），对室内隔热保温有利，从而减少空调能耗带来的碳排放。通过使用真空玻璃，可以帮助目前65%节能标准的建筑提升到被动式建筑，真空玻璃能耗仅为传统中空玻璃的1/3[7]。相对于传统的中空玻璃，真空玻璃具有以下三个主要方面的优势：

---

① 谷德设计网. 有明体操竞技场［EB/OL］. https://www.gooood.cn/ariake-gymnastics-centre-by-nikken-sekkei-ltd.htm，2020-7-22.

② Archidaily. AD经典：大馆树海巨蛋/伊东丰雄事务所［EB/OL］. https://www.archdaily.cn/cn/890546/adjing-dian-da-guan-shu-hai-ju-dan-yi-dong-feng-xiong-shi-wu-suo?ad_source=search&ad_medium=search_result_all，2020-3-31.

③ 邓力，徐美君. 玻璃产业如何直面低碳经济时代［J］. 玻璃，2010（2）：18-21.

④ 邱明锋，刘鸿，骆志勇. 建材产业链生态循环增效机理探析——以玻璃建材为例［J］. 企业经济，2014（5）：16-20.

⑤ 史立刚，袁一星. 大空间公共建筑低碳化发展［M］. 哈尔滨：黑龙江科学技术出版社，2015.

⑥ 彭涛. 新玻璃概论［M］. 北京：高等教育出版社，2015.

⑦ 黄锦. 真空玻璃：让被动式低能耗建筑更节能［N］. 中国建材报，2014-03-11（004）.

①使用寿命长。传统中空玻璃质保一般在10~15年，玻璃中间的惰性气体保存率不超过5年，而真空玻璃的质保可达30年甚至更长，可减少构件的更换。

②厚度薄，重量轻。传统中空玻璃厚度为30~45mm，真空玻璃厚度仅为8~10mm，具备双片使用的基础。

③热导系数稳定。中空玻璃存在对流传热，玻璃使用角度越小，从热端玻璃到冷端玻璃的对流传热路程越短，热量散失得越快，而真空玻璃在采光顶等倾斜的地方热导系数不变，利于安装在坡顶等倾斜的地方。

Low-E玻璃又称低辐射玻璃，是在玻璃表面镀上多层金属或其他化合物组成的膜系产品。其镀膜层具有对可见光高透过及对中远红外线高反射的特性，使其与普通玻璃及传统的建筑用镀膜玻璃相比，具有优异的隔热效果和良好的透光性，减少了内部空间由于采光和制冷而增加的能耗及碳排放。

U形玻璃又称槽型玻璃，其横截面呈"U"形，机械强度普遍较高，有良好的透光性和隔热保温性能。因其施工快捷和较强的安全性能，可大面积运用于大型公共空间建筑[①]（图5.2.2-6）。相对于普通玻璃，U形玻璃具有以下低碳化发展的优势：

①较低的传热系数。U形玻璃一般采用双排翼在接缝处成对排列的组合形式，在满足理想透光性和隔声性的同时，其传热系数也远低于传统幕墙，降低了围护结构的热散失，减少能耗带来的CO_2排放。

②施工安全简便。U形玻璃通过双排组合形式固定于底部设有橡胶缓冲垫的铝合金型材槽中（图5.2.2-7），模块化安装，施工方便，同时安装方式保证了机械强度，无需额外的水平或垂直支撑物。

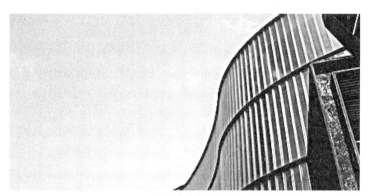

图5.2.2-6　上海世博会智利馆U形玻璃立面

---

① 陈鲁. 高铁站房大面积U形玻璃幕墙施工技术研究［J］. 城市住宅，2019，26（11）：137-138.

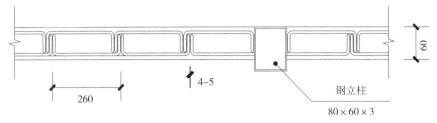

图5.2.2-7　U形玻璃双排组合形式

③可观的经济性。采用U形玻璃，可降低20%～40%的成本，减少30%～50%的作业量，节省玻璃与金属的用量，缩短工期；其较高的透光率有助于节约室内人工照明能耗，对建材物化、建筑施工、建筑运行等阶段都有可观的低碳经济性。

光伏玻璃是将光伏组件与建筑玻璃相结合的玻璃制品，主要由光伏电池、背板、面板、边框及接线盒等构成[1]。目前常见的形式为半透明光伏玻璃：通过将光伏玻璃中不透明的光伏组件进行间隔式的排列组合，不仅可以满足良好的保温隔热性能，通过漫反射营造室内更均匀的光环境，还能利用光伏发电减少建筑能耗，有效降低建筑运行带来的碳排放。

6. 其他建材

中国是世界上竹林面积最大、竹产量最大的国家，我国夏热冬冷地区普遍分布面积较大的竹林。相较于其他材料，竹材作为低碳建材用于建筑业更具推广性：竹子生长速度快，其生长速度是树木的1.3倍；竹材具有优良的物理力学性能，竹材的比强度和比刚度均高于钢筋[2]；竹材的可加工性能好，单位能耗低于钢筋和混凝土[3]；由于竹子在生长过程中吸收CO_2，在拆除降解过程中也不会产生额外的CO_2，故竹材可以作为零碳建材广泛用于低碳建筑项目中。由于竹片很难整齐地组合在一起，要想用它制成必需的隔热墙的部件还比较困难，故竹材多适用于南方炎热地区。目前以竹子为基材，将主材加工成高性能的竹基纤维复合材料，可应用于木（竹）结构建筑中的梁柱、墙板等，替代

① 龙舜杰. 五种典型气候区办公建筑应用半透明光伏幕墙的综合能耗研究——以点式办公建筑为例［D］. 湖北：华中科技大学，2017：13.

② 张波. 可再生竹材在建筑领域中的资源化利用研究进展［J］. 化工新型材料，2016，44（10）：30-32.

③ Kanzawa E，Aoyagi S，Nakano T. Vascular bundle shape in cross-section and relaxation properties of Moso bamboo（Phyllostachys pubescens）［J］. Materials Science and Engineering：C，2011，31（5）：1050-1054.

钢材和水泥①。由于竹材料顺纹抗拉强度优良、韧性强等特性，其在大跨结构中也得到应用。Panyaden国际学校体育馆，基于新开发的预制竹桁架，跨度超过17m，在没有钢筋连接的情况下为300名学生提供了运动和集会场地。由于竹子所吸收的碳要比处理、运输和建筑使用过程中排放的碳高得多，此项目的碳排放为零②。

铝单板是大型公共空间建筑中常见的金属材料。首尔东大门设计广场通过使用超过45000块双曲异形的铝板，实现了大尺度曲线形体的完整性塑造③（图5.2.2-8）。中国是目前最大的铝单板生产制造及应用中心，平均递增率在50%以上④。除了通过对铝材的回收利用，还可通过提高金属幕墙性能以实现铝板幕墙的低碳化使用。公共建筑普遍采用铝塑复合板代替铝单板作为幕墙的主要材料。铝塑板是通过化学处理将聚乙烯塑料或高矿物与铝板组合而成的复合材料。通过金属与非金属材料的结合，有耐候性佳、强度高、易保养等特性，其主要材料为可回收铝材，对环境污染小，可实现低碳化发展。

图5.2.2-8　首尔东大门铝板表皮结构

① 国家发展和改革委员会. 国家重点节能低碳技术推广目录（2017年本 低碳部分）[EB/OL]. http://www.gov.cn/xinwen/2017-04/01/5182743/files/2bd3969838834328971fdb44a44f698d.pdf，2020-05-30.

② Archdily. 竹材料的大跨结构应用：Panyaden 国际学校体育馆 / Chiangmai Life Construction [EB/OL]. https://www.archdaily.cn/cn/877272/panyadenguo-ji-xue-xiao-zhu-ti-yu-guan-qing-mai-sheng-huo-jian-she?ad_source=search&ad_medium=search_result_all，2020-05-19.

③ Archdaily. 东大门设计广场 / Zaha Hadid 建筑事务所 [EB/OL]. https://www.archdaily.cn/cn/779692/dong-da-men-she-ji-yan-chang-zaha-hadid-jian-zhu-shi-wu-suo，2020-05-30.

④ 刘华江，朱小斌. 设计师的材料清单 建筑篇 [M]. 上海：同济大学出版社，2017：156.

节能型合成树脂幕墙系统作为国家重点节能低碳技术之一，以合成树脂为主要粘结材料，分层施涂在建筑表皮上，可替代传统铝塑板幕墙，节约生产、施工和使用能耗。合成树脂幕墙包括氟树脂幕墙、聚酯树脂幕墙和硅树脂幕墙三类[1]。针对典型项目的使用分析，当墙体面积采用5万m²的节能合成树脂幕墙时，其节能量可达2900tce/a，CO_2减排量可达7656tCO_2/a[2]。

纸材有与木材相似的碳汇属性，作为建材在建筑拆除阶段更容易被消化和再利用。如汉诺威世博会日本馆，其440根结构纸管在拆除后制成小学生练习册[3]。新西兰纸板大教堂采用A型结构，通过98根直径60cm，长16.5m的纸板管作为梁柱，并在表面覆盖防水聚氨酯和阻燃剂，使得该建筑寿命可达50年[4]，高度为24m的4000m²大空间可满足700人的宗教活动。

5.3　管理与使用方式优化

实现建筑全生命周期真正意义上的碳减排，推动低碳化管理与使用方式至关重要。建筑设计阶段可以为实现合理的施工与运行管理提供基础条件。2005年我国建筑节能在设计阶段的执行率是53%，施工阶段的执行率仅为21%[5]，施工的节能执行率需待提高。优化施工管理，可提高建筑施工质量，降低工程返工率，减少施工过程中的材料浪费，提高施工节能节材率从而降低碳排放。不合理的使用方式导致相关能耗系统运行时间过长，如下班后人去楼空，空调、照明系统继续运行，造成不必要的能源浪费和碳排放。根据研究分析与项目经验，在技术创新的同时，通过对设计的严格审查，以及在施工、调试各环节的严格管理，可以使空调等能耗在目前基础上降低50%；通过对关键设备的改造和对运行管理的改进，既有大型公建空调电耗可以在目前的基础上降低30%[6]。大型公共空间建筑在设计阶段要考虑对后续阶段建筑碳排放的控制，通过预设智能端口实现

① 中华人民共和国住房和城乡建设部. 合成树脂幕墙: JG/T 205-2007［S］. 北京: 中国标准出版社, 2007.
② 国家发展和改革委员会. 国家重点节能低碳技术推广目录（2017本节能部分）［EB/OL］. https://wenku.baidu.com/view/0e4255337f21af45b307e87101f69e314332fa30.html, 2020-05-31.
③ 陈越, 金海平. 2000年德国汉诺威世博会日本馆［J］. 城市环境设计, 2015, 097（11）: 190-193.
④ CBC. 新西兰纸板大教堂（Cardboard Cathedral in New Zealand）［EB/OL］. http://www.chinabuildingcentre.com/show-6-2609-1.html, 2020-05-30.
⑤ 仇保兴. 从绿色建筑到低碳生态城［J］. 城市发展研究, 2009, 16（7）: 1-11.
⑥ 清华大学建筑节能研究中心. 中国建筑节能年度发展研究报告2007［M］. 北京: 中国建筑工业出版社, 2007: 25.

低碳运行管理，促进建筑使用行为节能意识以提高建筑低碳效果。

5.3.1 设计考虑低碳施工方式

本书第二章的研究已经强调了应从建筑设计阶段统筹考虑后续各阶段低碳措施的落实。建筑低碳设计应与建筑施工实现一体化：建筑设计为工程施工提供了技术指导和图纸支持，有些低碳措施相对前沿，对施工方而言相对陌生，低碳设计方应做到细致、具体，提供详尽的低碳设计措施的做法和施工注意事项。同时，在设计阶段也应吸收施工方的建议，汲取低碳施工方法，如工业化、产业化的预制装配式施工方案，与项目实际空间功能要求进行结合。

5.3.2 设计预留智能管理接口

建筑的智能化可以有效帮助使用者管理建筑的节能低碳运行。智能建筑是以建筑物为平台，基于对各类智能化信息的综合应用，集架构、系统、应用、管理及优化组合为一体，具有感知、传输、记忆、推理、判断和决策的综合智慧能力，形成以人、建筑、环境互为协调的整合体，为人们提供安全、高效、便利及可持续发展功能环境的建筑[①]。从低碳设计角度，在设计阶段预留建筑智能化管理端口，有助于管理和降低建筑运行阶段的能耗与碳排放。目前常见的针对建筑运行能耗管理的智能化设计要素主要包括信息化应用系统、智能化集成系统、建筑设备管理系统等。与低碳运行相关的智能化运行管理设计有：运行能耗的智能监测系统设计、室内智能温控系统设计、室内智能照明系统设计、智能表皮系统设计等。

室内自感应是建筑常见的智能化体现，通过室内自感应系统，可以同时兼顾室内温控和照明。如苏州同里中达低碳项目中的红外线自感应系统，通过红外线热感应传感器感应房屋内的人员出入情况，可以实现人在灯亮，人走灯灭，通过与空调系统联动，实现无人时自动关闭空调，进入节能状态（图5.3.2-1）。室内各区域独立控制，通过触屏设备与手机软件对室内环境进行预处理和云管理，使能耗监测与日常控制更为便捷高效（图5.3.2-2）。

---

① 中华人民共和国住房和城乡建设部. 智能建筑设计标准：GB 50314—2015［S］. 北京：中国建筑工业出版社，2015：2.

图5.3.2-1 室内热感应传感器

图5.3.2-2 环境与能耗监测控制界面

5.3.3 设计提高行为节能意识

2008年联合国环境日的口号是："戒除嗜好，面向低碳经济（Kick the Habit, Towards a Low Carbon Economy）。"强调了每个人都是实现低碳经济的参与者，需改变与破坏环境、高碳排放有关的行为。行为节能是指减少能源浪费或者转变消费方式，以达到减少能源消费的目的，日常节能行为的普及在减少能源消费量的同时也促进了碳减排[①]。目前存在采用大量先进节能技术的"绿色建筑"，在实际使用中并未达到节能减排，甚至出现能耗高于普通建筑的情况：南京某国际街区绿色建筑，虽然采用绿色节能

---

① 贾君君. 居民部门节能和碳减排：消费者行为、能效措施和政策工具［D］. 合肥：中国科学技术大学，2018：77.

技术，但其空调能耗达到了45kWh/m²，是普通住宅的3~5倍[1]。出现"节能建筑不节能"的情况，往往就是忽略了使用行为模式对建筑能耗的影响。使用者行为构成是影响建筑能耗的重要因素[2]。我国居民行为节能可以带来年节能潜力7700万t标准煤，减少CO_2排放量约2亿吨，与采用技术设备节能相比，行为节能具有更大的节能潜力[3]。建筑师可通过建筑低碳设计引导使用者的行为节能，降低对能耗设备的依赖。如中国建筑设计研究院创新科研中心设计了大量开放平台和台阶（图5.3.3-1），一定程度上替代使用电梯作为主要交通方式，激发了使用者的步行活动。利用软件分析对比高峰时段使用电梯和平台楼梯的耗时，得出电梯最长等待时间约为步行时间的40%，步行交通的效率提高，通过平台楼梯的设计，为步行交通提供更大的优势[4]（图5.3.3-2）。废物处理是城市碳排放的来源之一[5]，垃圾的分类收集可提高废物回收利用。我国于2015年起陆续颁布了相关政策为推动垃圾分类提供保障（表5.3.3-1）。将常见的垃圾分为可回收物、其他垃圾（干垃圾）、厨余垃圾（湿垃圾）和有害垃圾四大类。为降低建筑运行阶段的废物处理引起

图5.3.3-1　中国建筑设计研究院创新科研中心　　　　图5.3.3-2　楼梯平台促进低碳步行

① 冯巍，朱佳，赫英喆. 基于绿色建筑设计的行为节能模式探讨［J］. 建筑节能，2015，43（8）：48-51.
② 刘立，刘丛红. 引导行为节能的建筑设计策略研究［C］. 2018国际绿色建筑与建筑节能大会论文集，北京：中国城市出版社，2018：107-111.
③ 科学技术部社会发展科技司，中国21世纪议程管理中心. 全民节能减排手册——36项日常行为节能减排潜力量化指标［EB/OL］. http://www.acca21.org.cn，2020-01-26.
④ 周凯. 城市有机更新区的绿色建筑实践——中国建筑设计研究院·创新科研示范中心［J］. 工程质量，2013（4）：7-10.
⑤ 李超，李宪莉. 低碳城市环境管理机制构建研究——以天津生态城为例［J］. 绿色科技，2018（6）：91-94.

我国垃圾分类相关政策 表5.3.3-1

时间	发布部门	文件名称	内容概括
2015年9月	中共中央、国务院	《生态文明体制改革总体方案》	加快建立垃圾强制分类制度；对复合包装物、电池、农膜等低值废弃物实行强制回收
2016年12月	国家发展改革委、住房和城乡建设部	《"十三五"全国城镇生活垃圾无害化处理设施建设规划》	加快处理设施建设，要完善垃圾收运体系，包括统筹布局生活垃圾转运站，淘汰敞开式收运设施，加强生活垃圾转运站升级改造等
2017年3月	国家发展改革委、住房和城乡建设部	《生活垃圾分类制度实施方案》	要求在46个试点城市先行先试生活垃圾强制分类，在2020年年底前建立垃圾分类法律法规及标准体系
2018年7月	国家发展改革委	《关于创新和完善促进绿色发展价格机制的意见》	全面建立覆盖成本并合理盈利的固体废物处理收费机制，加快建立有利于促进垃圾分类和减量化、资源化、无害化处理的激励约束机制
2019年6月	住房和城乡建设部等九部委	《关于在全国地级及以上城市全面开展生活垃圾分类工作的通知》	到2020年，46个重点城市基本建成生活垃圾分类处理系统
2019年9月	国家机关事务管理局	《公共机构生活垃圾分类工作评价参考标准》	从组织管理、宣传教育、投放收运三个方面，对公共机构开展生活垃圾分类工作作出规定
2020年5月	住房和城乡建设部	《关于推进建筑垃圾减量化的指导意见》	指导督促各级住房和城乡建设主管部门建立健全建筑垃圾减量化工作机制，加强建筑垃圾源头管控，推动工程建设生产组织模式转变，有效减少工程建设过程建筑垃圾产生和排放
2021年2月	住房和城乡建设部	《住房和城乡建设部办公厅关于印发生活垃圾分类工作"1对1"交流协作机制实施方案的通知》	提出建立生活垃圾分类工作"1对1"交流协作机制
2021年10月	国务院	《2030年前碳达峰行动方案》	推动建筑垃圾资源化利用，大力推进垃圾分类和生活垃圾焚烧处理，降低填埋比例，并探索适合我国厨余垃圾特性的资源化利用技术
2022年11月	住房和城乡建设部等十二部门	《关于进一步推进生活垃圾分类工作的若干意见》	到2025年，46个重点城市基本建立配套完善的生活垃圾分类法律法规制度体系，地级以上城市因地制宜基本建立生活垃圾分类投放、收集、运输、处理系统，居民普遍形成生活垃圾分类习惯

的碳排放，促进建筑使用中开展垃圾分类的低碳管理措施，需在设计阶段就应在建筑及场地中设置垃圾分类投放设施，并在外观进行明显的区别。对于垃圾分类投放点的设置应结合场地主导风向合理规划于下风处，并与周围景观协调。通过设置集中垃圾分类投放点，分时段开放不同垃圾的投放时间，促使使用者减少垃圾的产生，提高可回收物的再利用效率，有利于资源循环、提升全民低碳生活的意识。

5.4　本章小结

本章主要从建筑相关的低碳技术措施角度研究大型公共空间建筑的低碳设计。影响公共建筑低碳设计的技术措施主要包括可再生能源利用、结构选材和建筑管理使用的优化。

首先，从引起碳排放的"源头"入手，通过优化能源结构，以多种可再生能源代替化石能源；梳理了各类可再生能源在建筑上落实的情况，得出在夏热冬冷地区采用太阳能系统、风能和地热能的可行性与先天优势；相应地，对太阳能系统、清洁风能和热泵技术进行了建筑一体化设计的阐述，并通过案例研究分析了多种清洁能源的低碳效果。

其次，针对大型公共空间建筑由于高耗材带来大量CO_2排放的问题，通过研究，提出了"3R+L+I"的建筑材料低碳使用原则：建材减量化（Reducing）、建材再使用（Reusing）、利用可循环再生材料（Recycling），就地取材（Location）与利用新型绿色低碳建材（Innovation）。在诸多材料类型中，主体结构和围护结构的材料使用对建筑固有碳排放有主要的影响。选取大型公共空间建筑中用量占比大的结构建材，具体介绍了水泥、混凝土、钢材、木材、玻璃的低碳化技术，并阐述了具有明显碳减排潜力的其他建材。

最后，对于实现建筑全生命周期真正意义上的低碳，执行低碳化管理与运行至关重要。设计上的低碳策略应有一定的施工与运行执行率予以实现。对于优化建筑管理制度，可通过设计考虑合理的低碳施工方式，重视设计方与施工方的紧密合作，规范图纸要求；通过设计预留智能管理的端口，实现建筑运行阶段智能化的碳排放监测与管控；通过设计提高使用者的行为节能意识，避免"节能建筑不节能"，例如促进使用者的步行活动和通过设置垃圾分类设施减少废物处置阶段的碳排放，提升使用者的低碳行为意识。

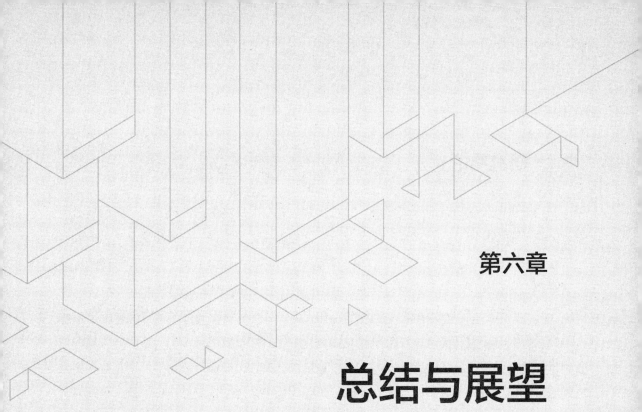

第六章

总结与展望

6.1 研究结论

本书聚焦公共建筑的低碳发展，针对大型公共空间建筑的高能耗、高碳排问题进行具体的低碳设计研究。对建筑的低碳理念和设计理论进行梳理，分析建筑全生命周期各阶段的碳排放特点，结合建筑设计的流程和设计侧重点，提出适用于建筑设计阶段的建筑全生命周期碳排放量化控制与低碳设计关键技术，本书研究结论如下：

1. 通过对低碳理念和建筑设计的基础研究，明确了对于实现建筑全生命周期的碳排放量控制，需要从建筑设计阶段就对建筑各阶段的碳排放进行考虑，将碳减排作为同美学与功能并重的设计要素。同时，对于建筑低碳设计，应通过量化各低碳策略和措施的碳排放指标以体现低碳设计的有效性。研究优化了常规建筑设计流程，提出了针对具体建筑项目的低碳设计流程，强调了在制定设计策略时统筹低碳策略，通过相关建筑信息模型和模拟技术判断相关低碳性能是否达标，落实有效的低碳设计手段。

2. 对部分国家和地区建筑相关低碳评价体系进行研究，对CASBEE体系、EEWH体系、《绿色建筑评价标准》GB/T 50378—2019进行比较研究，总结了三种建筑评价体系中CO_2相关指标的异同。提出针对《绿色建筑评价体系》GB/T 50378—2019的CO_2相关指标的完善建议，明确建筑设计应着重考虑的低碳环节包括：建材的使用、能源的使用、植被的碳汇、建筑碳排放量的计算。

3. 实现以建筑全生命周期碳排放量化与评测分析为基础的建筑碳排放控制与低碳设计，强调低碳设计以效果为导向。建筑碳排放的计算边界包含四个阶段：建材物化阶段、建筑施工阶段、建筑运行阶段、建筑拆除阶段。明确了各阶段的碳排放量计算方法，并针对建筑设计阶段提出相应的注意事项。

4. 提出了建筑碳排放量基准值的确定方法。可通过运行阶段碳排放量占全生命周期碳排放量的比值确定建筑项目全生命周期碳排放量的基准值。以夏热冬冷地区公共建筑为例，根据基准对象的不同可分为基于参照建筑指标的夏热冬冷地区公共建筑碳排放基准值和基于具体历史指标的夏热冬冷地区公共建筑碳排放基准值。由于建筑运行碳排放量受建筑使用寿命影响，对于建筑碳排放量达标值可通过年单位面积年碳排放强度进行考量。总结建筑全生命周期碳排放计算与分析方法，开发适用于设计阶段的夏热冬冷地区公共建筑碳排放量化评测工具，帮助设计者提高建筑低碳设计效率。

5. 针对大型公共空间建筑的特点，从设计策略与技术措施两大方面进行低碳设计的系统研究，低碳设计策略主要是从空间本体上通过提高场地空间利用效能、降低建筑通风能耗、优化建筑采光遮阳策略与利用绿植碳汇系统固碳实现建筑碳减排；低碳技术措施包括利用可再生能源技术、结构选材优化技术和提高项目管理与使用方式优化，通过设计策略与技术措施的低碳设计研究，为大型公共空间建筑低碳设计提供具体的方式方法介绍与指导。

6.2　研究展望

1. 对本书忽略的影响因素进行补充研究

涉及建筑全生命周期各阶段碳排放的影响因素有很多，本研究主要从建筑设计角度考虑相对重要的影响因素，在对建筑碳排放分析过程中，借鉴已有有限的研究经验，往往会考虑相对理想的情景，部分影响较弱的因素会选择性地弱化和忽略，例如针对建筑运行阶段的建筑构件和设备的更换与维修保养产生的碳排放，在后续对建筑各阶段碳排放的针对性研究中，应予以重视和深入研究，可以将建筑部品设备的寿命与建筑使用寿命的差异性作为影响建筑使用阶段碳排放量的影响因素展开研究。

2. 兼顾对实现建筑低碳化的外部环境的研究

目前对于建筑低碳化的落实，单从设计师和研究人员角度推进，仍较为局限。相较于建筑低能耗发展，建筑的低碳发展的社会认同度低，政府缺乏相应的主导性相关政策法规，建筑企业缺乏使用低碳技术的积极主动性。在后续的研究中，可以统筹相关政府、建筑开发商、建筑设计方等参与者之间的利益与执行关系上，从上至下建立利于落实和推动建筑低碳设计的外部环境，结合本书具体的低碳设计策略研究成果，完善和提高建筑低碳设计的研究。

3. 拓宽建筑低碳相关研究的层面

研究建筑低碳设计的意义是从建筑角度为降低化石能源危机和减少温室气体排放作贡献。而往往单一的建筑项目在采用多种设计策略情况下，其对于整个社会的节能减排贡献较为有限，目前已有多项研究关于城区、住区等宏观、中观的低碳研究，若在未来的研究中将建筑单体的低碳设计策略与低碳城市、低碳住区、低碳生活进行衔接和系统性分析，对实现整个地区性的低碳发展，有着积极的指导作用。

4. 结合新技术解决建筑"双碳"问题

"碳达峰、碳中和"是一场广泛而深刻的经济社会系统性变革，中国减排承诺既是推动高质量发展的抓手，也是实现建筑现代化建设的挑战。建筑业虽然依旧作为全国的支柱产业，但由于其粗放式生产、低水平的信息化、不足的科技创新能力，使其既面临"高碳淘汰"的风险，同时利润率不断下滑。在数字信息化大发展的时代背景之下，建筑业与互联网、大数据、人工智能等技术的融合应用还有待进一步深入。我国多数产业已开启了数字化、智能化发展新篇章。数字孪生作为促进数字产业化、产业数字化发展的新技术，其本身就具有全生命周期的数字孪生体概念。对于研究建筑全生命周期的"双碳"问题，未来采用诸如数字孪生等新技术势必有利于推动建筑低碳化的高质量发展。

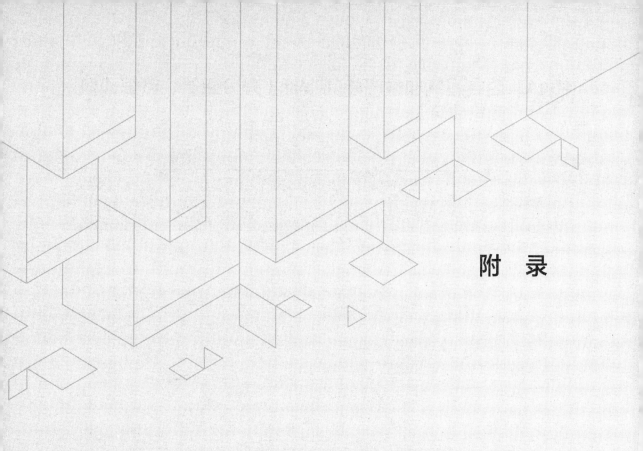

附　录

附表A：公共建筑非供暖能耗指标（办公建筑、旅馆建筑、商场建筑）

单位：[kWh/（m² · a）]

建筑分类		严寒和寒冷地区		夏热冬冷地区		夏热冬暖地区		温和地区	
		约束值	引导值	约束值	引导值	约束值	引导值	约束值	引导值
A类	党政机关办公建筑	55	45	70	55	65	50	50	40
	商业办公建筑	65	55	85	70	80	65	65	50
B类	党政机关办公建筑	70	50	90	65	80	60	60	45
	商业办公建筑	80	60	110	80	100	75	70	55
A类	三星级及以下	70	50	110	90	100	80	55	45
	四星级	85	65	135	115	120	100	65	55
	五星级	100	80	160	135	130	110	80	60
B级	三星级及以下	100	70	160	120	150	110	60	50
	四星级	120	85	200	150	190	140	75	60
	五星级	150	110	240	180	220	160	95	75
A类	一般百货店	80	60	130	110	120	100	80	65
	一般购物中心	80	60	130	110	120	100	80	65
	一般超市	110	90	150	120	135	105	85	70
	餐饮店	60	45	90	70	85	65	55	40
	一般商铺	55	40	90	70	85	65	55	40
B类	大型百货店	140	100	200	170	245	190	90	70
	大型购物中心	175	135	260	210	300	245	90	70
	大型超市	170	120	225	180	290	240	100	80

资料来源：《民用建筑能耗标准》GB/T 51161—2016。

注：A类公共建筑为可通过开启外窗方式利用自然通风达到室内温度舒适要求，从而减少空调系统运行时间，减少能源消耗的公共建筑；B类公共建筑为因建筑功能、规模等限制或受建筑物所在周边环境的制约，不能通过开启外窗方式利用自然通风，而需常年依靠机械通风和空调系统维持室内温度舒适要求的公共建筑。表中非严寒寒冷地区办公建筑非供暖能耗指标包括冬季供暖能耗在内。

附表B：主要能源碳排放因子

主要化石能源碳排放因子

分类	燃料类型	单位热值含碳量（tC/TJ）	碳氧化率（%）	单位热值CO_2排放因子（tCO_2/TJ）
固体燃料	无烟煤	27.4	0.94	94.44
	烟煤	26.1	0.93	89.00
	褐煤	28.0	0.96	98.56
	炼焦煤	25.4	0.98	91.27
	型煤	33.6	0.90	110.88
	焦炭	29.5	0.93	100.60
	其他焦化产品	29.5	0.93	100.60
液体燃料	原油	20.1	0.98	72.23
	燃料油	21.1	0.98	75.82
	汽油	18.9	0.98	67.91
	柴油	20.2	0.98	72.59
	喷气煤油	19.5	0.98	70.07
	一般煤油	19.6	0.98	70.43
	NGL天然气凝液	17.2	0.98	61.81
	LPG液化石油气	17.2	0.98	61.81
	炼厂干气	18.2	0.98	65.40
	石脑油	20.0	0.98	71.87
	沥青	22.0	0.98	79.05
	润滑油	20.0	0.98	71.87
	其他油品	20.0	0.98	71.87
气体燃料	天然气	15.3	0.99	55.54

资料来源：《建筑碳排放计算标准》GB/T 51366—2019。

其他能源碳排放因子　　　　　　　　附表B-2

能源类型		缺省碳含量（tC/TJ）	缺省氧化因子	有效 CO_2 排放因子（ tCO_2/TJ）		
				缺省值	95% 置信区间	
					较低	较高
城市废弃物（非生物量比例）		25.0	1	91.7	73.3	121
工业废弃物		39.0	1	143.0	110.0	183.0
废油		20.0	1	73.3	72.2	74.4
泥炭		28.9	1	106.0	100.0	108.0
固体生物燃料	木材/木材废弃物	30.5	1	112.0	95.0	132.0
	亚硫酸盐废液（黑液）	26.0	1	95.3	80.7	110.0
	木炭	30.5	1	112.0	95.0	132.0
	其他主要固体生物燃料	27.3	1	100.0	84.7	117.0
液体生物燃料	生物汽油	19.3	1	70.8	59.8	84.3
	生物柴油	19.3	1	70.8	59.8	84.3
	其他液体生物燃料	21.7	1	79.6	67.1	95.3
气体生物燃料	填埋气体	14.9	1	54.6	46.2	66.0
	污泥气体	14.9	1	54.6	46.2	66.0
	其他生物气体	14.9	1	54.6	46.2	66.0
其他非化石燃料	城市废弃物（生物量比例）	27.3	1	100.0	84.7	117.0

数据来源：《建筑碳排放计算标准》GB/T 51366—2019。

附表C：主要建材碳排放因子

建筑材料类别	建筑材料碳排放因子	数据来源
普通硅酸盐水泥（市场平均）	735kgCO$_2$e/t	
石灰生产（市场平均）	1190 kgCO$_2$e/t	
消石灰（熟石灰、氢氧化钙）	747 kgCO$_2$e/t	
天然石膏	32.8 kgCO$_2$e/t	
砂（f=1.6~3.0）	2.51 kgCO$_2$e/t	
碎石（d=10mm~30mm）	2.18 kgCO$_2$e/t	
页岩石	5.08 kgCO$_2$e/t	
黏土	2.69 kgCO$_2$e/t	
混凝土砖（240mm×115mm×90mm）	336 kgCO$_2$e/m³	
蒸压粉煤灰砖（240mm×115mm×53mm）	341 kgCO$_2$e/m³	
烧结粉煤灰实心砖（240mm×115mm×53mm掺入量50%）	134 kgCO$_2$e/m³	
页岩实心砖（240mm×115mm×53mm）	292 kgCO$_2$e/m³	
页岩空心砖（240mm×115mm×53mm）	204 kgCO$_2$e/m³	
黏土空心砖（240mm×115mm×53mm）	250 kgCO$_2$e/m³	①
煤矸石实心砖（240mm×115mm×53mm掺入量为90%）	22.8 kgCO$_2$e/m³	
煤矸石空心砖（240mm×115mm×53mm掺入量为90%）	16.0 kgCO$_2$e/m³	
炼钢生铁	1700 kgCO$_2$e/t	
铸造生铁	2280 kgCO$_2$e/t	
炼钢用铁合金（市场平均）	9530 kgCO$_2$e/t	
转炉碳钢	1990 kgCO$_2$e/t	
电炉碳钢	3030 kgCO$_2$e/t	
普通碳钢（市场平均）	2050 kgCO$_2$e/t	
热轧碳钢小型型钢	2310 kgCO$_2$e/t	
热轧碳钢中型型钢	2365 kgCO$_2$e/t	
热轧碳钢大型轨梁（方圆坯、管坯）	2340 kgCO$_2$e/t	
热轧碳钢大型轨梁（重轨、普通型钢）	2380 kgCO$_2$e/t	
热轧碳钢中厚板	2400 kgCO$_2$e/t	

① 《建筑碳排放计算标准》GB/T 51366—2019。

建筑材料类别		建筑材料碳排放因子	数据来源
热轧碳钢H钢		2350 kgCO₂e/t	
热轧碳钢宽带钢		2310 kgCO₂e/t	
热轧碳钢钢筋		2340 kgCO₂e/t	
热轧碳钢高线材		2375 kgCO₂e/t	
热轧碳钢棒材		2340 kgCO₂e/t	
螺旋埋弧焊管		2520 kgCO₂e/t	
大口径埋弧焊直缝钢管		2430 kgCO₂e/t	
焊接直缝钢管		2530 kgCO₂e/t	
热轧碳钢无缝钢管		3150 kgCO₂e/t	
冷轧冷拔碳钢无缝钢管		3680 kgCO₂e/t	
碳钢热镀锌板卷		3110 kgCO₂e/t	
碳钢电镀锌板卷		3020 kgCO₂e/t	
碳钢电镀锡板卷		2870 kgCO₂e/t	
酸洗板卷		1730 kgCO₂e/t	①
冷轧碳钢板卷		2530 kgCO₂e/t	
冷硬碳钢板卷		2410 kgCO₂e/t	
平板玻璃		1130 kgCO₂e/t	
节能玻璃		24.75kgCO₂e/m²	
电解铝（全国平均电网电力）		20300 kgCO₂e/t	
铝板带		28500 kgCO₂e/t	
断桥铝合金窗	100%原生铝型材	254 kgCO₂e/m²	
	原生铝：再生铝=7：3	194 kgCO₂e/m²	
铝木复合窗	100%原生铝型材	147 kgCO₂e/m²	
	原生铝：再生铝=7：3	122.5 kgCO₂e/m²	
铝塑共挤窗		129.5 kgCO₂e/m²	
塑钢窗		121 kgCO₂e/m²	
无规共聚聚丙烯管		3.72 kgCO₂e/kg	

---

① 《建筑碳排放计算标准》GB/T 51366—2019。

建筑材料类别	建筑材料碳排放因子	数据来源
聚乙烯管	3.60 kgCO$_2$e/kg	①
硬聚氯乙烯管	7.93 kgCO$_2$e/kg	
聚苯乙烯泡沫板	5020 kgCO$_2$e/t	
岩棉板	1980 kgCO$_2$e/t	
硬泡聚氨酯板	5220 kgCO$_2$e/t	
铝塑复合板	8.06 kgCO$_2$e/m^2	
铜塑复合板	37.1 kgCO$_2$e/m^2	
铜单板	218 kgCO$_2$e/m^2	
普通聚苯乙烯	4620 kgCO$_2$e/t	
线性低密度聚乙烯	1990 kgCO$_2$e/t	
高密度聚乙烯	2620 kgCO$_2$e/t	
低密度聚乙烯	2810 kgCO$_2$e/t	
聚氯乙烯（市场平均）	7300 kgCO$_2$e/t	
C20预拌混凝土	217.22 kgCO$_2$e/m^3	②
C25预拌混凝土	226.82 kgCO$_2$e/m^3	
C30预拌混凝土	238.32 kgCO$_2$e/m^3	
C35预拌混凝土	271.74 kgCO$_2$e/m^3	
C40预拌混凝土	291.77 kgCO$_2$e/m^3	
C45预拌混凝土	311.70 kgCO$_2$e/m^3	
C50预拌混凝土	338.67 kgCO$_2$e/m^3	
C55预拌混凝土	364.57 kgCO$_2$e/m^3	
C60预拌混凝土	383.97 kgCO$_2$e/m^3	
GRC外墙板	360 kgCO$_2$e/t	③
UHPC	696.97 kgCO$_2$e/m^3	④

① 《建筑碳排放计算标准》GB/T 51366—2019。

② 住房和城乡建设部科技与产业化发展中心，中国建材检验认证集团股份有限公司. 碳足迹与绿色建材 [M]. 北京：中国建筑工业出版社，2017.

③ 基于GRC协会（International Glassfibre Reinforced Concrete Association，GRCA）的GRC产品的制造、养护和检测标准（Specification for the manufacture，curing and testing of GRC products）相关数值根据《碳足迹与绿色建材》建材碳排放量计算方法计算得出。

④ 李玲，明阳，陈平，陈宣东，甘国兴. 超高性能混凝土国内外研究与应用进展 [J]. 水泥工程，2020，18（2）：85-90.

附表D：部分常用施工机械台班能源用量

序号	机械名称	性能规格		能源用量		
				汽油（kg）	柴油（kg）	电（kWh）
1	履带式推土机	功率	75kW	—	56.50	—
2			105kW	—	60.80	—
3			135kW	—	66.80	—
4	履带式单斗液压挖掘机	斗容量	0.6m³	—	33.68	—
5			1m³	—	63.00	—
6	轮胎式装载机	斗容量	1m³	—	52.73	—
7			1.5m³	—	58.75	—
8	钢轮内燃压路机	工作质量	8t	—	19.79	—
9			15t	—	42.95	—
10	电动夯实机	夯击能量	250N·m	—	—	16.6
11	强夯机械	夯击能量	1200kN·m	—	32.75	—
12			2000kN·m	—	42.76	—
13			3000kN·m	—	55.27	—
14			4000kN·m	—	58.22	—
15			5000kN·m	—	81.44	—
16	锚杆钻孔机	锚杆直径	32mm	—	69.72	—
17	履带式柴油打桩机	冲击质量	2.5t	—	44.37	—
18			3.5t	—	47.94	—
19			5t	—	53.93	—
20			7t	—	57.40	—
21			8t	—	59.14	—
22	步履式柴油打桩机	功率	60kW	—	—	336.87
23	静力压桩机	压力	900kN	—	—	91.81
24			2000kN	—	77.76	—
25			3000kN	—	85.26	—
26			4000kN	—	96.25	—

序号	机械名称	性能规格		能源用量		
				汽油（kg）	柴油（kg）	电（kWh）
27	履带式旋挖钻机	孔径	1000mm	—	146.56	—
28			1500mm	—	164.32	—
29			2000mm	—	172.32	—
30	三轴搅拌桩基	轴径	650mm	—	—	126.42
31			850mm	—	—	156.42
32	电动灌浆机			—	—	16.20
33	履带式起重机	提升质量	5t	—	18.42	—
34			10t	—	23.56	—
35			15t	—	29.52	—
36			20t	—	30.75	—
37			25t	—	36.98	—
38			30t	—	41.61	—
39			40t	—	42.46	—
40			50t	—	44.03	—
41			60t	—	47.17	—
42	轮胎式起重机	提升质量	25t	—	46.26	—
43			40t	—	62.76	—
44			50t	—	64.76	—
45	载重汽车	装载质量	4t	25.48	—	—
46			6t	—	33.24	—
47			8t	—	35.49	—
48			12t	—	46.27	—
49			15t	—	56.74	—
50			20t	—	62.56	—
51	自卸汽车	装载质量	5t	31.34	—	—
52			15t	—	52.93	—
53	泥浆罐车	灌容量	5000L	31.57	—	—

序号	机械名称	性能规格		能源用量		
				汽油（kg）	柴油（kg）	电（kWh）
54	电动单筒快速卷扬机	牵引力	10kN	—	—	32.90
55	电动单筒慢速卷扬机	牵引力	10kN	—	—	126.00
56			30kN	—	—	28.76
57	涡桨式混凝土搅拌机	出料容量	250L	—	—	34.10
58			500L	—	—	107.71
59	混凝土输送泵	输送量	45m³/h	—	—	243.46
60			75m³/h	—	—	367.96
61	混凝土湿喷机	生产率	5m³/h	—	—	15.40
62	灰浆搅拌机	拌筒容量	200L	—	—	8.61
63	混凝土抹平机	功率	5.5kW	—	—	23.14
64	钢筋切断机	直径	40mm	—	—	32.10
65	钢筋弯曲机	直径	40mm	—	—	12.80
66	预应力钢筋拉伸机	拉伸力	650kN	—	—	17.25
67			900kN	—	—	29.16
68	木工圆锯机	直径	500mm	—	—	24.00
69	木工平刨床	刨削宽度	500mm	—	—	12.90
70	木工榫机	榫头长度	160mm	—	—	27.00
71	木工打眼机	榫槽宽度	—	—	—	4.7
72	普通车床	工件直径*工件长度	400mm*2000mm	—	—	22.77
73	摇臂钻床	钻孔直径	50mm	—	—	9.87
74			63mm	—	—	17.07
75	半自动切割机	厚度	100mm	—	—	98.00
76	管子切断机	管径	150mm	—	—	12.90
77			250mm	—	—	22.50
78	型钢剪断机	剪断宽度	500mm	—	—	53.20

数据来源：《建筑碳排放计算标准》GB/T 51366—2019。

附表E：各类运输方式的碳排放因子

运输方式类别	碳排放因子 [kg CO_2e/ (t · km)]
轻型汽油火车运输（载重2t）	0.334
中型汽油货车运输（载重8t）	0.115
重型汽油货车运输（载重10t）	0.104
重型汽油货车运输（载重18t）	0.104
轻型柴油货车运输（载重2t）	0.286
中型柴油货车运输（载重8t）	0.179
重型柴油货车运输（载重10t）	0.162
重型柴油货车运输（载重18t）	0.129
重型柴油货车运输（载重30t）	0.078
重型柴油货车运输（载重46t）	0.057
电力机车运输	0.010
内燃机车运输	0.011
铁路运输（中国市场平均）	0.010
液货船运输（载重2000t）	0.019
干散货船运输（载重2500t）	0.015
集装箱船运输（载重200TEU）	0.012

混凝土的默认运输距离值应为40km，其他建材的默认运输距离值应为500km。

数据来源：《建筑碳排放计算标准》GB/T 51366—2019。

附表F：部分能源折标准煤参考系数

能源名称	平均低位发热量	折标准煤系数
原煤	20908 kJ/（5000kcal）/kg	0.7143 kgce/kg
洗精煤	26344 kJ/（6300kcal）/kg	0.9000 kgce/kg
其他洗煤 　洗中煤 　煤泥	8363 kJ/（2000kcal）/kg 8363 ~ 12545 kJ/ （2000 ~ 3000kcal）/kg	0.2857 kgce/kg 0.2857 ~ 0.4286 kgce/kg
焦炭	28435 kJ/（6800kcal）/kg	0.9714 kgce/kg
原油	41816 kJ/（10000kcal）/kg	1.4286 kgce/kg
燃料油	41816 kJ/（10000kcal）/kg	1.4286 kgce/kg
汽油	43070 kJ/（10300kcal）/kg	1.4714 kgce/kg
煤油	43070 kJ/（10300kcal）/kg	1.4714 kgce/kg
柴油	42652 kJ/（10200kcal）/kg	1.4571 kgce/kg
液化石油气	50179 kJ/（12000kcal）/kg	1.7143 kgce/kg
炼厂干气	45998 kJ/（11000kcal）/kg	1.5714 kgce/kg
天然气	32238 ~ 38931 kJ/ （7700 ~ 9310kcal）/m³	1.1000 ~ 1.3300 kgce/m³
焦炉煤气	16726 ~ 17981 kJ/ （4000 ~ 4300kcal）/m³	0.5714 ~ 0.6143 kgce/m³
其他煤气 　发生炉煤气 　重油催化裂解煤气 　重油热裂解煤气 　焦炭制气 　压力气化煤气	5227 kJ/（1250kcal）/m³ 19235 kJ/（4600kcal）/m³ 35544 kJ/（8500kcal）/m³ 16308 kJ/（3900kcal）/m³ 15054 kJ/（3600kcal）/m³	0.1786 kgce/kg 0.6571 kgce/kg 1.2143 kgce/kg 0.5571 kgce/kg 0.5143 kgce/kg
水煤气	10454 kJ/（2500kcal）/m³	0.3571 kgce/kg
煤焦油	33453 kJ/（8000kcal）/m³	1.1429 kgce/kg
热力（当量）		0.03412 kgce/百万焦耳 （0.14286 kgce/kcal）
电力（当量） 　（等价）	3600 kJ/（860kcal）/kWh 按当年火电发电标准煤耗计算	0.1229 kgce/kWh

数据来源：国家统计局能源统计司. 中国能源统计年鉴 附录4_各种能源折标准煤参考系数［Z］. 北京：中国统计出版社，
2018：366，368-36.

附表G：夏热冬冷地区部分省市峰值日照时数查询表

省名	城市	一月	二月	三月	四月	五月	六月	七月	八月	九月	十月	十一月	十二月	平均日照（kWh/m²/day）
上海	上海	2.63	3.09	3.53	4.28	4.84	4.58	5.17	4.78	4.07	3.36	2.79	2.58	3.81
江苏	南京	2.82	3.32	3.67	4.45	4.98	4.84	4.88	4.59	4.01	3.34	2.99	2.68	3.88
	苏州	2.69	3.14	3.33	4.25	4.78	4.58	5.05	4.71	3.99	3.40	2.81	2.68	3.78
	盐城	2.89	3.59	3.96	4.88	5.36	4.99	4.76	4.67	4.09	3.41	2.97	2.69	4.02
	南通	2.82	3.36	3.65	4.55	5.11	4.78	4.98	4.76	4.07	3.42	2.94	2.73	3.93
	无锡	2.69	3.14	3.33	4.25	4.78	4.58	5.05	4.71	3.99	3.40	2.81	2.68	3.78
	常州	2.74	3.12	3.32	4.15	4.72	4.59	5.01	4.67	3.96	3.40	2.85	2.69	3.77
	镇江	2.81	3.35	3.61	4.50	5.04	4.75	4.83	4.61	4.01	3.36	2.96	2.72	3.88
浙江	杭州	2.63	2.90	3.21	4.03	4.51	4.34	5.21	4.72	3.87	3.37	2.79	2.67	3.69
	绍兴	2.63	2.90	3.21	4.03	4.51	4.34	5.21	4.72	3.87	3.37	2.79	2.67	3.69
	宁波	2.48	2.70	3.12	3.87	4.44	4.20	5.45	4.66	3.65	3.27	2.74	2.49	3.59
	温州	2.42	2.58	2.87	3.75	4.15	4.19	5.51	4.76	3.78	3.40	2.83	2.70	3.58
	金华	2.49	2.59	2.91	3.73	4.24	4.07	5.15	4.63	3.84	3.40	2.90	2.76	3.56

附表H：全国五类太阳能资源分布区信息情况表

地区类别	主要地区范围	年辐射量 MJ/（m²·a）	年辐射量 kWh/（m²·a）	年日照时间（h/a）	年平均日照峰值时间（h）	日平均日照峰值时间（h）
一类地区	宁夏北部、甘肃北部、新疆南部、青海西部、西藏西部	6680～8400	1855～2333	3200～3300	1854～2300	5.08～6.3
二类地区	河北西北部、山西北部、内蒙古南部、宁夏南部、甘肃中部、青海东部、西藏东南部	5852～6680	1625～1855	3000～3200	1624～1854	4.45～5.08
三类地区	山东、河南、河北东南部、山西南部、新疆北部、吉林、辽宁、云南、陕西北部、甘肃东南部、广东南部、福建南部、江苏北部、安徽北部、台湾西南部	5016～5852	1393～1625	2200～3000	1387～1624	3.8～4.45
四类地区	湖南、湖北、广西、江西、浙江、福建北部、广东北部、陕西南部、江苏南部、安徽南部、黑龙江、台湾东北部	4190～5016	1163～1393	1400～2200	1132～1387	3.1～3.8
五类地区	四川、贵州	3344～4190	928～1163	1000～1400	913～1132	2.5～3.1

第一章

图1.1.1-1：1850—2020年全球平均温度距平 来源：中国气象局气候变化中心. 中国气候变化蓝皮书（2021）［R］. 北京，2019.

图1.1.1-2：1850—2010年全球人为CO_2排放 来源：IPCC. 气候变化2014-综合报告［R/OL］. https://archive.ipcc.ch/pdf/assessment-report/ar5/syr/SYR_AR5_FINAL_full_zh.pdf.

图1.1.1-3：全球气候变化与碳排放变化趋势 改绘依据：刘泓汛. 中国建筑业绿色低碳化发展研究［M］. 北京：经济科学出版社，2017：7.

图1.1.1-4：1965—2017年各国年碳排量发展图 来源：作者自绘

图1.1.2-1：2005—2018年我国建筑碳排放量变化历史趋势 改绘依据：中国建筑节能协会. 中国建筑能耗研究报告（2020）［R］. 厦门，2020.

图1.1.2-2：中国分类型建筑运行能耗（2019年）改绘依据：清华大学建筑节能研究中心. 中国建筑节能年度发展研究报告2021［M］. 北京：中国建筑工业出版社，2021：41.

图1.1.2-3：中国建筑运行相关碳排放量（2019年）改绘依据：清华大学建筑节能研究中心. 中国建筑节能年度发展研究报告2021［M］. 北京：中国建筑工业出版社，2021：48.

图1.1.2-4：1996—2015年公共建筑运行各类用能的碳排放量 改绘依据：彭琛，江亿，秦佑国. 低碳建筑和低碳城市［M］. 北京：中国环境出版集团，2018：1-266.

图1.1.2-5：中国建筑能流分析（2017年）改绘依据：根据中国建筑节能协会能耗统计专委会. 中国建筑能耗研究报告（2019）.

图1.1.4-1：相关低碳理念的内涵联系 来源：作者自绘

图1.2.1-1：低碳建筑与相关建筑内涵关系比较 来源：作者自绘

图1.2.2-1：大型公共空间建筑分类 来源：作者自绘

图1.2.2-2：某体育馆原始平面分区 来源：江苏省住房和城乡建设厅. 公共卫生事件下体育馆应急改造为临时医疗中心设计指南［M］. 南京：江苏省住房和城乡建设厅，2020：31.

图1.2.2-3：某体育馆改造成方舱医院的分区 来源：江苏省住房和城乡建设厅. 公共卫生事件下体育馆应急改造为临时医疗中心设计指南［M］. 南京：江苏省住房和城乡建设厅，2020：33.

图1.3.1-1：全生命周期碳排放相关数据库及软件工具 来源：王晨杨. 长三角地区办公建筑全生命周期碳排放研究［D］. 南京：东南大学，2016.

表1.2.1-1：不同建筑观点的历史任务和研究侧重点比较 来源：作者自绘

表1.2.1-2： 其他低碳建筑相关引申术语 改绘依据：诸大建，王翀，陈汉云. 从低碳建筑到零碳建筑——概念辨析［J］. 城市建筑，2014（2）：222-224.

表1.2.3-1： 建筑夏热冬冷分区及代表城市 来源：公共建筑节能设计标准GB50189—2015.

第二章

图2.1.1-1： 沙特阿拉伯的捕风塔 来源：Alheji Ayman Khaled B，王立雄. 浅析捕风塔被动降温技术在现代建筑中的应用——以沙特阿拉伯地区为例［J］. 建筑节能，2018，46（2）：57-60+65.

图2.1.1-2： 科瓦拉姆海滨度假村的单元局部剖面 改绘依据：汪芳. 查尔斯柯里亚［M］. 北京：中国建筑工业出版社. 2006：113.

图2.1.1-3： 科瓦拉姆海滨度假村的露天平台 来源：汪芳. 查尔斯柯里亚［M］. 北京：中国建筑工业出版社. 2006：113.

图2.1.1-4： 夏热冬冷地区徽派民居传统绿色低碳技艺 来源：作者自摄

图2.1.2-1： 外部性类型及情景举例 来源：作者自绘

图2.1.2-2： 场地绿化量与建筑碳排放 改绘依据：内政部建筑研究所. 绿建筑评估手册：基本型（2015年版）［M］. 新北市：内政部建研所，2014：28.

图2.1.2-3： 建筑和外部环境相互作用下的建筑碳排放 来源：作者自绘

图2.1.4-1： 建筑碳排放涉及的建筑全生命周期各阶段 来源：作者自绘

图2.1.5-1： 建筑低碳理念的指标性原理 改绘依据：龙惟定，白玮，梁浩，等. 建筑节能与低碳建筑［J］. 建筑经济，2010（2）：39-41.

图2.2.2-1： 设计的不同阶段对整个建筑物的影响程度 来源：云鹏等. ECOTECT建筑环境设计教程［M］. 北京：中国建筑工业出版社，2007：2.

图2.2.2-2： 建筑项目常规设计流程框架 来源：作者自绘

图2.2.2-3： 建筑项目低碳设计流程框架 来源：作者自绘

图2.2.3-1： 栖包屋（TJIBAOU）文化中心通风组织概念的剖面分析 改绘依据：阿尼奥莱托. 伦佐·皮亚诺［M］. 大连：大连理工大学出版社，2011：30

图2.2.3-2： 10种自然光使用的类型学模型（从左至右为室内空间由高到低）来源：Rockcastle S，Andersen M . Celebrating Contrast and Daylight Variability in Contemporary Architectural Design：A Typological Approach［C］. LUX EUROPA. 2013：5.

图2.2.3-3： 清华大学环境能源楼 来源：Mario Cucinella Architects. SIEEB-Sino-Italian Ecological and Energy Efficient Building［EB/OL］. https://www.sohu.com/a/197515028_741845.

图2.2.3-4： 可进行低碳设计的建筑元素 来源：作者自绘

图2.2.3-5： BIM技术的项目各参与方工作协调 来源：作者自绘

图2.2.3-6： 基于指标参数的牛首山游客中心屋檐性能优化设计研究 来源：石邢. 2019年研究生公共设计课讲座："性能导向的绿色建筑设计及优化"讲座资料。

图2.2.3-7： 八种办公建筑空间布局类型示意 来源：作者自绘

图2.2.3-8： 阳光间技术形态原型及示例 来源：作者自绘

图2.2.3-9：四种不同类型办公建筑的两种舒适标准下碳排放指标比较 来源：British Research Establishment Conservation Support Unit（BRECSU）［G］. Energy Consumption Guide 19：Energy Use in Office. Garston，Watford，UK，2000：10.

图2.3.1-1：CASBEE家族图谱 来源：作者自绘

图2.3.1-2：全生命周期碳排放评估结果表 改绘依据：Japan Sustainable Building Consortium （JSBC）. CASBEE for Building［M］. Tokyo：Institute for Building Environment and Energy Conservation，2014.

图2.3.2-1：三种评价体系中与CO_2相关的直接和间接指标 来源：作者自绘

图2.3.2-2：CO_2相关指标在全生命周期各阶段的分布情况 来源：作者自绘

图2.3.3-1：针对GB/T50378—2019中CO_2相关指标的框架建议 来源：作者自绘

表2.2.3-1：六种建筑低碳设计研究方法的比较 来源：作者自绘

表2.3.1-1：BREEAM根据建筑类型及全生命周期不同阶段的不同版本 来源：作者自绘

表2.3.1-2：BREEAM New Construction 2016版指标内容表 来源：作者自绘

表2.3.1-3：LEED家族中不同标准版本介绍 来源：作者自绘

表2.3.1-4：LEED-BD+C（v4）涉及CO_2排放的相关指标 来源：作者自绘

表2.3.1-5：DGNB System家族中不同标准版本介绍 来源：作者自绘

表2.3.1-6：DGNB-NC（2018）指标分类表 来源：作者自绘

表2.3.1-7：DGNB System 认证等级与分值要求 来源：DGNB GmbH. DGNB System – New buildings criteria set Version 2018［M］. Stuttgart：DGNB GmbH，2018：30.

表2.3.1-8：CASBEE-NC（2014）评价指标及权重 来源：作者自绘

表2.3.1-9：基于BEE值的评价等级对应关系表 来源：作者自绘

表2.3.1-10：EEWH家族不同版本介绍 来源：作者自绘

表2.3.1-11：EEWH-BC评价指标及分值介绍 来源：作者自绘

表2.3.1-12：EEWH-BC各等级得分情况一览表 来源：作者自绘

表2.3.1-13：GB/T 50378—2019各类指标及分值介绍 来源：绿色建筑评价标准：GB/T 50378—2019［S］. 北京：中国建筑工业出版社，2019：4.

表2.3.1-14：GB/T 50378—2019不同等级分值与技术要求 来源：作者自绘

表2.3.2-1：三种评价体系中CO_2相关指标特征表 来源：作者自绘

表2.3.2-2：三种评价体系中CO_2相关指标权重及权重属性表 来源：作者自绘

表2.3.3-1：针对《绿色建筑评价标准》GB/T 50378—2019的 CO_2相关指标优化建议 来源：作者自绘

第三章

图3.2.2-1：建筑全生命周期各阶段碳排放均值情况 改绘依据：Xiaoying Wu，Bo Peng，Borong lin. A dynamic life cycle carbon emission assessment on green and non-green buildings in China［J］. Energy & Buildings，2017，149：272-281.

图3.3.1-1：建筑各阶段碳排放相关清单与基础数据概括图 来源：作者自绘

图3.3.1-2： 建筑各阶段碳排放清单组成框架 来源：作者自绘

图3.3.2-1： 建筑领域能耗及碳排放的边界 来源：清华大学建筑节能研究中心. 中国建筑节能年度发展研究报告2020［M］. 北京：中国建筑工业出版社，2020：6.

图3.3.2-2： 建筑各系统运行能耗活动量评估简化框架 来源：作者自绘

图3.3.3-1： CEQE-PB HSCW七个板块（Sheet）框架 来源：作者自绘

图3.3.3-2： Sheet1建筑概况使用界面（模块一）来源：作者自绘

图3.3.3-3： Sheet1建材物化阶段碳排放量计算界面（模块二）来源：作者自绘

图3.3.3-4： Sheet1建筑施工阶段碳排放量计算界面（模块三）来源：作者自绘

图3.3.3-5： Sheet1建筑使用阶段碳排放量计算界面（模块四）来源：作者自绘

图3.3.3-6： Sheet1建筑拆除阶段碳排放量计算界面（模块五）来源：作者自绘

图3.3.3-7： Sheet1建筑全生命周期碳排放量结果界面（模块六）来源：作者自绘

图3.3.3-8： Sheet2主要能源碳排放因子库 来源：作者自绘

图3.3.3-9： Sheet3主要建材碳排放因子库 来源：作者自绘

图3.3.3-10：Sheet4常用施工机械台班能源用量及碳排放因子库 来源：作者自绘

图3.3.3-11：Sheet5各类运输方式的碳排放因子库 来源：作者自绘

图3.3.3-12：Sheet6基于2005年碳排放基准值的评测系统 来源：作者自绘

图3.3.3-13：Sheet7基于参照建筑的方案低碳优化评测系统 来源：作者自绘

表3.1.1-1： 各种碳排放量化方法的比较 来源：作者自绘

表3.2.2-1： 2012年中国区域电网平均CO_2排放因子（$kgCO_2$/kWh）来源：作者自绘，数据来源：国家发展改革委.《2011年和2012年中国区域电网平均CO_2排放因子》

表3.2.2-2： 夏热冬冷地区公共建筑单位面积年运行碳排放基准值［$kgCO_2$/（$m^2 \cdot a$）］来源：作者自绘

表3.2.2-3： 2005年夏热冬冷地区各类公共建筑单位面积能耗参考值［kWh/（$m^2 \cdot a$）］来源：清华大学建筑节能研究中心. 中国建筑节能年度发展报告2009［M］. 北京：中国建筑工业出版社，2009.

表3.2.2-4： 2005年我国区域电网单位供电平均CO_2排放因子 来源：《省级温室气体清单编制指南》（发改办气候［2011］1041号）

表3.2.2-5： 2005年夏热冬冷地区大型公共空间建筑单位面积年运行碳排放基准值［$kgCO_2$/（$m^2 \cdot a$）］来源：作者自绘

表3.3.1-1： 建材物化阶段清单数据获取方式 来源：作者自绘

表3.3.1-2： 建筑施工阶段清单数据获取方式 来源：作者自绘

表3.3.1-3： 建筑运行阶段清单数据获取方式 来源：作者自绘

表3.3.1-4： 建筑拆除阶段清单数据获取方式 来源：作者自绘

表3.3.2-1： 常见的能源等效电系数 来源：江亿，杨秀. 在能源分析中采用等效电方法［J］. 中国能源，2010，32（5）：5-11.

表3.3.2-2： 中国区域电网地理边界划分 来源：中华人民共和国发展与改革委员会

表3.3.2-3： 2012年中国区域电网基准线排放因子 来源：中华人民共和国发展与改革委员会

表3.3.2-4： 绿地类型及常见植被状况 改绘依据：郭新想，吴珍珍，何华. 居住区绿化种植方式的固碳能力研究［C］//第六届国际绿色建筑与建筑节能大会论文集，2010：256-258.

表3.3.2-5： 主要建材类型及生产阶段碳排放因子（tCO_2/t）来源：聂梅生，秦佑国，江亿. 中国绿色低碳住区技术评估手册［M］. 北京：中国建筑工业出版社，2011.

表3.3.2-6： 不同绿地类型及单位绿地面积净日固碳量（$kg/m^2 \cdot d$）来源：郭新想，吴珍珍，何华. 居住区绿化种植方式的固碳能力研究［C］//第六届国际绿色建筑与建筑节能大会论文集，2010：256-258.

表3.3.2-7： 适用于设计阶段的建筑碳排放量化评估简化框架 来源：作者自绘

表3.3.3-1： 拟设想的"CEQE家族"工具平台 来源：作者自绘

第四章

图4.1.1-1： 上海大剧院平面功能复合 来源：作者自绘

图4.1.1-2： 苏州火车站候车层功能空间垂直复合 来源：作者自绘

图4.1.2-1： 南京站外部门斗 来源：作者自摄

图4.1.2-2： 上海儿童医学中心内部门斗 来源：作者自摄

图4.1.2-3： 柏林自由大学语言学院图书馆 来源：Foster+Partners

图4.1.2-4： 图书馆屋顶空间示意图 来源：Foster+Partners

图4.1.2-5： 苏州大学炳麟图书馆报告厅蓄水屋面 来源：张晓峰. 蓄水屋面隔热构造与节能性能研究——以苏州大学炳麟图书馆为例［J］. 建筑节能，2008（1）：23-25

图4.1.2-6： TUM国际交流中心"温度洋葱"布局 来源：作者自绘

图4.1.2-7： 泰州高港新城商务中心裙房腔层 来源：施晓梅. 夏热冬冷地区基于腔体热缓冲效应的办公空间优化策略研究［D］. 东南大学，2018.

图4.1.2-8： 上海中心过渡空间腔体运作示意图 来源：作者自绘

图4.1.2-9： 苏州非物质文化遗产博物馆覆土空间及屋顶活动场所 来源：作者自摄

图4.1.2-10：上海普天信息生态科研楼下部覆土半地下空间 来源：张彤. 空间调节 中国普天信息产业上海工业园智能生态科研楼的被动式节能建筑设计［J］. 动感（生态城市与绿色建筑），2010（1）：82-93.

图4.2.1-1： 栖包屋（TJIBAOU）文化中心大型公共空间风力分析 改绘依据：张文忠. 公共建筑设计原理（第四版）［M］. 北京：中国建筑工业出版社，2008：155.

图4.2.1-2： 兰彻斯特图书馆竖向风井剖面及平面分布图 来源：作者整理绘制

图4.2.1-3： 西交利物浦大学行政信息楼蚁穴般的孔洞构造 改绘依据：吴春花，温子先. 建筑文化与生态的永恒——访Aedas全球董事温子先［J］. 建筑技艺，2017（2）：100-103.

图4.2.1-4： 汉诺威世博会26号展览厅自然通风原理示意图 来源：Thomas herzog, Hanns jorg schrade, Roland schneider, 等. 2000年德国汉诺威世博会26号展厅［J］. 城市环境设计，2016（3）：20-29.

图4.2.1-5：Ventus教学楼喇叭状风道空间 来源：作者团队摄

图4.2.1-6：大型公共空间形式与自然通风策略的侧重对应关系 来源：作者自绘

图4.2.1-7：基于自然通风的大型公共空间屋顶开口类型演绎 来源：作者自绘．

图4.2.1-8：适合大进深空间的开口组合模式 来源：Lomas KJ. Architectural Design of an Advanced Naturally Ventilated Building Form ［J］. Energy and Buildings，2007，39（2）：166-181.

图4.2.1-9：不同翼墙设置的通风效果 改绘依据：李传成. 大空间建筑通风节能策略［M］. 北京：中国建筑工业出版社，2011.

图4.2.1-10：各种屋顶通风构件造型 来源：Khan N，Su Y，Riffat SB. A Review on Wind Driven Ventilation Techniques ［J］. Energy and Buildings，2008，40（8）：1586-1604.

图4.2.1-11：诺丁汉大学中央教学楼大空间及顶部风斗 来源：作者自摄

图4.2.1-12：白蚁穴内外温度测量数据 改绘依据：赵继龙，徐娅琼. 源自白蚁丘的生态智慧——津巴布韦东门中心仿生设计解析［J］. 建筑科学，2010，26（2）：19-23.

图4.2.1-13：Eastgate昼夜自然通风机制 改绘依据：赵继龙，徐娅琼. 源自白蚁丘的生态智慧——津巴布韦东门中心仿生设计解析［J］. 建筑科学，2010，26（2）：19-23.

图4.2.1-14：Eastgate室内外温度变化曲线 改绘依据：Mick Pearce. Eastgate ［EB/OL］. http:// www.mickpearce.com/Eastgate.html.

图4.2.1-15：皖南查济传统民居地道送风口 来源：作者自摄

图4.2.1-16：开阔水面调节示意 来源：作者自绘

图4.2.1-17：夏热冬冷地区常见高铁站架空层空间 来源：作者自摄

图4.2.2-1：分层空调气流组织示意图 来源：作者自绘

图4.2.2-2：置换通风气流组织示意图 来源：作者自绘

图4.2.2-3：江苏大剧院座椅置换通风设计 来源：作者自摄

图4.2.2-4：太阳烟囱示意图 来源：作者自绘

图4.2.2-5：成功大学太阳能烟囱排风口示意图 来源：林宪德. 绿色魔法学校———傻瓜兵团打造零碳绿建筑［M］. 中国台湾：新自然主义股份有限公司新建筑，2010.

图4.2.2-6：空气处理单元主体结构示意图 来源：彭珊，于靖华，杨清晨，赵金罡. 高大空间空气处理单元气流组织特性分析［J］. 制冷与空调，2020，20（3）：40-44.

图4.3.1-1：屋顶天窗的几种形式 改绘依据：徐吉浣，寿炜炜. 公共建筑节能设计指南［M］. 上海：同济大学出版社，2007：30.

图4.3.1-2：浦东T2航站楼梭形天窗 来源：作者自摄

图4.3.1-3：硕放机场"睡莲"屋面 来源：作者自摄

图4.3.1-4："睡莲"之间的采光带 来源：作者自摄

图4.3.1-5：嘉定体育馆导光管安装节点 来源：程东伟，罗宇. 导光管与钢结构的一体化设计——以同济大学嘉定校区体育馆为例［J］. 建筑技艺，2015（10）：122-123.

图4.3.1-6：常见的反光板示意图 改绘依据：戴立飞，高辉，谢贤文. 反光板在建筑自然采光中的应用［J］. 工业建筑，2007（12）：54-57.

图4.3.1-7：棱镜玻璃室内侧面采光导光示意图 改绘依据：薛丹. 棱镜玻璃侧窗自然采光研究［D］. 苏州大学，2015：26.

图4.3.1-8：中欧大学阅读区采光中庭剖面 来源：O'Donnell + Tuomey

图4.3.1-9：中欧大学阅读区中庭采光 来源：Tamás Bujnovszky

图4.3.2-1：宁波诺丁汉大学可持续能源技术中心大楼东立面图 来源：Mario Cucinella Architects，CSET-Centre for Sustaibnable Energy Technologieshttps://www.mcarchitects.it/project/cset-centre-for-sustainable-energy-technologies

图4.3.2-2：太阳透过不同朝向玻璃的热量在一年中的变化 改绘依据：徐吉浣，寿炜炜. 公共建筑节能设计指南［M］. 上海：同济大学出版社，2007：16.

图4.3.2-3：外部遮阳、内部遮阳和中部遮阳三种形式示意图 来源：作者自绘

图4.4.1-1：慕尼黑奥林匹克体育中心丰富的绿植碳汇资源 来源：作者自摄

表4.1.1-1：公共和社会资源协调性相关策略说明 来源：作者自绘

表4.1.1-2：我国夏热冬冷地区部分城市建筑物的朝向选择 来源：徐吉浣，寿炜炜. 公共建筑节能设计指南［M］. 上海：同济大学出版社，2007：6.

表4.1.1-3：场地规划布局阶段对自然通风与采光的适应性措施 来源：作者自绘

表4.1.1-4：同体积不同体块大型公共空间体形与耗热量的关系 来源：作者自绘

表4.1.1-5：底面形状和面积相同的大型公共空间体块与单位面积能耗变化表 来源：作者自绘

表4.1.2-1：不同类型门斗概况 来源：作者自绘

表4.1.2-2：三种空间布局的屋顶绿化类型 来源：作者自绘

表4.1.2-3：其他过渡空间：腔层与腔体 来源：作者自绘

表4.2.1-1：大型公共空间建筑空间形式 来源：作者自绘

表4.2.1-2：大型公共空间建筑常见屋面形式分类 来源：作者自绘

表4.2.1-3：大型公共空间常见利用大热质的类型 来源：作者自绘

表4.2.2-1：东南大学四牌楼校区图书馆中庭空间温度分层现象实测情况表 来源：作者自绘

表4.2.2-2：采用两种系统时大型公共空间候车厅温度分布情况 改绘依据：彭珊，于靖华，杨清晨，赵金罡. 高大空间空气处理单元气流组织特性分析［J］. 制冷与空调，2020，20（3）：40-44.

表4.3.1-1：五类屋顶采光 来源：作者自绘

表4.3.1-2：大型公共空间的侧面自然采光先天优劣条件 来源：作者自绘

表4.3.2-1：常见大型公共空间自遮阳类型 来源：作者自绘

表4.3.2-2：夏热冬冷地区大型公共空间建筑围护立面外窗热工性能限值 来源：基于《公共建筑节能设计标准》GB 50189—2015相关数据绘制

表4.3.2-3：常见外遮阳形式介绍 来源：根据《公共建筑节能设计指南》内容绘制

表4.4.1-1：四种类型的屋顶绿化种植方式 来源：作者自绘

表4.4.1-2：常见的垂直绿化种植方式 来源：作者自绘

表4.4.1-3：绿化栽植土壤有效土层厚度 来源：CJJ 82-2012园林绿化工程施工及验收规范［S］. 北京：中国建筑工业出版社，2013：5.

表4.4.2-1： 常见的景观园林树种的固碳释氧能力（g/m² · d）来源：王立，王海洋，常欣. 常见园林树种固碳释氧能力浅析［J］. 南方农业，2012，6（5）：54-56.

第五章

图5.1-1： 中国一次能源消费占比趋势图 来源：作者自绘

图5.1.1-1： 太阳能光伏板（集热器）的遮挡因素 来源：作者自绘

图5.1.1-2： 全球光伏市场历史预测（2018年）来源：作者自绘

图5.1.1-3： 一种太阳能热水系统原理图 来源：郑瑞澄. 民用建筑太阳能热水系统工程技术手册［M］. 北京：化学工业出版社，2011.

图5.1.1-4： 建筑常见的太阳能集热板安装方式 来源：作者自绘

图5.1.1-5： 2019中国民营企业500强相关光伏企业省域占比图 来源：作者自绘

图5.1.1-6： 屋面与场地的太阳能系统 来源：作者自摄

图5.1.2-1： EWICON风力发电机 来源：Mecanoo. Ewicon［EB/OL］https://www.mecanoo.nl/Projects/project/61.2021-12-01

图5.1.2-2： 三种风力集中器模型 来源：作者自绘

图5.1.2-3： 屋顶内部风力发电机设计原理图 来源：K. J. Lomas. Strategic Consideration in the Architectural Design of an Evolving Advanced Naturally Ventilation Building Form［J］. Building Research and Information. 2006

图5.1.2-4： 巴林世贸大厦 来源：Shaun Killa BAS，Barch，Richard Smith MSc. C.Eng. Harnessing Energy in Tall Buildings：Bahrain World Trade Center and Beyond［C］. CTBU 8th World Congress Dubai：Council on Tall Buildings and Urban Habitat，2008 2-7.

图5.1.2-5： 风力发电照明路灯 来源：作者自摄

图5.1.3-1： 地源热泵原理图 来源：作者自绘

图5.1.4-1： 西门子crystal中心 来源：SIEMENS. The Crystal：one of the most sustainable buildings in the world［EB/OL］. https://www.thecrystal.org/wp-content/uploads/2015/04/The-Crystal-Sustainability-Features.pdf.（2021-12-01）.

图5.1.4-2： 国网客服中心南方项目一期工程鸟瞰图 来源：陈正厂，袁建凡. 海绵城市理念在园林景观设计中的应用——以国网客服中心南方分中心项目为例［J］. 建筑与文化，2017（1）：13-23.

图5.1.4-3： 综合采用的可再生能源技术 来源：江苏省住房和城乡建设厅科技发展中心. 江苏省绿色建筑运行标识案例集［M］. 南京：江苏省住房和城乡建设厅科技发展中心，P7.

图5.2.1-1： SI住宅体系 来源：项秋银，李忠富. 基于建筑产业发展方式的SI住宅与可持续建筑研究［J］. 建筑学报，2020（2）：62-67.

图5.2.1-2： 瓦爿墙构造图 来源：韩玉德，吴庆兵，陈海燕. 宁波博物馆瓦爿墙施工技术［J］. 施工技术，2010，39（7）：93-95.

图5.2.1-3： 宁波博物馆瓦爿墙 来源：作者自摄

图5.2.1-4：利用可再生GRC材料的南京国际青年文化中心 来源：作者自摄

图5.2.1-5：中国美院象山校区图书馆 来源：作者自摄

图5.2.2-1：波特兰水泥生产流程及CO_2排放 来源：作者自绘

图5.2.2-2：混凝土CO_2碳排放量来源 来源：作者自绘

图5.2.2-3：苏州第二文化宫"云廊"中庭无柱大空间 来源：作者自摄

图5.2.2-4：采用格贝尔悬臂梁的蓬皮杜艺术中心 来源：作者自摄

图5.2.2-5：苏州第二工人文化宫游泳馆木结构 来源：作者自摄

图5.2.2-6：上海世博会智利馆U形玻璃立面 来源：作者自摄

图5.2.2-7：U形玻璃双排组合形式 改绘依据：陈鲁. 高铁站房大面积U形玻璃幕墙施工技术研究［J］. 城市住宅，2019，26（11）：137-138.

图5.2.2-8：首尔东大门铝板表皮结构 来源：作者自摄

图5.3.2-1：室内热感应传感器 来源：作者自摄

图5.3.2-2：环境与能耗监测控制界面 来源：作者自摄

图5.3.3-1：中国建筑设计研究院创新科研中心 来源：作者自摄

图5.3.3-2：楼梯平台促进低碳步行 来源：作者自摄

表5.1.1-1：夏热冬冷地区部分城市太阳能集热器安装最佳角度及平均日照时间表 来源：作者自绘

表5.1.1-2：三种太阳能电池板列表 来源：作者自绘

表5.1.1-3：两种集热器特征列表 来源：作者自绘

表5.1.2-1：常见风力发电机种类信息对比表 来源：作者自绘

表5.1.2-2：几种常见的风力发电一体化建筑屋顶形式 来源：作者自绘

表5.2.2-1：同等承载力条件下不同混凝土参数对比 来源：李玲，明阳，陈平，陈宣东，甘国兴. 超高性能混凝土国内外研究与应用进展［J］. 水泥工程，2020（2）：85-90.

表5.3.3-1：我国垃圾分类相关政策 来源：作者自绘

参考文献 ◢

专著

［1］ 彭琛，江亿，秦佑国. 低碳建筑和低碳城市［M］. 北京：中国环境出版集团，2018.

［2］ 史立刚，袁一星. 大空间公共建筑低碳化发展［M］. 哈尔滨：黑龙江科学技术出版社，2015.

［3］ 李传成. 大空间建筑通风节能策略［M］. 北京：中国建筑工业出版社，2011.

［4］ 鲍健强，叶瑞克等. 低碳建筑论［M］. 北京：中国环境出版社，2015.

［5］ 夏冰，陈易. 建筑形态创作与低碳设计策略［M］. 北京：中国建筑工业出版社，2016.

［6］ 刘华江，朱小斌. 设计师的材料清单（建筑篇）［M］. 上海：同济大学出版社，2017.

［7］ 齐康等. 中国土木建筑百科辞典［M］. 北京：中国建筑工业出版社，1999.

［8］ 王灿，张九天. 碳达峰 碳中和：迈向新发展路径［M］. 北京：中共中央党校出版社，2021.

［9］ 范存养. 大空间建筑空调设计及工程实录［M］. 北京：中国建筑工业出版社，2001.

［10］ 刘泓汛. 中国建筑业绿色低碳化发展研究［M］. 北京：经济科学出版社，2017.

［11］［古罗马］维特鲁威. 建筑十书［M］. 高履泰译. 北京：知识产权出版社，2013.

［12］ 住房和城乡建设部科技与产业化发展中心，中国建材检验认证集团股份有限公司. 碳足迹与绿色建材［M］. 北京：中国建筑工业出版社，2017.

［13］ 中国气象局气候变化中心. 中国气候变化蓝皮书（2021）［M］. 北京：科学出版社，2021.

［14］ 清华大学建筑节能研究中心. 中国建筑节能年度发展研究报告2007［M］. 北京：中国建筑工业出版社，2007.

［15］ 清华大学建筑节能研究中心. 中国建筑节能年度发展研究报告2008［M］. 北京：中国建筑工业出版社，2008.

［16］ 清华大学建筑节能研究中心. 中国建筑节能年度发展研究报告2009［M］. 北京：中国建筑工业出版社，2009.

［17］ 清华大学建筑节能研究中心. 中国建筑节能年度发展研究报告2010［M］. 北京：中国建筑工业出版社，2010.

［18］清华大学建筑节能研究中心. 中国建筑节能年度发展研究报告2014［M］. 北京：中国建筑工业出版社，2014.

［19］清华大学建筑节能研究中心. 中国建筑节能年度发展研究报告2018［M］. 北京：中国建筑工业出版社，2018.

［20］清华大学建筑节能研究中心. 中国建筑节能年度发展研究报告2020［M］. 北京：中国建筑工业出版社，2020.

［21］刘加平 等. 绿色建筑——西部践行［M］. 北京：中国建筑工业出版社，2015.

［22］刘加平. 建筑创作中的节能设计［M］. 北京：中国建筑工业出版社，2009.

［23］国家统计局能源统计司. 中国能源统计年鉴 附录4 各种能源折标准煤参考系数［M］. 北京：中国统计出版社，2018.

［24］中国能源中长期发展战略研究项目组. 中国能源中长期发展战略研究（2030、2050）综合卷［M］. 北京：科学出版社，2011.

［25］［英］马歇尔. 经济学原理［M］. 章洞易 译. 北京：北京联合出版公司，2015.

［26］高鸿业. 西方经济学（微观部分）第5版［M］. 北京：中国人民大学出版社，2010.

［27］中南建筑设计院股份有限公司 等. 建筑工程设计文件编制深度规定［M］. 北京：中国建材工业出版社，2017.

［28］沈福煦. 建筑方案设计［M］. 北京：中国建筑工业出版社，2000.

［29］王吉耀，何耀. 循证医学［M］. 北京：人民卫生出版社，2015.

［30］伊恩·伦诺克斯·麦克哈格. 设计结合自然［M］. 芮经纬 译. 天津：天津大学出版社，2006.

［31］布朗，德凯. 太阳辐射·风·自然光［M］. 常志刚，刘毅军，朱宏涛 译. 北京：中国建筑工业出版社，2006.

［32］杨经文. 生态设计手册［M］. 黄献明等译. 北京：中国建筑工业出版社，2014.

［33］杨柳. 建筑气候学［M］. 北京：中国建筑工业出版社，2010.

［34］聂梅生，秦佑国，江亿. 中国绿色低碳住区技术评估手册［M］. 北京：中国建筑工业出版社，2011.

［35］叶祖达，王静懿. 中国绿色生态城区规划建设：碳排放评估方法、数据、评价指南［M］. 北京：中国建筑工业出版社，2015.

［36］住房和城乡建设部科技与产业化发展中心，中国建材检验认证集团股份有限公司. 碳足迹与绿色建材［M］. 北京：中国建筑工业出版社，2017.

［37］徐吉浣 寿炜炜. 公共建筑节能设计指南［M］. 上海：同济大学出版社，2007.

［38］中国城市科学研究会. 绿色建筑2008［M］. 北京：中国建筑工业出版社，2008.

［39］江苏省住房和城乡建设厅. 公共卫生事件下体育馆应急改造为临时医疗中心设计指南［M］. 南京：江苏省住房和城乡建设厅，2020.

［40］江苏省住房和城乡建设厅科技发展中心. 江苏省绿色建筑应用技术指南［M］. 南京：江苏科学技术出版社，2013.

［41］江苏省住房和城乡建设厅，江苏省住房和城乡建设厅科技发展中心. 江苏省绿色建筑

发展报告（2018）［M］. 北京：中国建筑工业出版社，2019.

［42］ 窦志，赵敏. 办公建筑生态技术策略［M］. 天津：天津大学出版社，2010.

［43］ 郑瑞澄. 民用建筑太阳能热水系统工程技术手册［M］. 北京：化学工业出版社，2011.

［44］ 朱倡廉. 住宅建筑设计原理［M］. 北京：中国建筑工业出版社，2011.

［45］ 宋少民，刘娟红. 废弃资源与低碳混凝土［M］. 北京：中国电力出版社，2016.

［46］ 梁思成. 中国建筑史［M］. 北京：生活·读书·新知三联书店，2017.

［47］ 彭涛. 新玻璃概论［M］. 北京：高等教育出版社，2015.

［48］ 汪芳. 查尔斯柯里亚［M］. 北京：中国建筑工业出版社，2006.

［49］ 云鹏等. ECOTECT建筑环境设计教程［M］. 北京：中国建筑工业出版社，2007.

［50］ 阿尼奥莱托. 伦佐·皮亚诺［M］. 大连：大连理工大学出版社，2011.

［51］ 张文忠. 公共建筑设计原理（第四版）［M］. 北京：中国建筑工业出版社，2008.

［52］ Ding G K C. Life Cycle Assessment in Buildings：An Overview of Methodological Approach［M］// Reference Module in Materials Science and Materials Engineering，2018.

［53］ Pablo La Roche. Carbon-neutral architectural design. Boca Raton：CRC Press，2012.

［54］ David L. Sackett., et al. Evidence-based medicine：how to practice and to teach［M］. London：Livingstone，1997.

［55］ Donald A. Schön. The reflective practitioner：how professionals think in action［M］. New York：Basic Books，1984.

［56］ Rocky Mountain Institute. Green Development：Integrating Ecology and Real Estate［M］. New York：John Wiley & Sons Inc，1998.

［57］ William M.C. Lam. Sunlighting as Formgiver［M］. New York：Van Nostrand Reinhold，1986.

［58］ Thomas Herzog，Buildings 1978-1992［M］. Stuttgart，1992.

［59］ Nick B.，Koen S.. Energy and Environment in Architecture［M］. New York：E&FN Spon，2000.

［60］ N J Habraken. Support：An Alternative to Mass Housing［M］. London：Architectural Press，1972.

［61］ DGNB GmbH. DGNB System – New buildings criteria set Version 2018［M］. Stuttgart：DGNB GmbH，2018.

期刊论文

［1］ 李同燕，孙锦，史翀祺，等. 大型公共建筑全生命周期碳排放核算及评价［J］. 绿色科技，2017（16）：13-15，18.

［2］ 龙惟定，白玮，梁浩，等. 建筑节能与低碳建筑［J］. 建筑经济，2010（2）：39-41.

［3］ 龙惟定，张改景，梁浩，等. 低碳建筑的评价指标初探［J］. 暖通空调，2010（3）：6-11.

[4] 龙惟定. 我行·我述 参加"2019柏林能源转型对话"有感 [J]. 建筑节能, 2019 (4): 1-8.

[5] 张小平, 高苏凡, 傅晨玲. 基于STIRPAT模型的甘肃省建筑业碳排放及其影响因素 [J]. 开发研究, 2016 (6): 171-176.

[6] 曲建升, 王莉, 邱巨龙. 中国居民住房建筑固定碳排放的区域分析 [J]. 兰州大学学报 (自然科学版), 2014 (2): 200-207.

[7] 鞠颖, 陈易. 全生命周期理论下的建筑碳排放计算方法研究——基于1997~2013年间 CNKI的国内文献统计分析 [J]. 住宅科技, 2014 (5): 36-41.

[8] 于萍, 陈效逑, 马禄义. 住宅建筑生命周期碳排放研究综述 [J]. 建筑科学, 2011 (4): 9-12, 35.

[9] 刘念雄, 汪静, 李嵘. 中国城市住区CO_2排放量计算方法 [J]. 清华大学学报 (自然科学版), 2009 (9): 1433-1436.

[10] 汪洪, 林晗. 中国低碳建筑的初期探索与实践 [J]. 第六届国际绿色建筑与建筑节能大会论文集, 2010: 415-421.

[11] 刘军明, 陈易. 崇明东滩农业园低碳建筑评价体系初探 [J]. 住宅科技, 2010 (9): 9-12.

[12] 李启明, 欧晓星. 低碳建筑概念及其发展启示 [J]. 建筑经济, 2010 (2): 41-43.

[13] 张智慧, 尚春静, 钱坤. 建筑生命周期碳排放评价 [J]. 建筑经济, 2010 (2): 44-46.

[14] 何福春, 付祥钊. 关于建筑碳排放量化的思考与建议 [J]. 资源节约与环保, 2010 (6): 20-22.

[15] 林波荣, 刘念雄, 彭渤, 等. 国际建筑生命周期能耗和CO_2排放比较研究 [J]. 建筑科学, 2013 (8): 22-27.

[16] 曾旭东, 秦媛媛. 设计初期实现低碳建筑设计方法的探索 [J]. 新建筑, 2010 (4): 114-117.

[17] 李兵, 李云霞, 吴斌, 等. 建筑施工碳排放测算模型研究 [J]. 土木建筑工程信息技术, 2011 (2): 5-10.

[18] 蔡军, 郑锐鲤. 大空间公共建筑的空间设计与传统文化表达 [J]. 华中建筑, 2009 (2): 96-101.

[19] 刘俊峰, 翟晓辉, 向准, 等. 应对新型冠状病毒肺炎疫情的方舱医院建设管理探讨 [J]. 中国医院管理, 网络首发论文: http://kns.cnki.net/kcms/detail/23.1041. C.20200302.1340.002.html. 2020-03-02.

[20] 江亿, 姜子炎, 魏庆芃. 大型公共建筑能源管理与节能诊断技术研究 [J]. 建设科技, 2010 (22): 22-25.

[21] 江亿, 杨秀. 在能源分析中采用等效电方法 [J]. 中国能源, 2010 (5): 5-11.

[22] 曾群, 文小琴. 逻辑与意象——长沙国际会展中心 [J]. 建筑技艺, 2019 (2): 56-63.

[23] 田晓秋. 特定地域条件下的会展建筑尝试——遵义实地蔷薇国际会展中心 [J]. 建筑

技艺，2019（2）：78-85.

［24］贾昭凯，韩佳宝，刘建华，等. 国家会展中心（上海）超高大展厅空调通风设计［J］.暖通空调，2017（3）：79-84.

［25］王劲柳，刘丛红. 高铁站房空间与形式的节能潜力调研分析［J］. 建筑节能，2019（2）：48-56.

［26］孙慎林，曾捷，吴柳平. 青岛新机场地板辐射供冷系统防结露问题的研究［J］. 中国房地产业，2018（35）.

［27］宋绎雄，田海，周海珠. 夏热冬冷地区绿色建筑节能规划设计［J］. 建设科技，2011（22）：55-59.

［28］熊杰，姚润明，李百战，等. 夏热冬冷地区建筑热工气候区划分方案［J］. 暖通空调，2019（4）：18-24.

［29］贾洪愿，李百战，姚润明，等. 探讨长江流域室内热环境营造——基于建筑热过程的分析［J］. 暖通空调，2019（4）：7-17，48.

［30］林美顺，潘毅群，龙惟定. 夏热冬冷地区办公建筑体形系数对建筑能耗的影响分析［J］. 建筑节能，2015（10）：63-66.

［31］田炜，陈湛，戎武杰. 夏热冬冷地区绿色建筑设计策略［J］. 建筑技艺，2011（Z6）：59-63.

［32］何莉莎，葛坚，刘华存，等. 夏热冬冷地区内外联合保温层厚度配比优化［J］. 建筑技术，2016（1）：74-77.

［33］丁建华，金虹. 老工业建筑绿色再生［J］. 新建筑，2012（4）：79-83.

［34］刘宏成，刘健璇，向俊米，等. 长沙地区简易种植屋面隔热性能研究［J］. 建筑节能，2016（1）：37-39，44.

［35］刘宏成，王亚敏，肖敏. 反射隔热涂料在长沙地区的适用性研究［J］. 建筑节能，2018（8）：7-11.

［36］殷文枫，冯小平，贾哲敏，等. 夏热冬冷地区绿化屋顶节能与生态效益研究［J］. 南京林业大学学报（自然科学版），2018（6）：159-164.

［37］夏麟，田炜，沈迪. 光伏建筑应用实践及后评估研究［J］. 建筑技术，2017（02）：165-169.

［38］李麟学，何美婷，吴杰. 乡土建筑的环境能量协同与当代设计转化——以义乌雪峰文学馆为例［J］. 建筑技艺，2019（12）：107-109.

［39］宋晔皓，孙菁芬. 面向可持续未来的尚村竹篷乡堂实践——一次村民参与的公共场所营造［J］. 建筑学报，2018（12）：44-51.

［40］宋晔皓，栗德祥. 整体生态建筑观、生态系统结构框架和生物气候缓冲层［J］. 建筑学报，1999（3）：4-9，65.

［41］丁炜. 生态建筑设计中建筑材料的选择和管理［J］. 工程建设与设计，2010（1）：139-140.

［42］杨维菊，高青. 江南水乡村镇住宅低能耗技术应用研究［J］. 南方建筑，2017（2）：58-63.

［43］ 刘思思，解皓. 经济外部性视角下的绿色建筑激励政策设计［J］. 城市建筑，2017（17）：64-66.

［44］ Alheji ayman khaled b，王立雄. 浅析捕风塔被动降温技术在现代建筑中的应用——以沙特阿拉伯地区为例［J］. 建筑节能，2018（2）：63-66，71.

［45］ 袁镔. 简单 适用 有效 经济——山东交通学院图书馆生态设计策略回顾［J］. 城市建筑，2007（4）：16-18.

［46］ 何镜堂，向科. 论建筑工程的建筑设计方法［J］. 工程研究-跨学科视野中的工程，2016（5）：61-71.

［47］ 何镜堂. 我的建筑创作理念［J］. 城市环境设计，2018（2）：32-33.

［48］ 张晓松. 民用建筑太阳能热水系统设计常见问题分析及建议［J］. 城市建筑，2019（6）：71-72.

［49］ 夏冰，陈易. 关于低碳建筑设计方法的比较研究［J］. 建筑节能，2014（9）：60-67.

［50］ 夏冰. 办公建筑空间布局类型的低碳设计研究［J］. 新建筑，2017（4）：92-95.

［51］ 卢鹏，周若祁，刘燕辉. 以"原型"从事"转译"——解析建筑节能技术影响建筑形态生成的机制［J］. 建筑学报，2007（3）：77-79.

［52］ 卢求. 德国DGNB——世界第二代绿色建筑评估体系［J］. 世界建筑，2010（1）：105-107.

［53］ 谢振宇，杨讷. 改善室外风环境的高层建筑形态优化设计策略［J］. 建筑学报，2013（2）：82-87.

［54］ 杨丽，刘晓东，孙碧蔓. 建筑风环境研究进展［J］. 建筑科学，2018（12）：150-159.

［55］ 王旭东. 浅析风环境对建筑设计的影响［J］. 低碳世界，2019（6）：181-182.

［56］ Alheji ayman khaled b，王立雄. 浅析捕风塔被动降温技术在现代建筑中的应用——以沙特阿拉伯地区为例［J］. 建筑节能，2018（2）：63-66，71.

［57］ 刘刚，原野，党睿. 高校食堂建筑光环境节能优化设计研究［J］. 建筑科学，2018（6）：94-99.

［58］ 张通. 清华大学环境能源楼——中意合作的生态示范性建筑［J］. 建筑学报，2008（2）：40-45.

［59］ 龚志起，张智慧. 建筑材料物化环境状况的定量评价［J］. 清华大学学报（自然科学版），2004（9）：57-61.

［60］ 石铁矛，王梓通，李沛颖. 基于水泥碳汇的建筑碳汇研究进展［J］. 沈阳建筑大学学报（自然科学版），2017（1）：7-15.

［61］ 曾杰，俞海勇，张德东，等. 木结构材料与其他建筑结构材料的碳排放对比［J］. 木材工业，2018（1）：33-37.

［62］ 李传成，章昭昭，季群峰. 结合CFD的EnergyPlus大空间温度分层能耗模拟［J］. 建筑科学，2012（6）：87-94.

［63］ 安琪，黄琼，张顾. 基于能耗模拟分析的建筑空间组织被动设计研究［J］. 建筑节能，2019（1）：63-70.

［64］ 毕晓健，刘丛红. 基于Ladybug+Honeybee的参数化节能设计研究——以寒冷地区办

公综合体为例［J］. 建筑学报，2018（2）：50-55.

［65］ 任娟，刘煜，郑罡. 基于BIM平台的绿色办公建筑早期设计决策观念模型［J］. 华中建筑，2012（12）：45-48.

［66］ 华虹，王晓鸣，邓培，等. 基于BIM的公共建筑低碳设计分析与碳排放计量［J］. 土木工程与管理学报，2014（2）：66-71，76.

［67］ 卢琬玫，李宝鑫，冯蕴霞. BIM技术在绿色建筑设计中的应用［J］. 建筑技艺，2018（6）：61-67.

［68］ 朱峰磊，薛宇，王梦林，等. 基于BIM系统的建筑节能设计软件研究与探讨［J］. 建筑工程技术与设计，2017（33）：2153-2154.

［69］ 王建国，朱渊，姚昕悦. 南京牛首山风景区东入口游客中心设计随笔［J］. 建筑学报，2017（8）：57-59.

［70］ 赵秀秀，袁永博，张明媛. 绿色建筑评价体系减碳指标对比研究［J］. 建筑科学，2016（10）：136-141.

［71］ 刘科，冷嘉伟. 亚洲绿色建筑评价体系CO_2减排指标比较研究［J］. 建筑技艺，2020（7）：14-17.

［72］ 张智慧，刘睿劼. 基于投入产出分析的建筑业碳排放核算［J］. 清华大学学报（自然科学版），2013（1）：53-57.

［73］ 文精卫，杨昌智. 公共建筑能效基准及能效评价［J］. 煤气与热力，2008（11）：12-15.

［74］ 全国工商联房地产商会，精瑞（中国）不动产研究院. 中国绿色低碳住区减碳技术评估框架体系（讨论稿节选）［J］. 动感（生态城市与绿色建筑），2010（1）：30-33.

［75］ 赵华，李昭君. 低碳城市规划中绿色建筑星级指标的确定方法研究——以北京市丽泽金融商务区为例［J］. 建筑技艺，2018（2）：120-121.

［76］ 陈飞，诸大建. 低碳城市研究的理论方法与上海实证分析［J］. 城市发展研究，2009（10）：71-79.

［77］ 诸大建，王翀，陈汉云. 从低碳建筑到零碳建筑——概念辨析［J］. 城市建筑，2014（2）：222-224.

［78］ 涂华，刘翠杰. 标准煤二氧化碳排放的计算［J］. 煤质技术，2014（2）：57-60.

［79］ 范永法，张兆岳. 建筑施工碳排放量的估算方法［J］. 施工技术，2013（22）：14-15.

［80］ 林宪德. 从绿色建筑到建筑碳足迹［J］. 建筑技艺，2017（6）：14-19.

［81］ 杨宝路，邹骥，冯相昭. 北京市居民通勤方式研究与低碳化策略分析［J］. 环境与可持续发展，2011（2）：32-36.

［82］ 孙一民，汪奋强. 基于可持续性的体育建筑设计研究：结合五个奥运、亚运场馆的实践探索［J］. 建筑创作，2012（7）：24-33.

［83］ 金虹，邵腾，赵丽华. 严寒地区建筑入口空间节能设计对策［J］. 建设科技，2014（21）：40-42.

［84］ 张晓峰. 蓄水屋面隔热构造与节能性能研究——以苏州大学炳麟图书馆为例［J］. 建筑节能，2008（1）：23-25.

［85］ 刘加平，罗戴维，刘大龙. 湿热气候区建筑防热研究进展［J］. 西安建筑科技大学学报（自然科学版），2016（1）：1-9, 17.

［86］ 殷文枫，冯小平，贾哲敏，等. 夏热冬冷地区绿化屋顶节能与生态效益研究［J］. 南京林业大学学报（自然科学版），2018（6）：159-164.

［87］ 汪铮，陈剑秋. 师法自然 回馈自然——上海自然博物馆绿色设计简析［J］. 新建筑，2010（2）：98-102.

［88］ 汪铮，车学娅，陈剑秋，等. 绿色技术选择方法初探——以上海自然博物馆绿色建筑设计为例［J］. 绿色建筑，2010（1）：29-34.

［89］ 张辉，张庆贲. 大型花园式屋顶绿化养护技术——以上海地铁蒲汇塘路基地屋顶绿化养护为例［J］. 园林，2011（8）：30-34.

［90］ 托马斯·赫尔佐格，张凌云. 奥斯卡·冯·米勒论坛：慕尼黑工业大学国际交流中心，慕尼黑，德国［J］. 世界建筑，2010（11）：122-129.

［91］ 夏军. 从上海弄堂到上海中心大厦_一个超级摩天大楼设计方案的诞生［J］. 建筑实践，2018（11）：54-56.

［92］ 董功，刘晨，周飔，等. 苏州非物质文化遗产博物馆［J］. 城市环境设计，2018（1）：180-191.

［93］ 张彤. 空间调节 中国普天信息产业上海工业园智能生态科研楼的被动式节能建筑设计［J］. 动感（生态城市与绿色建筑），2010（1）：82-93.

［94］ 陈晓扬. 大体量建筑的单元分区自然通风策略［J］. 建筑学报，2009（11）：58-61.

［95］ 吴春花，温子先. 建筑文化与生态的永恒——访Aedas全球董事温子先［J］. 建筑技艺，2017（2）：100-103.

［96］ Thomas herzog, Hanns jorg schrade, Roland schneider，等. 2000年德国汉诺威世博会26号展厅［J］. 城市环境设计，2016（3）：20-29.

［97］ 吴国栋，韩冬青. 基于自然通风的空间形态设计——新加坡高等教育建筑六案例分析［J］. 城市建筑，2019（34）：92-97.

［98］ 赵继龙，徐娅琼. 源自白蚁丘的生态智慧——津巴布韦东门中心仿生设计解析［J］. 建筑科学，2010（2）：19-23.

［99］ 翁季，王慧芬. 地道风降温技术在夏热冬冷地区农村住宅中的应用研究［J］. 西部人居环境学刊，2013（4）：114-117.

［100］王岳人，刘宇钏. 置换通风空调系统的节能性分析［J］. 沈阳建筑大学学报（自然科学版），2007（3）：457-460.

［101］周俊杰，吴大农. 深圳国际低碳城会展中心空调系统的设计与评价［J］. 建筑经济，2014（2）：60-62.

［102］于燕玲，由世俊，王荣光. 置换通风的应用及研究进展［J］. 中国建设信息（供热制冷专刊），2005（6）：61-65.

［103］张宁，杨涛. 地板辐射供冷技术的应用分析［J］. 应用能源技术，2008（10）：27-30.

［104］苏亚欣，柳仲宝，太阳能烟囱强化自然通风的研究现状［J］. 科技导报，2011（27）：67-72.

［105］翟晓强，王如竹. 太阳能强化自然通风理论分析及其在生态建筑中的应用［J］. 工程热物理学报，2004（4），568-570.

［106］杨倩苗，薛一冰，张晨悦. 太阳能烟囱建筑设计案例分析［J］. 山东建筑大学学报，2015（6）：590-595.

［107］彭珊，于靖华，杨清晨，赵金罡. 高大空间空气处理单元气流组织特性分析［J］. 制冷与空调，2020（3）：40-44.

［108］郭建祥，高文艳. 上海浦东国际机场新T2航站楼［J］. 时代建筑，2008（3）：126-131.

［109］徐平利，李佳音. 睡莲之上，莲花怒放——苏南硕放国际机场一、二期航站楼一体化建筑设计［J］. 建筑技艺，2015（8）：28-35.

［110］张其林. 膜结构体系的应用和发展［J］. 世界建筑，2009（10）：36-39.

［111］刘晓静，吴晓威. 浅谈充气膜结构在校园体育场馆中的应用［J］. 建设科技，2018（1）：66-67.

［112］汤朔宁，程东伟. 体育建筑领域技术集成应用与研究［J］. 城市建筑，2018（8）：15-17.

［113］程东伟，罗宇. 导光管与钢结构的一体化设计——以同济大学嘉定校区体育馆为例［J］. 建筑技艺，2015（10）：122-123.

［114］戴立飞，高辉，谢贤文. 反光板在建筑自然采光中的应用［J］. 工业建筑，2007（12）：54-57.

［115］吴韬，郭晓晖，邢晓春，等. 能源自给自足的绿色办公楼——宁波诺丁汉大学可持续能源技术研究中心［J］. 建筑学报，2008（10）：84-87.

［116］于沈尉，王金奎. 不同热工分区下窗墙比对住宅能耗差异性分析［J］. 建筑节能，2019（10）：146-150.

［117］倪春花，李弘毅，吴在军. 雾霾对光伏发电量的影响分析［J］. 江苏电机工程，2015（6）：82-86.

［118］黄祝连，张昕宇，邓昱，等. 环境温度对太阳能热水器日有用得热量测试的影响［J］. 建筑科学，2011（S2）：141-143.

［119］牛盛楠，赵炳蔺，杨现国. 风能与建筑一体化设计［J］. 建筑技艺，2009（6）：98-101.

［120］臧效罡，张伟. 绿色建筑中的可再生能源发电［J］. 资源节约与环保，2014（6）：83，106.

［121］袁行飞，张玉. 建筑环境中的风能利用研究进展［J］. 自然资源学报，2011（5）：169-176.

［122］陈宝明，张涛. 风力集中式建筑物风能密度分布的数值模拟［J］. 能源技术，2007（4）：38-41.

［123］潘雷，陈宝民，张涛. 建筑环境中的风能利用［J］. 可再生能源，2006（6）：87-89

［124］赵华，高辉，李纪伟. 城市中风力发电与建筑一体化设计［J］. 新建筑，2011（3）：47-50.

[125] 艾志刚. 形式随风——高层建筑与风力发电一体化设计策略 [J]. 建筑学报, 2009 (5): 79-81.

[126] 刘冰. 地源热泵系统环保效益分析 [J]. 环境保护与循环经济, 2013 (9): 44-45.

[127] 柴成荣, 吕爱民. SI住宅体系下的建筑设计 [J]. 住宅科技, 2011 (1): 39-42.

[128] 项秋银, 李忠富. 基于建筑产业发展方式的SI住宅与可持续建筑研究 [J]. 建筑学报, 2020 (2): 62-67.

[129] 刘东卫, 李景峰. CSI住宅——长寿化住宅引领住宅发展的未来 [J]. 住宅产业, 2010 (11): 59-60.

[130] 王宏伟. 预制装配式建筑发展趋势探讨 [J]. 建材与装饰, 2020 (12): 121-122.

[131] 谭新城. 预制装配式建筑的经济性分析及发展前景 [J]. 建材与装饰, 2018 (41): 169-170.

[132] 韩玉德, 吴庆兵, 陈海燕. 宁波博物馆瓦爿墙施工技术 [J]. 施工技术, 2010 (7): 93-95.

[133] 杨昌鸣, 张娟. 建筑材料资源的可循环利用 [J]. 哈尔滨工业大学学报 (社会科学版), 2007 (6): 27-32.

[134] 王澍, 陆文宇. 中国美术学院象山校区 [J]. 建筑学报, 2008 (9): 50-59.

[135] 李继红, 徐蔼彦, 李露露, 等. ULCB钢的研究开发现状与发展前景探讨 [J]. 热加工工艺, 2015 (16): 12-14, 18.

[136] 夏珩, 夏振康, 饶小军, 赵汝冰. "三材"约束下的低技建造: 中国早期工业建筑遗产拱壳砖建构研究 [J]. 建筑学报, 2020 (9): 104-110.

[137] 吴伟伟, 周琨. 以C2S为主要矿物组成的低碳水泥初探 [J]. 四川水泥, 2015 (9): 6.

[138] 李玲, 明阳, 陈平, 陈宣东, 甘国兴. 超高性能混凝土国内外研究与应用进展 [J]. 水泥工程, 2020 (2): 85-90.

[139] 张宏, 罗申, 唐松, 等. 面向未来的概念房——基于C-House建造、性能、人文与设计的建筑学拓展研究 [J]. 建筑学报, 2018 (12): 97-101.

[140] 卢永毅, 袁园, 郑露荞. 结构工程师——蓬皮杜艺术中心——建筑的文化想象 [J]. 建筑师, 2015 (2): 33-42.

[141] 王海宁, 张宏, 张军军, 等. 基于装配式木结构的构件标准化率定量计算方法研究 [J]. 建筑技术, 2019 (4): 409-411.

[142] 邓力, 徐美君. 玻璃产业如何直面低碳经济时代 [J]. 玻璃, 2010 (2): 18-21.

[143] 邱明锋, 刘鸿, 骆志勇. 建材产业链生态循环增效机理探析——以玻璃建材为例 [J]. 企业经济, 2014 (5): 16-20.

[144] 陈鲁. 高铁站房大面积U形玻璃幕墙施工技术研究 [J]. 城市住宅, 2019 (11): 137-138.

[145] 张波. 可再生竹材在建筑领域中的资源化利用研究进展 [J]. 化工新型材料, 2016 (10): 30-32.

[146] 陈越, 金海平. 2000年德国汉诺威世博会日本馆 [J]. 城市环境设计, 2015 (11): 190-193.

［147］仇保兴. 从绿色建筑到低碳生态城［J］. 城市发展研究，2009（7）：1-11.

［148］冯巍，朱佳，赫英喆. 基于绿色建筑设计的行为节能模式探讨［J］. 建筑节能，2015（8）：48-51.

［149］周凯. 城市有机更新区的绿色建筑实践———中国建筑设计研究院·创新科研示范中心［J］. 工程质量，2013（4）：7-10.

［150］蔡林芬. 水泥窑协同处置固体废弃物技术在苏州东吴水泥有限公司的应用［J］. 江苏建材，2019（4）：3-5.

［151］李超，李宪莉. 低碳城市环境管理机制构建研究——以天津生态城为例［J］. 绿色科技，2018（6）：91-94.

［152］曹静，沈志明，王晓玉，等. 混凝土装配式与现浇住宅建筑碳排放分析与研究［J］. 建设科技，2020（Z1）：69-73.

［153］王建国，葛明. 扬州江苏省园艺博览会主展馆［J］. 建筑学报，2019（11）：26-32.

［154］韩冬青，顾震弘，吴国栋. 以空间形态为核心的公共建筑气候适应性设计方法研究［J］. 建筑学报，2019（4）：78-84.

［155］李海东，程开. 超低能耗建筑在夏热冬冷地区的应用和思考——以湖北宜昌世纪山水龙盘湖（5-2）区邻里中心为例［J］. 四川建筑，2021（5）：62-65.

［156］王昊贤，叶芊蔚. 被动式超低能耗建筑在夏热冬冷地区的应用分析［J］. 建设科技，2020（19）：32-35.

［157］石羽，运迎霞. 城市建筑碳汇研究进展［J］. 建筑节能，2017（8）：72-76.

［158］Yang K H，Seo E A，Tae S H. Carbonation and CO_2, uptake of concrete［J］. Environmental Impact Assessment Review，2014（4）：43-52.

［159］Miguel A.T.M，Pablo R.G. A Combined Input–output and Sensitivity Analysis Approach to Analyse Sector Linkages and CO_2 Emissions［J］. Energy Economics，2007（3）：578-597.

［160］Mavromatidis G，Orehounig K，Richner P，et al. A Strategy for Reducing CO_2 Emissions From Buildings with the Kaya Identity – a Swiss Energy System Analysis and a Case Study［J］. Energy Policy，2016，88：343-354.

［161］Chau C，Leung T，Ng W. A Review on Life Cycle Assessment，Life Cycle Energy Assessment and Life Cycle Carbon Emissions Assessment on Buildings［J］. Applied Energy，2015，143：395-413.

［162］Ge J，Luo X，Hu J，et al. Life Cycle Energy Analysis of Museum Buildings：a Case Study of Museums in Hangzhou［J］. Energy and Buildings，2015，109：127-134.

［163］Petrovic，B.，Myhren，J. A.，Zhang，X.，Wallhagen，M.，& Eriksson，O.，Life cycle assessment of a wooden single-family house in Sweden［J］. Applied Energy，2019，251：113253.

［164］Leif Gustavsson，Anna Joelsson，Roger Sathre. Life cycle primary energy use and carbon emission of an eight-story wood-framed apartment building［J］. Energy and Buildings，2010（2）：230-242.

［165］Cole RJ. Energy and greenhouse gas emissions associated with the construction of alternative structural systems［J］. Building and Environment, 1999（3）: 335-348.

［166］Neil May. Low carbon buildings and the problem of human behaviour［J］. Natural Building Technologies, 2004（6）.

［167］Viswanadham, M., & Eshwariah, S., Life cycle assessment of buildings［J］. 2013, 33: 943–950.

［168］T Ramesh, Ravi Prakash, K K Shukla. Life cycle energy analysis of buildings: An overview［J］. Energy and Buildings. 2010（10）: 1592-1600.

［169］Mousa Michael, Luo Xiaowei, McCabe Brenda. Utilizing BIM and Carbon Estimating Methods for Meaningful Data Representation［J］. Procedia Engineering, 2016（145）: 1242-1249.

［170］Changhai peng. Calculation of a building's life cycle carbon emissions based on Ecotect and building information modeling［J］. Elsevier Ltd, 2016, 112: 453-465.

［171］Kilkis B. Energy Consumption and CO_2 Emission Responsibilities of Terminal Buildings: A Case Study for the Future Istanbul International Airport［J］. Energy and Buildings, 2014, 76: 109-118.

［172］Vincent j.l. gan, Jack c.p. cheng, Irene m.c. lo, . Developing a CO_2e accounting method for quantification and analysis of embodied carbon in high-rise buildings［J］. Journal of Cleaner Production, 2017, 141: 825-836.

［173］Linden P, Laneserff G, Smeed D. Emptying Filling Boxes - the Fluid-mechanics of Natural Ventilation［J］. Journal of Fluid Mechanics, 1990, 212: 309-335.

［174］Howell S, Potts I. On the Natural Displacement Flow Through a Full-scale Enclosure, and the Importance of the Radiative Participation of the Water Vapour Content of the Ambient Air［J］. Building and Environment, 2002（8）: 817-823.

［175］Gilani S, Montazeri H, Blocken B. Cfd Simulation of Stratified Indoor Environment in Displacement Ventilation: Validation and Sensitivity Analysis［J］. Building and Environment, 2016, 95: 299-313.

［176］Li Y. Buoyancy-driven Natural Ventilation in a Thermally Stratified One-zone Building［J］. Building and Environment, 2000（3）: 207-214.

［177］Rhee K, Kim KW. A 50 Year Review of Basic and Applied Research in Radiant Heating and Cooling Systems for the Built Environment［J］. Building and Environment, 2015（SI）: 166-190.

［178］J. M. Buchanan, W. C. Stubblebine. Externality［J］. Economica. 1962（29）: 371-384.

［179］Shady A, Elisabeth G, Andre D H, et al. Simulation-based decision support tool for early stages of zero-energy building design［J］. Energy and Buildings, 2012, 49: 2-15.

［180］Karthik Ramani, Devarajan Ramanujan, William Z. Bernstein, et al. Integrated Sustainable Life Cycle Design: A review［J］. Journal of Mechanical Design. 2010（132）.

［181］Xing Shi, Zhichao Tian, Wenqiang Chen, Binghui Si, Xing Jin. A review on building energy efficient design optimization from the perspective of architects [J]. Renewable and Sustainable Energy Reviews, 2016, 65: 872-884.

[182] Clarke J A, Hensen J L M. Integrated building performance simulation: Progress, prospects and requirements [J]. Building and Environment, 2015, 91: 294-306.

[183] Edward Goldberg H. The Building Information Model: Is BIM the future for AEC design? [J] CADalyst, 2004 (21): 56-58.

[184] Si B, Tian Z, Jin X, Zhou X, Tang P, Shi X. Performance indices and evaluation of algorithms in building energy efficient design optimization [J]. Energy, 2016, 114: 100-112.

[185] Si B, Tian Z, Jin X, et al. Ineffectiveness of optimization algorithms in building energy optimization and possible causes [J]. Renewable Energy, 2018.

[186] Hamdy M, Nguyen AT, Hensen JLM. A performance comparison of multi-objective optimization algorithms for solving nearly-zero-energy-building design problems [J]. Energy Build. 2016, 121: 57-71.

[187] Cole RJ. Building environmental assessment methods: redefining intentions and roles [J]. Build Res Inf 2005 (5): 445-67.

[188] Bribián L Z, Capilla A V, Usón A A. Life cycle assessment of building materials: comparative analysis of energy and environmental impacts and evaluation of the eco-efficiency improvement potential [J]. Building and Environment, 2011, 46: 1133-1140.

[189] Ke Liu, Jiawei Leng. Quantified CO_2-related Indicators for Green Building Rating Systems in China [J]. Indoor and Built Environment, 2021 (30): 763-776. DOI: 10.1177/1420326X19894370.

[190] Huang Y A, Weber C L, Matthews H S. Categorization of Scope 3 emissions for streamlined enterprise carbon foot printing [J]. Environmental Science & Technology, 2009, 43: 8509-8515.

[191] Guan J, Zhang Z H, Chu C L. Quantification of building embodied energy in China using an input-output-based hybrid LCA model [J]. Energy and Buildings, 2016, 110: 443-452.

[192] Sangwon Suh, Gjalt Huppes. Methods for Life Cycle Inventory of a product [J]. Journal of Cleaner Production, 2005, 13: 687-697.

[193] Y. Yang, R. Heijungs, M. Brandão, Hybrid life cycle assessment (LCA) does not necessarily yield more accurate results than process-based LCA [J]. J. Clean. Prod, 2017, 150: 237-242.

[194] Evandro F A, Joseph K C, Junghoon W, et al. The carbon footprint of buildings: A review of methodologies and applications [J]. Renewable and Sustainable Energy Reviews, 2018, 94: 1142-1152.

[195] Z. h. Gu, Q. Sun, and R. Wennersten. Impact of urban residences on energy consumption and carbon emissions: An investigation in Nanjing, China [J]. Sustainable Cites and Society, 2013, 7: 52-61.

［196］Catherine Slessor. Cooling Towers［J］. Architecture Review, 2000（1）: 63-65.

［197］Lomas KJ. Architectural Design of an Advanced Naturally Ventilated Building Form［J］. Energy and Buildings, 2007, 39（2）: 166-181.

［198］J. Scott Turner. Rupert Soar. Beyond biomimicry: What termites can tell us about realizing the living building［C］. Loughborough University, 2008.

［199］Wang Haidong, Zhou Pengzhi, Guo Chunsheng. On the calculation of heat migration in thermally stratified environment of large space building with sidewall nozzle air-supply［J］. Building & Environment, 2019, 147: 221－230.

［200］Mathis en H. Case studies of displacement ventilation in public halls［J］. ASHARE Transactions 1989（2）: 1018-1027.

［201］Mateus NM, Da Graca GC. Simulated and Measured Performance of Displacement Ventilation Systems in Large Rooms［J］. Building and Environment, 2017, 114: 470-482.

［202］Liu, J., et al., A case study of ground source direct cooling system integrated with water storage tank system. Building Simulation［J］, 2016（6）: 659-668.

［203］SAID M N A, MACDONALD R A, DURRANT G C. Measure-ment of thermal stratification in large single-cell buildings［J］. Energy and Building, 1996（2）: 105-115.

［204］RAHIMI M, TAJBAKHSH K. Reducing temperature stratification using heated air recirculation for thermal energy saving［J］. Energy and Buildings, 2011（10）: 2656-2661.

［205］Djairam D, Morshuis P, Smit J. A novel method of wind energy generation-the electrostatic wind energy converter［J］. IEEE Electrical Insulation Magazine, 2014（4）: 8-20.

［206］Dutton A G, Halliday J A, Blanch M J. The Feasibility of Building-Mounted/Integrated Wind Turbines（BUWTs）: Achieving Their Potential for Carbon Emission Reductions［J］. 2005（5）: 17-89.

［207］Sander. Performance of an H-Darrieus in the skewed flow on a roof［J］. Journal of Solar Energy Engineering. 2013, 125: 433-440.

［208］C. A. Short, K. J. Lomas, A. Woods. Design Strategy for Low Energy Ventilation and Cooling within an Urban Heat Island［J］. Building Research and Information. 2004.

［209］K. J. Lomas. Strategic Consideration in the Architectural Design of an Evolving Advanced Naturally Ventilation Building Form［J］. Building Research and Information. 2006.

［210］Mchael Webb. Container art［J］. Architectural Review, 2006（5）: 48-53.

［211］Richard C. Green product evaluation necessitates making trade-offs［J］. Architectural Record. 2004（9）: 197-200.

［212］Xi F, Davis SJ, Ciais P, et al. Substantial Global Carbon Uptake By Cement Carbonation［J］. Nature Geoscience, 2016（12）: 880-883.

［213］P. Kummar Mehta. Greening of the Concrete Industry for Sustainable Development［J］.

Concrete international. 2002（7）: 23-27.

[214] Kanzawa E, Aoyagi S, Nakano T. Vascular bundle shape in cross-section and relaxation properties of Moso bamboo（Phyllostachys pubescens）[J]. Materials Science and Engineering: C, 2011（5）: 1050-1054.

[215] Ibn-Mohammed T, Greenough R, Taylor S, et al. Operatonal vs. embodied emissions in buildings—A review of current trends [J]. Energy and Buildings, 2013, 66: 232-245.

[216] Bahramian M, Yetilmezsoy K. Life cycle assessment of the building industry: an overview of two decades of research（1995–2018）[J]. Energy and Buildings, 2020: 109917.

[217] Stephen Lokier, Ginger Krieg Dosier. A quantitative analysis of microbially-induced calcite precipitation employing artificial and naturally-occurring sediments [J]. Egu General Assembly, 2013, 15.

学位论文

[1] 欧晓星. 低碳建筑设计评估与优化研究 [D]. 南京: 东南大学, 2016.

[2] 王玉. 工业化预制装配建筑的全生命周期碳排放研究 [D]. 南京: 东南大学, 2016.

[3] 王晨杨. 长三角地区办公建筑全生命周期碳排放研究 [D]. 南京: 东南大学, 2016.

[4] 胡仁茂. 大空间建筑设计研究 [D]. 上海: 同济大学, 2006.

[5] 王汉青. 高大空间多射流湍流场的大涡数值模拟研究 [D]. 长沙: 湖南大学, 2003.

[6] 刘滢. 基于价值工程理论的体育馆天然光环境设计研究 [D]. 哈尔滨: 哈尔滨工业大学, 2010.

[7] 王振. 夏热冬冷地区基于城市微气候的街区层峡气候适应性设计策略研究 [D]. 武汉: 华中科技大学, 2008.

[8] 夏冰. 建筑形态设计过程中的低碳策略研究-以长三角地区办公建筑为例 [D]. 上海: 同济大学, 2016.

[9] 肖葳. 适应性体形绿色建筑设计空间调节的体形策略研究 [D]. 南京: 东南大学, 2018.

[10] 郑天乐. 夏热冬冷地区高大空间绿色建筑设计研究 [D]. 南京: 东南大学, 2018.

[11] 李曲. 低碳视角下夏热冬冷地区高大空间建筑设计优化研究——以东南大学前工院改造方案为例 [D]. 南京: 东南大学, 2019.

[12] 卓高松. 夏热冬冷地区绿色办公建筑的被动式设计策略研究 [D]. 北京: 清华大学, 2013.

[13] 李保峰. 适应夏热冬冷地区气候的建筑表皮之可变化设计策略研究 [D]. 北京: 清华大学, 2004.

[14] 庄燕燕. 长江流域住宅围护结构热工性能要求研究 [D]. 重庆: 重庆大学, 2009.

[15] 陈飞. 建筑与气候——夏热冬冷地区建筑风环境研究 [D]. 上海: 同济大学, 2007.

[16] 杨涛. 夏热冬冷地区高层住区风环境的空间布局适应性研究 [D]. 长沙: 湖南大学, 2012.

[17] 虞菲. 高大空间中庭的太阳热辐射与自然采光平衡调控技术研究——以南京地区为例 [D]. 南京：东南大学，2018.

[18] 李鑫. 湖南地区建筑遮阳系统设计方法研究 [D]. 湖南：湖南大学，2005.

[19] 于芳. 上海地区住宅建筑节能窗设计技术探讨 [D]. 上海：同济大学，2008.

[20] 杨凡. 夏热冬冷地区建筑种植表皮研究 [D]. 长沙：湖南大学，2011.

[21] 朱佳. 高科技园区办公楼的低碳设计策略研究 [D]. 武汉：华中科技大学，2012.

[22] 何伟骥. 夏热冬冷地区太阳能利用与建筑整合设计策略研究 [D]. 杭州：浙江大学，2007.

[23] 刘君怡. 夏热冬冷地区低碳住宅技术策略的CO_2减排效用研究 [D]. 武汉：华中科技大学，2010.

[24] 程建. 徽州传统民居防热设计原理及传承创新研究 [D]. 马鞍山：安徽工业大学，2017.

[25] 王一平. 为绿色建筑的循证设计研究 [D]. 武汉：华中科技大学，2012.

[26] 张承. 面向建筑设计过程的能耗模拟分析——采暖地区居住建筑节能设计程序的开发 [D]. 西安：西安建筑科技大学，2003.

[27] 陈文强. 建筑节能优化设计技术平台中智能知识库的研究及开发 [D]. 南京：东南大学，2017.

[28] 张孝存. 建筑碳排放量化分析计算与低碳建筑结构评价方法研究 [D]. 哈尔滨：哈尔滨工业大学，2018：20.

[29] 汪静. 中国城市住区生命周期CO_2排放量计算与分析 [D]. 北京：清华大学，2009.

[30] 高源. 整合碳排放评价的中国绿色建筑评价体系研究 [D]. 天津：天津大学，2014.

[31] 王婧. 北京公共图书馆建筑空间设计与使用率研究 [D]. 北京：北方工业大学，2016.

[32] 周胤. 双层屋面自然对流空气层隔热性能研究 [D]. 杭州：浙江大学，2010.

[33] 闻治江. 夏热冬冷地区屋顶绿化应用研究 [D]. 合肥：合肥工业大学，2010.

[34] 梁宇成. 中国夏热冬冷地区高密度城区中小学立体绿化设计研究 [D]. 武汉：华中科技大学，2017.

[35] 高军. 建筑空间热分层理论及应用研究 [D]. 哈尔滨：哈尔滨工业大学，2007.

[36] 陈龙. 候车大厅不同送风方式的热舒适性数值模拟研究 [D]. 武汉：华中科技大学，2011.

[37] 谭柳丹. 夏热冬冷地区大空间公共建筑的自然通风设计研究 [D]. 长沙：湖南大学，2016：65.

[38] 刘鹏. 深圳市太阳能热水系统与建筑集成设计的研究 [D]. 重庆：重庆大学，2006.

[39] 杨娜. 国电内蒙古察右前旗光伏电站的出力预测研究 [D]. 北京：华北电力大学，2016.

[40] 蔡滨. 风力发电与建筑一体化设计研究 [D]. 哈尔滨：哈尔滨工业大学，2009.

[41] 张又升. 建筑物生命周期二氧化碳减量评估 [D]. 台南：台湾成功大学，2002.

［42］ 龙舜杰. 五种典型气候区办公建筑应用半透明光伏幕墙的综合能耗研究——以点式办公建筑为例［D］.武汉：华中科技大学，2017.

［43］ 贾君君. 居民部门节能和碳减排：消费者行为、能效措施和政策工具［D］. 合肥：中国科学技术大学，2018.

会议论文

［1］ 刘立，刘丛红. 引导行为节能的建筑设计策略研究［C］. 2018国际绿色建筑与建筑节能大会论文集，北京：中国城市出版社，2018：107-111.

［2］ 付凯，邓志辉. 广州火车站能耗现状及节能潜力分析［C］. 全国暖通空调制冷2008年学术年会资料集，2008.

［3］ 张玲玲，刘紫辰，辛玉富. 高大空间空调系统节能设计［C］//绿色设计 创新 实践——第5届全国建筑环境与设备技术交流大会文集，《暖通空调》杂志社，2013.

［4］ 高庆龙，刘东升，杨正武. 青岛新机场航站楼绿色建筑关键技术研究［C］.中国绿色建筑与节能青年委员会2014年年会暨西部生态城镇与绿色建筑技术论坛论文集，2014：283-286.

［5］ 徐小东，陈鑫. 夏热冬冷地区基于微气候调节的办公建筑节能策略［C］//会议/ 2013年中国建筑学会年会论文集，北京：中国建筑学会，2013：145-154.

［6］ 杨文杰，石邢. 性能优化驱动绿色建筑方案设计方法初探［C］//建筑设计信息流——2011年全国高等学校建筑院系建筑数字技术教学研讨会论文集，重庆：重庆大学出版社，2011：53.

［7］ 范宏武. 上海市民用建筑二氧化碳排放量计算方法研究［C］//中国城市科学研究会，第8届国际绿色建筑与建筑节能大会论文集，2012：995-999.

［8］ 郭新想，吴珍珍，何华. 居住区绿化种植方式的固碳能力研究［C］//第六届国际绿色建筑与建筑节能大会论文集，2010：256-258.

［9］ 王丽勉，秦俊，高凯，等. 室内植物的固碳放氧研究［C］// 2007年中国园艺学会观赏园艺专业委员会年会论文集. 2007.

［10］ 潘雷，陈宝明，王奎之. 城市楼群风及其风能利用的探讨［C］//山东省暖通空调制冷2007年学术年会论文集，2007.

［11］ Mckinsey&Company，Reducing US greenhouse gas emissions：How much at what cost?［C］. Conference Board，2007.

［12］ Rockcastle S，Andersen M. Celebrating Contrast and Daylight Variability in Contemporary Architectural Design：A Typological Approach［C］. LUX EUROPA. 2013.

［13］ MCA. Architectural report for 'THE KO LEE INSTITUTE OF SUSTAINABLE ENVIRONMENTS' Building Ningbo，China［C］，2006.11.

［14］ Shaun Killa BAS，Barch，Richard Smith MSc. C.Eng. Harnessing Energy in Tall Buildings：Bahrain World Trade Center and Beyond［C］. CTBU 8th World Congress Dubai：Council on Tall Buildings and Urban Habitat，2008 2-7.

标准

[1] 中华人民共和国住房和城乡建设部. 绿色建筑评价标准: GB/T 50378—2019 [S]. 北京: 中国建筑工业出版社, 2019.

[2] 中华人民共和国住房和城乡建设部. 民用建筑热工设计规范: GB 50176—2016 [S]. 北京: 中国建筑工业出版社, 2016.

[3] 中华人民共和国住房和城乡建设部. 民用建筑能耗标准: GB/T 51161—2016 [S]. 北京: 中国建筑工业出版社, 2016.

[4] 中华人民共和国住房和城乡建设部. 建筑碳排放计算标准: GB/T 51366—2019 [S]. 北京: 中国建筑工业出版社, 2019.

[5] 中华人民共和国住房和城乡建设部. 民用建筑设计统一标准: GB 50352—2019 [S]. 北京: 中国建筑工业出版社, 2019.

[6] 中华人民共和国住房和城乡建设部. 公共建筑节能设计标准: GB 50189—2015 [S]. 北京: 中国建筑工业出版社, 2015.

[7] 中国建筑科学研究院. 夏热冬冷地区居住建筑节能设计标准: JGJ 134—2010. [S]. 北京: 中国建筑工业出版社, 2010.

[8] 中华人民共和国住房和城乡建设部. 地源热泵系统工程技术规范: GB 50366—2009 [S]. 北京: 中国建筑工业出版社, 2009.

[9] 中华人民共和国住房和城乡建设部. 智能建筑设计标准: GB 50314—2015 [S]. 北京: 中国建筑工业出版社, 2015.

[10] 江苏省建筑设计研究院有限公司. 江苏省公共建筑节能设计标准: DGJ32/J 96—2010 [S]. 南京: 江苏科学技术出版社.

[11] 中国建筑材料科学研究总院. 玻璃纤维增强水泥(GRC)建筑应用技术标准: JGJ/T 423—2018 [S]. 北京: 中国建筑工业出版社, 2018.

[12] 天津市市容和园林管理委员会. 园林绿化工程施工及验收规范: CJJ 82—2012 [S]. 北京: 中国建筑工业出版社, 2013.

网络资源

[1] 百度百科. 低碳理念. [EB/OL]. https://baike.baidu.com/item/%E4%BD%8E%E7%A2%B3%E7%90%86%E5%BF%B5/10730303?fr=aladdin, 2019-06-02.

[2] 百度百科. GWP全球变暖潜能值. [EB/OL]. https://baike.baidu.com/item/GWP/10929851?fr=aladdin, 2019-09-04.

[3] 百度百科. 标准煤 [EB/OL]. https://baike.baidu.com/item/%E6%A0%87%E5%87%86%E7%85%A4/11020648?fr=aladdin, 2020-03-22.

[4] 百度百科. 公共资源 [EB/OL]. https://baike.baidu.com/item/%E5%85%AC%E5%85%B1%E8%B5%84%E6%BA%90/2760349?fr=aladdin, 2019-12-11.

[5] 汉典. 效能 [EB/OL]. https://www.zdic.net/hans/%E6%95%88%E8%83%BD. 2019-12-09.

［6］ 新浪财经. 占全国3.7%国土面积的长三角 创造了23.5%的经济总量［EB/OL］. https://baijiahao.baidu.com/s?id=16501605941900177746&wfr=spider&for=pc，2019-11-14.

［7］ 国家发展改革委 住房城乡建设部. 长江三角洲城市群发展规划EB/OL］. https://www.ndrc.gov.cn/xxgk/zcfb/ghwb/201606/W020190905497826154295.pdf，2020-01-16.

［8］ 国家发展改革委.《全国碳排放权交易市场建设方案（发电行业）》https://www.ndrc.gov.cn/xxgk/zcfb/ghxwj/201712/t20171220_960930.html. 2020-01-16.

［9］ 国家发展改革委，国家能源局. 能源生产和消费革命战略（2016-2030）［EB/OL］. https://www.ndrc.gov.cn/fggz/fzzlgh/gjjzxgh/201705/W020191104624231623312.pdf，2019-12-02：34.

［10］ 刘丛红. 目标导向的绿色建筑方案设计——方法框架与案例研究［EB/OL］. https://mp.weixin.qq.com/s/ouZu3CYQYlKnaLzuTNTT0Q. 2019-09-27. 2019-12-09.

［11］ 林宪德. 设计导向的建筑碳足迹评估系统—中国台湾的BCF法［EB/OL］. http://www.chinagb.net/gbmeeting/igc14/ppt/No32/20180419/120350.shtml，2018-04-19.

［12］ 姜奇卉. 江苏正式发布《公共卫生事件下体育馆应急改造为临时医疗中心设计指南》［EB/OL］. http://news.jstv.com/a/20200227/4ca680854cff47d8c087ba564aeb663.shtml，2020-03-11.

［13］ 唐进. 中国电网企业温室气体核算方法与报告指南［EB/OL］. http://www.docin.com/app/p?id=1179024286，2020-03-23.

［14］ 人民日报. 中国绿色金融体系雏形初现［EB/OL］. http://www.gov.cn/xinwen/2016-09/02/content_5104583.htm，2019-11-14.

［15］ 求是网. 中国提前3年兑现碳排放承诺［EB/OL］ http://www.qstheory.cn/science/2018-11/20/c_1123738910.htm，2020-03-18.

［16］ 中国木业网. 日本将加大木材利用和出口［EB/OL］. https://www.ewood.cn/news/2010-11-19/dZ7vYe2kmGbHNHV.html. 2019-11-02.

［17］ 筑龙学社. 国际知名事务所SOM最新成果使用木材建设摩天大楼减少碳排放量［EB/OL］. https://bbs.zhulong.com/101010_group_3000036/detail19175377/ 2019-11-02.

［18］ 英国石油公司（BP）. Energy Outlook 2020. https://www.bp.com/content/dam/bp/country- sites/zh_cn/china/home/reports/bp-energy-outlook/2020/energy-outlook-2020-edition-en.pdf.

［19］ 上海发布. 上海浦东足球场设计方案获批，计划2021年完工［EB/OL］. https://www.thepaper.cn/newsDetail_forward_2000439，2020-04-28.

［20］ 浩通节能. 中国主要城市太阳能热水器安装最佳角度及平均日照时间表［EB/OL］. http://www.haotong-china.com/news/tyn/solar-installation-sunshine-time.html，2019-8-18.

［21］ 2018年中国光伏行业发展现状及发展前景分析. http://www.chyxx.com/industry/ 201806/649552.html. 2019-12-09.

［22］ 张文宇. 夏热冬冷地区公共建筑节能改造技术分析及能效评价［J/OL］.暖通空调：1-4［2020-05-09］. http://kns.cnki.net/kcms/detail/11.2832.tu.20200420.1452.008.html.

［23］ 供热信息网. 全国人大代表：建议加快发展南方供暖市场［EB/OL］. http://www.china-heating.com/news/2020/54744.html，2020-05-15.

［24］ 谷德设计. Rijnstraat 8办公大楼，荷兰海牙／OMA［EB/OL］. https://www.gooood.cn/rijnstraat-8-the-hague-by-oma.htm 2017-11-03.

［25］ 碳交易网. 水泥行业如何一步步成为碳排放巨头 未来又将被如何取代？［EB/OL］. http://www.tanpaifang.com/jienenjianpai/2018/1224/62665_2.html，2018-11-24.

［26］ 中国水泥网. 日本：竹中工务以用高炉废渣创低碳混凝土为目标［EB/OL］. http://www.ccement.com/news/content/1249177.html，2020-05-19.

［27］ 中国水泥网. 水泥行业碳排放迎来新技术［EB/OL］. http://www.ccement.com/news/content/687091386608901013.html，2019-09-17.

［28］ Archdaily. 2020威尼斯双年展阿联酋馆［EB/OL］. https://www.archdaily.cn/cn/935121/2020wei-ni-si-shuang-nian-zhan-a-lian-qiu-guan-xun-zhao-bo-te-lan-shui-ni-de-huan-bao-ti-dai?ad_source=search&ad_medium=search_result_all，2020-03-19.

［29］ Archaily. 盘点建筑原材的碳成本［EB/OL］. https://www.archdaily.cn/cn/933877/pan-dian-jian-zhu-yuan-cai-de-tan-cheng-ben?ad_source=search&ad_medium=search_result_all，2020-05-19.

［30］ 加拿大木业. 《现代木结构建筑全寿命期碳排放计算研究报告》权威出炉［EB/OL］. https://www.prnasia.com/story/251777-1.shtml，2019-07-12.

［31］ 谷德设计网. 有明体操竞技场［EB/OL］. https://www.gooood.cn/ariake-gymnastics-centre-by-nikken-sekkei-ltd.htm，2020-7-22.

［32］ Archidaily. AD经典：大馆树海巨蛋／伊东丰雄事务所［EB/OL］. https://www.archdaily.cn/cn/890546/adjing-dian-da-guan-shu-hai-ju-dan-yi-dong-feng-xiong-shi-wu-suo?ad_source=search&ad_medium=search_result_all，2020-3-31.

［33］ Archdaily. UCU 钢架预制停车楼／MAPA［EB/OL］. http://www.archdaily.cn/cn/939330/ucu-gang-jia-yu-zhi-ting-che-lou-mapa?ad_source=search&ad_medium=search_result_all，2020-05-25.

［34］ 国家发展和改革委员会. 国家重点节能低碳技术推广目录（2017年本 低碳部分）［EB/OL］. http://www.gov.cn/xinwen/2017-04/01/5182743/files/2bd3969838834328971fdb44a4f698d.pdf，2020-05-30.

［35］ Archdily. 竹材料的大跨结构应用：Panyaden 国际学校体育馆／Chiangmai Life Construction［EB/OL］. https://www.archdaily.cn/cn/877272/panyadenguo-ji-xue-xiao-zhu-ti-yu-guan-qing-mai-sheng-huo-jian-she?ad_source=search&ad_medium=search_result_all，2020-05-19.

［36］ Archdaily. 东大门设计广场／Zaha Hadid 建筑事务所［EB/OL］. https://www.archdaily.cn/cn/779692/dong-da-men-she-ji-yan-chang-zaha-hadid-jian-zhu-shi-wu-suo，2020-05-30.

［37］ CBC. 新西兰纸板大教堂（Cardboard Cathedral in New Zealand）［EB/OL］. http://www.chinabuildingcentre.com/show-6-2609-1.html，2020-05-30.

［38］ 科学技术部社会发展科技司，中国21世纪议程管理中心. 全民节能减排手册——36项日常行为节能减排潜力量化指标［EB/OL］. http://www.acca21.org.cn，2020-01-26.

［39］ Department of Trade and Industry, UK. Our energy future - creating a low carbon economy

［EB/OL］. https://assets.publishing.service.gov.uk/government/uploads/system/uploads/ attachment_data/file/272061/5761.pdf，2019，11.

［40］ Emporis Standards，2017. Definition of High-rise Building. Emporis Standards. Available at：http://www.emporis.com/building/standard/3/high-rise-building（Accessed on 02.06.2019）.

［41］ National BIM Standard—United States. www.buildingsmartalliance.org/index.php/nbims/ faq/. 2019-09-11.

［42］ The U.S. Green Building Council. LEED v4 for BUILDING DESIGN AND CONSTRUCTION. ［EB/OL］. https://www.usgbc.org/sites/default/files/LEED%20v4%20 BDC_07.25.19_current.pdf.

［43］ BRE. SBEM：Simplified Building Energy Model［EB/OL］. https://www.bregroup.com/a-z/ sbem-calculator/，2019-11-27.

［44］ Pearce，M.（n.d.）. CH2—the design process. Retrieved from http://www.halledit.com.au/ conferences/sdb2030/presentations/Mick _ Pearce.pdf. 2019-11-27